城市景观

魏向东　宋言奇　著

中国林业出版社

图书在版编目（CIP）数据

城市景观/魏向东，宋言奇著．—北京：中国林业出版社，2006.2（2008.1 重印）

ISBN 978-7-5038-4221-4

Ⅰ．城… Ⅱ．①魏…②宋… Ⅲ．城市-景观-环境设计 Ⅳ．TU-856

中国版本图书馆 CIP 数据核字（2006）第 007046 号

出　版：中国林业出版社（100009　北京西城区德内大街刘海胡同 7 号）

E-mail：cfphz@public.bta.net.cn　电话：66184477

网　址：www.cfph.com.cn

发　行：新华书店北京发行所

印　刷：北京外文印刷厂

版　次：2005 年 12 月第 1 版

印　次：2008 年 1 月第 2 次

开　本：787mm×960mm　1/16

印　张：21.5

字　数：290 千字

定　价：28.00 元

序　言

随着世界城市化进程的不断发展，到21世纪初，全球一半以上人口已经居住在城市中，而且这个比重还在不断增加。我国正处于城市化加速发展阶段，目前，有40%以上的人口居住在城市中，城市化率每年将近增加1个百分点。由于我国人口基数的庞大，城市化的加速发展不亚于一场“人口转移革命”，因此，美国著名经济学家斯蒂格里茨把中国的城市化和美国的高科技并列为影响21世纪人类发展的两大因素。

“人们为了生活来到城市，为了更好的生活而居留于城市”。人们从乡村转移到城市中，无非为了寻求更好的人居环境。良好的人居环境包含的因素众多，但最基本的层面，就是景观环境。塑造城市景观环境已经成为我国社会经济发展中的热点问题，在实践层面，我国目前已经掀起了城市景观建设的热潮，在理论层面，不少学者从各种学科角度探索相关问题。

我从事城市科学研究已近30年，深知对城市景观环境塑造进行研究，必须有广博的知识以及丰富的想象力。魏向东教授与宋言奇博士所著的《城市景观》，许多地方可圈可点：其一，国内大多数学者对城市景观的研究基本上囿于工程技术角度，专业性较强，两位作者为文科出身，从历史、文化、生态、社会等各种角度对城市景观加以论述，综合性较强，反映作者有较宽的知识面与较为扎实的功底。其二，作者有诸多创新之处，该书对城市养老社区、城市无障碍空间等，都做了比较详尽的论述，而以往的城市景观类著作，对这些领域极少提及。

当然，此著也有一定的不足之处。有些方面的论述还可以进一步深入，希望作者今后继续加以充实与提升。

是为序

傅崇兰

2005年10月于北京

前　言

城市是人类争议的焦点所在。自古至今，人们就对城市褒贬不一。褒者称赞城市拥有良好的基础设施，拥有无限的发展机会，拥有丰富多彩的生活与文化……；贬者则认为城市是一个远离自然、环境恶劣的地方，是一个犯罪与邪恶滋生的地方……。

尽管城市有着种种弊端，但我们必须秉持公正的态度。作为人类文明的成果，城市是人类定居生活的产物。美国著名人本主义规划理论家刘易斯·芒福德在其名著《城市发展史——起源、演变和前景》一书中指出，最早的城市是“死人城市”。他认为，原始人在流动生活的过程中，总是围绕着先祖的坟墓为基点进行，以便定期回来祭奠先祖，先祖的墓葬就成为最早的城市。“死人城市”反映了人们对定居生活的渴望。当生产力水平有了进一步发展的时候，为了各种需求更好地得到满足，大规模的定居生活就成为人类的进一步理想，城市的出现就是这种理想的产物。因此，可以说，城市是人类社会的人居理想。古希腊先哲亚里士多德曾说过，“人们来到城市是为了生活，人们居住在城市是为了生活的更好”，就是最好的诠释。

城市是人类的人居理想，可以更好地满足人们需求，主要表现在两个方面：一是有形的方面，即城市景观，它是城市的外显；二是无形的方面，即经济水平、社会风气、人的素质、文化氛围等，它是城市的内涵。外显与内涵是相辅相成的关系。二者相比较，后者更为重要。亚里斯多德在《政治学》一书中指出：“城市之所以为城市，不在其有无城墙，而在于公民的共同利益，共同目标，创造美好的生活。”刘易斯·芒福德认为，城市不仅仅是一个容器，更应当是一个磁铁。但我们也不能因此而忽视城市的外显，即城市景观。城市景观是经济水平、社会风气、人的素质、文化氛围的载体，经济水平、社会风气等可以通过城市景观得到体现。基于此，美国建筑学家伊利尔·沙里宁认为："城市是一本打开的书，从中可以看到它的抱负。"他还说："让我看看你的城市，我就能说出这个城市居民在文化上追求的是什么。"因此，城市景观是城市吸引力的重要因素，是城市发展中的重要组成部分。

正是这个原因，城市景观的塑造是非常复杂的。它必须考虑经济、政治、美学、文化等方方面面。著名的美国美学家苏珊·朗格在《情感与形式》一书中区分了建筑师与画家、雕塑家不同的工作特点。他认为画家和雕塑家的工作在于处理物体的表面和空间，而建筑师的任务则在于创造"人的领域"，分隔内外，并赋予内部某些秩序，帮助社会成员了解他们在地球上拥有的一席之地，也正是透过他们的"拥有"，使该处成为一个场所。建筑尚且如此复杂，城市景观的复杂性就更不言而喻了。因此，对城市景观的建设与塑造，绝不能只限于工程技术层面、物质建设层面，而应扩大视野，将之放在社会整体发展的大背景之下来认识，城市景观才会具有勃勃生机。

目前，中国正处于城市化加速发展阶段，由于多种原因，城市景观塑造出现了不少误区：例如不少城市重视物质景观塑造，忽视内在的文化意蕴；在毁损文物古迹的同时，又伪造了一大批赝品；不少城市特色逐渐消失，"千城一面"的情况比比皆是；不少城市景观建设好大喜功，忽视人文关怀；不少城市忽视生态要素，整个城市成为一个"水泥森林"……诸多问题的存在，说明静止而孤立的技术理性思维，已对城市景观的建设带来了不可忽视的影响。为改变这种状况，科学树立城市景观的塑造理念，就十分迫切而且必要。作为社会科学研究者，我们力图从城市景观文化、社会、生态、历史、设计等方面，综合、系统地阐释城市景观，以建构城市景观研究与开发的大致框架，这便是我们撰写此书的初衷。呈现在大家面前的这本书，当然还存在这样或那样的不足，恳望得到大家的批评指正，但如在有关城市景观研究方法与体系构建等方面还有一些可取之处，我们也就很欣慰了。

本书大纲由魏向东、宋言奇拟定，第一章由魏向东、宋言奇撰写，第二章、第三章由魏向东撰写，第四章、第五章、第七章、第八章、第十章由宋言奇撰写，第六章由王赵云撰写，第九章由黄益军撰写，第十一章由黄云撰写。全书由魏向东、宋言奇修改定稿。苏州大学旅游系研究生顾小光、朱梅、李蓓、李娜为本书查找了部分资料与图片，陈薇女士参与校阅了本书部分文稿。书中参考并引用了大量学术界研究的成果，这是本书得以成文的坚实基础，但由于时间较紧，有极少引用成果可能会被无心遗漏而未加注明，也热诚欢迎专家学者以及读者指出，以便改正。

著　者

2005 年 9 月于苏州大学凌云楼

第 *1* 章

城市景观界定

城市景观是城市空间与物质实体的外显表现，是自然景观与人工景观的有机结合。本章对城市景观基本范畴进行界定，内容包括城市景观概念、特点、分类，同时将城市景观与城市形态、城市空间等概念加以区分，最后阐释城市景观的内涵。

第一节　城市景观的定义与构成

一、城市景观的概念

景观一词，出现较早。在欧洲，早在《圣经》旧约全书中，这一词汇就被运用，意指耶路撒冷的美丽景色。近代以来，景观一词最早来自绘画，其意义基本上等同于“风景”与“景色”。15 世纪，欧洲不少画家热衷于风景画。16 世纪，风景画成为独立的绘画类型。17 世纪左右，景观已经成为专门的绘画术语，意义是“陆地风景画”。现今，在文学、艺术以及园林等领域内，景观的涵义仍基本上等同于“风景”。

1885 年，德国人温默将景观概念引入地理学。后来，德国地理学家洪堡将景观定义为“某个地球区域内的总体特征”①，但是景观还基本上等同于“地形”，主要用以说明地壳的地质、地理和地貌属性。俄国地理学家进一步发展了这一概念，并赋之以更为广泛的内容，把生物和非生物的现象都作为景观的组成部分，并把研究生物和非生物这一景观整体的科学称为“景观地理学”。

---

①　吴家骅著，叶南译《景观形态学》，中国建筑工业出版社，1999

20世纪20年代中期，美国学者索尔发表著名论文《景观的形态》，把景观看作地表的基本单位。他认为景观由两部分构成：第一部分是自然景观，即一地区在人进入前的原始景观；第二部分是文化景观，即经人所改造过的景观①。索尔及其许多弟子研究了大量景观变迁的实例，揭示了人在改变地球面貌上的作用。目前，地理学意义上的景观是指地球上有机界与无机界对象的有机结合，也就是自然景观与人文景观的结合。自然景观是由自然地理环境要素所构成的，在形式上，表现为高山、平原、丘陵、江河、湖泊、沼泽等，在构成要素上表现为地貌、水文、植被等。人文景观是人类适应、改造自然景观的创造物，是人们在长期的生活、生产中，对自身发展的科技、文化、历史、社会的一种总结与概括，通过形体、色彩以及其他方式表达出来的创造物。它的具体组成有建筑物、桥梁、陵墓、园林以及雕塑等等。

生态学家与文化学家对景观也做了界定。生态学家认为景观是一个更为广义的概念，它泛指人类生存空间的视觉总体。生态学提出的景观概念及其进行的相关研究，与地理学有所不同。地理学的景观偏重横向（共时性），生态学的景观偏重纵向（历时性）。生态学研究景观整体的结构、功能以及演变，研究焦点是在较大的空间和时间尺度上景观生态系统的空间格局和生态过程。

文化景观论者则强调文化对自然景观的作用和影响，认为景观是人们为了满足某种需要，利用自然物质加以创造，并附加在自然景观上的人类活动形态。这其中分为两部分，一部分是能够以视觉感知的景象，如服饰、农田、道路、学校、交通工具……；另一部分是不被人们直接感知的、无形的，但对景观的发展有重大作用的人文因素，包括思想意识、生活方式、风俗习惯、宗教信仰、审美观、道德观、政治因素、生产关系等等。这些因素虽然不能以视觉感知，但实际上，这些因素能够“渗透”与“作用”在能被人们视觉感知的因素上。

现今，就应用层面而言，景观的概念有狭义与广义之分。

---

① 吴家骅著，叶南译《景观形态学》，中国建筑工业出版社，1999

狭义景观与园林是联系在一起的，即“园林说”。认为景观基本上等同于园林，具体的景观规划设计者一般持有这种概念。这种概念下景观的基本成分可以分为两大类，一类是软质的东西，如树木、水体、和风、细雨、阳光、天空等；另一类是硬质的东西，如铺地、墙体、栏杆等。软质的东西，称为软质景观，通常是自然的。硬质的东西，称为硬质景观，通常是人工的。不过也有例外，如山体就是硬质景观，但它是自然的[①]。广义的景观是空间与物质实体的外显表现。广义的景观本身大致包括四个部分，一是实体建筑要素，即建筑物，但建筑内的空间不属于景观的范畴。二是空间要素，空间包括广场、道路、步行街以及公园和居民自家的小庭院。三是基面，主要是路面的铺地。四是小品，如广告栏、灯具、喷泉、卫生箱以及雕塑等等，这些小品虽然不十分起眼，但在景观中却占有重要的地位，它综合反映了一个城市的文化、社会、生态等状况。因此国外十分重视这一领域，基本上都是由专业人士进行规划与设计。

二、城市景观构成与特点

1. 城市景观的构成

城市景观基本上采用广义的景观定义，即城市景观是城市空间与物质实体的外显表现。广义的城市景观本身也大致包括四个部分，一是城市实体建筑要素，城市建筑内的空间不属于城市景观的范畴。二是城市空间要素，包括城市广场、道路、步行街以及公园和城市居民自家的小庭院。三是基面，主要是城市路面的铺地。四是城市小品，如广告栏、灯具、喷泉、卫生箱以及雕塑等等。

城市景观是由城市实体建筑、城市空间要素、基面、小品等组成，但并不是这些成分的简单堆砌，而是按一定原则组合在一起。这种组合生成城市景观的整体框架是：

（1）城市形态——主要指城市形状、内部结构，以及发展态势；

---

① 刘滨谊《现代景观规划设计》，东南大学出版社，1999

（2）城市天际轮廓线——是从高处感受到的城市全景；

（3）城市轴线——是城市空间组织的重要手段，通过轴线，城市景观的各个组成部分被整合为一个有机的整体。例如北京的中轴线以及巴黎的城市中轴线等，都是较为著名的城市中轴线；

（4）城市色彩——是建筑物、道路、广场、广告、车辆等人工装饰色彩和山林、绿地、天空、水色等自然色彩的综合反映；

（5）城市体量——主要指城市尺度，包括平面尺度、立体尺度以及建筑物尺度等等。

2. 城市景观的特点

其一，城市景观都是依据一定的自然景观建立起来的，自然景观奠定了城市景观的基础，也制约了城市景观的轮廓。如重庆多山的地形地貌造就了重庆山城的景观轮廓，苏州多水的自然状况造就了河道纵横交错的水城景观。

其二，城市景观不只是物质空间的外显表现，同时有着深刻的内涵。关于这一点，从景观的定义就可以体会出来。汉语中，“景观”是“景”与“观”的有机结合。“景”是客观存在的风景与景物，是实实在在的客观存在。“观”是观察、观赏的意思，是人们的主观感受，是人们的心理活动。有的学者将城市景观分为不同的层次，一是文化历史与艺术层，包括蕴涵于景观环境中的历史文化、风土民情、风俗习惯等与人们精神生活世界息息相关的文化因素，它直接决定着一个地区、城市、街道的风貌。二是环境生态层，包括土地利用、地形、水体、动植物、气候、光照等人文与自然因素在内的从资源到环境的范畴。三是景观感受层，指对基于视觉的所有自然与人工形体及其感受的范畴。

其三，城市景观是一个系统，是一个有机整体。城市景观中任何一个环节都十分重要，都是景观整体系统不可忽略的组成部分。城市景观中的实体建筑、空间要素等如同“红花”，基面以及城市小品等如同“绿叶”，红花固然重要，但离开绿叶的衬托，也难以达到理想的效果。

3. 城市景观的分类

(1) 规模体系分类

从城市景观规模角度分类的体系。景观规模一般运用城市建成区的面积予以衡量。建成区 50 平方公里以下为小城市城市景观，建成区 50～70 平方公里的为中等城市城市景观，建成区 70～100 平方公里的为大城市城市景观，建成区 100 平方公里以上的为特大城市城市景观。当然这只是从普遍意义上而言的。

(2) 系统角度分类

城市是一个自然—经济—社会—文化的复合生态系统，城市景观也体现了这种复合性。在城市中，绿树、草坪、山脉、河流属于自然系统，工厂、商店等属于经济系统；居住社区、行政办公建筑、医院等属于社会系统；文物建筑、图书馆、展览馆等属于文化系统，城市景观复合生态系统就是以上景观的集合。

(3) 功能复合体分类

雅典宪章认为城市有四大功能，即生产、休憩、交通、生活等功能。对应着这些功能，城市景观可以划分为以下类型，如工业景观、商业景观、交通景观、旅游景观、绿地景观以及居住景观等等。

第二节　城市景观与相关概念辨析

一、城市景观与城市环境

环境，顾名思义，是相对于某一中心事务而言的，与某中心事务有关的周围事务，就是这个事务的环境。环境科学所研究的环境，其中心是人类。因此环境的定义为：围绕人类生存的各种外部条件或要素的总体，包括非生物要素和人类以外的生物体。

人类的环境可以分为自然环境与社会环境。自然环境指围绕人群空间可以直接或间接影响人类生活、生产的一切自然形成物质、能量的总体。构成自然环境的物质种类很多，主要有空气、水、土壤、动植物、岩石、矿物、太阳辐射等，这是人类存在的物质基础。人类所居住的地球，自内向外呈带状构造，与我们关系最近的是地表的几个圈带——水圈、岩石圈、大气圈，这几个圈带相互渗透、相互制约、相互作用、相互转化，又产生了土圈与生物圈，共同组成了人类的自然环境，为人类生存与发展创造了条件。

社会环境包含经济、政治、文化等要素，它是在自然环境的基础上，人们通过长期的社会劳动，创造的物质生产体系。社会环境一方面是人类物质文明与精神文明发展的标志，另一方面又随着人类文明的演进而不断得以丰富与发展。社会环境分有形的和无形的环境。有形的环境按空间范围划分，可分为居室环境、院落环境、村落环境、城市环境等，按利用方式划分，则可分为聚落环境（院落、村落、城市等）、生产环境（工厂、矿山、农场等）、交通环境（机场、车站、道路等）、文化环境（学校、教育区、文物古迹保护区等）。无形的环境包括经济关系、道德观念、文化风俗、意识形态，还包括人的社会心理、精神状态与文化氛围等等。

环境也有狭义与广义之分，狭义的环境通常是指物质的，也即“有形的环境”。1989 年 12 月 26 日颁布实施的《中华人民共和国环境保护法》第一章第二条指出：“本法称环境，是指影响人类生存和发展的各种天然的和经过人工改造的自然因素的总和，包括大气、水、海洋、土地、矿藏、森林、草原、野生生物、自然遗迹、人文遗迹、自然保护区、风景名胜区、城市和乡村等”①。而广义的环境不仅包括“有形”的要素，还包括各种“无形”的要素。如上文中所提到的社会环境中无形的部分，“无形的环境”并不是依靠人们从视觉上去感知，而是依靠人们从心理上去认知。

“有形”环境与“无形”环境是密不可分的，“有形”环境是“无形”环境的载体，而“无形”环境是“有形”环境的内涵，人们是从“有形”环境中认知“无形”环境的。从

① 中国环境科学出版社编《中国环境保护法规汇编》，中国环境科学出版社，1985

认知心理学的角度出发，人们对“有形”的环境认知，可呈现三个层面：一是外显层面，即人能通过感官体验到的一切，例如方位、形状、尺度、颜色、比例等等，它直接作用于人的感官。二是抽象层面，即形式层面所包含的结构性要素，通过空间的结构框架、功能使用以及典型符号，表达环境的特征以及与用途有关的特点（如可识别性、可理解性、可记忆性），它必须经过理性的辨认才能作用于人的知觉。三是意义层面，即隐藏在形象结构中的内在文化涵义，使人产生精神上的共鸣，环境中的历史、文化、生活和具有象征性的人文要素，在环境的创造者以及使用者之间产生信息传递，从而赋予环境一定的意义，这种意义在一定的文化框架中起作用。其中抽象层面与意义层面都属于“无形”的环境范畴。

关于意义层面，美国学者阿摩斯·拉普卜特也将其分为三个层次。一是“高层次意义”，即与宇宙观、文化模式、世界观、哲学体系、宗教信仰和偏好有关。二是“中层次意义”，与身份、地位、健康状况、权力等有关。三是“低层次意义”，即日常起作用的意义，它对记忆线索起帮助作用，“低层次意义”包括环境是否保证私密性、可接近性；建筑物可被穿越的程度；活动中心的安排等等①。

城市环境是环境定义在城市中的具体应用。由此可见，城市环境包含范围极广，城市环境涵盖城市景观，城市景观相当于狭义的城市环境。

二、城市景观与城市空间

实体和空间是城市景观的两个基本要素。城市中的各种实体，即建筑物、构筑物、道路、树木等，构成了城市物质环境，而由这些实体组成的外部即为城市空间。一般说来，城市空间主要包括街道空间和广场空间。城市空间从形式来看是虚无的，但与城市实体同样重要，二者缺一不可，不可偏废。城市空间是人们公共生活的场所，城市人的集会、休憩以及交

---

① ［美］阿摩斯·拉普卜特著，黄兰谷等译《建筑理论译丛：建成环境的意义——非言语表达方法》，中国建筑工业出版社，1992

往，许多都发生在城市空间之中。如果城市全部是实体（建筑）而缺乏空间的话，那么这样的城市与监狱是没有多少区别的。世界上不少城市成为“败笔”，就在于其建筑与空间比例不协调，结果使城市丧失应有的活力。

城市景观既包括城市中的各种实体，同时也包括了这些实体的外部空间，因此可以说，城市景观的概念远大于城市空间的概念。

三、城市景观与城市形态

形态一词，最早来源于希腊语，是形（morphe）与逻辑（loqos）的统一，意指形式的构成逻辑。城市形态是由空间结构与具体形式共同作用构成的，城市形态的基本组成是街道、开放空间与建筑，它包括城市功能分区、城市规划结构、城市用地形态、城市自然状况等因素。城市形态与城市景观范畴大致相同，城市形态所包含的，也都是城市景观中所包含的。只是城市形态的动态性较强，而城市景观是着重从静态意义上而言的。

第三节　城市景观的内涵

城市景观是空间与物质实体的外显，它是一种客观存在。这种客观存在的背后，有着复杂的内涵，这种内涵体现在以下几个方面：

一、城市景观的功用性

城市不仅仅是一件艺术品，更是人类生产与生活的空间，必须满足人们的功能需要。这需要通过一定形式表现出来，这种形式就是景观环境。城市景观必须满足人们生产、流通与消费的需要，必须为城市二、三产业的发展提供足够的空间，必须有完备的基础设施以及文化娱乐的公共设施……这是城市景观的第一功能，同时也是城市景观其他内涵的基础所在。正如英国著名的建筑师和城市规划家吉伯德所说：“城市必须有恰当的功能与合理的经济性，但也必须使人看到时愉快，在运用现代技术解决功能问题时应与美融合在一起。也就是说，要辨证处理功能与形式的关系，功能因素总是不可或缺的”①。

二、城市景观的生态性

城市景观是人类改造自然景观的产物，因此城市景观的构建过程同时也是自然生态系统转化为城市生态系统的过程。无论我们愿意与否，城市景观的塑造过程，就是人类如何开发、利用自然的过程。遵循生态学原理，最小限度地减少对自然的破坏，减少对自然资源的剥夺，减少对生物多样性的破坏，这样的景观对人们是有益的。反之，以掠夺自然、破坏生态的方式去塑造城市景观，到头来人类会自食其果，受到自然规律的惩罚。《大地景观》的作者西蒙兹在书中最后一段话：“景观建筑师的终身目标和工作就是帮助人类，使人、建筑物、社区、城市——以及他们的生活——同生活的地球和谐相处”②，就深刻地揭示了人类城市景观的生态性。

三、城市景观的文化性

世界上关于“文化”一词的定义很多，已经达到近200个，归结起来，主要有以下两类：一类是从精神角度出发的。如美国学者墨菲对文化的定义是：“文化意指由社会产生并世代相传的传统的全体，亦指规范、价值及人类行为的准则，它包括每个社会排定世界秩序并使之可理解的独特方式”③。英国学者威斯特对文化的定义是：“文化一名词是指人类的习惯以及思想的复合物，而此习惯与思想是由于所出生的群而得的”④。美国文化人类学家林顿对文化所下的定义是：“特定社会成员所共有的，传承的知识、态度和习惯行为类型的总

---

① ［英］F·吉伯德等著，程里尧译《市镇设计》，中国建筑工业出版社，1985

② ［美］西蒙兹著，程里尧译《大地景观：环境规划指南》，中国建筑工业出版社，1990

③ ［美］罗伯特·F·墨菲著，王卓君译《文化与社会人类学引论》，商务印书馆，1994

④ Janes Peaples 等《An Introduction to Cultrate Anthropology》，西部出版社，转引自周蔚等《人类文化启示录》，学林出版社，1999

和”①。另一类概念则是精神与物质二者兼有的综合性概念。如英国著名人类学家马林诺夫斯基给文化下的定义是：“文化是指那一群传统的器物、货品、技术、思想、习惯及价值而言的，这概念包含着及调节着一切社会科学”②。美国人类学家赫斯科维茨下的定义是“文化是人类环境的人造部分”③。《大英百科全书》认为，文化是“总体的人类社会遗产”，“是一种源于历史的生活结构的体系，这种体系往往为集团和成员所共有，它包括语言、传统、习惯和制度，包括有激励作用的思想、信仰和价值，以及它们在物质工具和创造物中的体现”④。

城市景观从表象上看，是物质实体与空间，但与人们的精神世界是联在一体，密不可分的。城市景观既反映了人类最基本的追求，如衣食住行等方面的差异，同时也反映了人们利用自然、改造自然的态度差异，更反映了人们价值观念、思维方式等的不同。从本质而论，城市景观是物化了的精神，它始终附着在知识、观念与艺术之上，是一定社会的政治和经济在观念形态上的反映。也就是说，城市景观是人类精神对自然的加工，是人类社会组织制度、人们的价值观念、思维方式的载体。它的意义主要是指包含在实体空间之中的一套抽象的概念和关系、价值和功能等，而非物质实体与空间本身，物质实体与空间只是表征。城市景观的深层蕴涵着一个理念世界，是一种精神世界的产物，是一种精神活动的过程与结果，是一种精神的体现和象征，它记载了一个时代的历史，反映了一个社会跳动的脉搏。

城市是人类文化的创造物。刘易斯·芒福德认为，“城市文化归根到底是人类文化的高级体现”，“人类所有伟大的文

---

① Janes Peaples 等《An Introduction to Cultrate Anthropology》，西部出版社，转引自周蔚等《人类文化启示录》，学林出版社，1999

② ［英］马林诺夫斯基著，费孝通译《文化论》，中国民间艺术出版社，1987

③ ［美］欧·奥尔特曼、马·切默斯著，骆林生译《文化与环境》，东方出版社，1991

④ ［美］罗伯特·F·墨菲著，王卓君译《文化与社会人类学引论》，商务印书馆，1994

化都是由城市产生的”，“世界史就是人类的城市时代史”①。而且，城市也是区域文化集中的代表，在中国，谈起京派文化，人们就会想起北京，谈起海派文化就会想起上海，谈起岭南文化就会想起广州，意义就在其中。对此，刘易斯·芒福德有过精辟论述：“城市是时间的产物，在城市中，时间变成了可见的东西，时间结构上的多样性，使城市部分避免了当前的单一刻板管理，以及仅仅重复过去的一种韵律而导致的未来的单调。通过时间和空间的复杂融合，城市生活就像劳动分工一样具有了交响曲的特征：各色各样的人才，各色各样的乐器，形成了宏伟的效果，无论在音量上还是音色上都是任何单一乐器无法实现的”②。由此可见，城市景观具有文化内涵。

四、城市景观的社会性

城市景观环境是满足人们的需要而产生的，它不仅满足人们的生理需要，而且更要满足人们的社会需要。因此，城市景观具有深刻的社会内涵。美国著名的人本主义心理学家马斯洛有一个经典的“需要五层次”理论，即人的需要包括五个层次，生理需要、安全需要、归属与爱的需要、尊重的需要、自我实现的需要。这五个层次由低至高排列，通常而论，人们只有在大部分满足了低一级层次的需要之后，才能产生上一层次的需要。城市景观环境，与人的这五种需要是息息相关的。

除了与生理需要等密切结合，城市景观环境的设置还与包括人们交往方式在内的社会需要相吻合，否则就会产生问题。1954年，美国圣路易斯中心的普鲁伊特——艾格尔住宅区，本来是为低收入者所建，设计者的出发点是为他们创造出更好的物质环境，事实上这方面的努力也成功了。但出乎设计者意料的是，几年之后，这里却被破坏得一塌糊涂，而且治安也变得出奇地差。在一次又一次的改建失败后，当局不得不炸毁了住宅区的大部分，而这一举动却赢得了居民们的一片欢呼。这

① ［德］奥斯瓦尔德·斯宾格勒著，齐世荣等译《西方的没落》，商务印书馆，1995

② ［美］刘易斯·芒福德著，倪文彦、宋峻岭译《城市发展史》，中国建筑工业出版社，1989

次事件发人深思，研究表明，空间设置与社会文化因素严重脱节，是导致住宅区建设失败的重要原因。在低收入者聚居的邻里单位中，社会网络起着关键的作用。美国下层居民尤其喜欢非正规的空间，在住宅的户外街道、低层住宅的门前、狭窄巷道的交叉口以及杂货店的空地上，进行无拘无束的聚集与交往。新住宅区尽管齐整、秩序性强和设施卫生条件较好，但却没有产生社会网络的空间基础，失败就在所难免。

五、城市景观的心理性

意大利著名的建筑师布鲁诺·赛维说："尽管我们可能忽视空间，空间却影响我们，并控制着我们的精神活动；我们从建筑中获得美感，……这种美感大部分是从空间中产生出来的"①。实际上，何止是美感，人的一系列心理活动，如知觉、认识、安全感、归属感、舒适感或孤独感等等，都与城市景观有着息息相关的联系。

在一个好的景观环境中，人本能地会产生一种愉悦感，当置身于较差的景观环境中，人立刻会产生一种厌恶感，进而不愿意在这样的空间逗留，因此，景观环境与人的心理是息息相关的。

六、城市景观的美学性

追求美是人类的天性，在人类历史上，人们在塑造景观的过程中，不仅追求功用性，同时也在孜孜不倦地追求美，这是一个不能截然分开的统一过程。景观的美学性不仅体现在如何设计一个建筑物，同时也体现在如何将众多的构筑物按一定原则组织起来。整体空间组织是一个非常重要的问题，要比单个构筑物的建设更为重要，亚里士多德曾经论述："美与不美，艺术作品与现实事物，分别就在于美的东西和艺术作品里，原来零散的因素结合成为一体"②。城市景观构建过程中，必然涉及到构筑物的尺度、色彩、比例、装饰等问题，涉及到不同

---

① ［意大利］布鲁诺·赛维著，张似赞译《建筑空间论－如何品评建筑》，中国建筑工业出版社，1988

② 转引自朱光潜《西方美学史》，人民文学出版社，1964

构筑物之间的搭配问题、整个空间的布局问题，构筑物之间的节奏与韵律问题等等，这些都是美学的范畴，因此，景观的塑造与空间美学是息息相关的。

第2章 城市景观演进

人类城市景观演变经历了一个复杂的过程。瑞士著名哲学家艾赫尔别格在其名著《人与技术》中有一段精彩的论述，我们可以把它作为人类城市景观演变的基本脉络：

> 我们把人类的运动设想为60公里的马拉松赛跑，这个赛跑从某地开始，跑向我们某一个城市的中心作为终点。
>
> 60公里的大部分是沿着十分艰难的道路，要穿过小树林和真正的森林，对此我们是一点也不知道的，因为只是在最后，跑到58至59公里的地方，我们发现，除原始时代的工具外，还有作为最初文化特征的史前穴居时代的绘画，只是在最后1公里的地方，出现了越来越多的农业特征。
>
> 离终点200米，铺着石板的道路穿过罗马堡垒。
>
> 离终点100米，中世纪城市建筑围住我们赛跑运动员。
>
> 离终点还有50米，那里站着一个人，他用智慧而敏锐的眼睛注视着这场赛跑——这就是列奥纳多·达·芬奇。
>
> 剩下只有10米了，他们开始出现在火炬的光线和微弱的油灯光下。
>
> 但是，在最后5米的一冲之下，发生了非常惊人

的奇迹：光亮照耀着夜间的道路，没有役畜的板车疾驰而过，汽车轰鸣，摄影记者、电视记者的聚光灯使胜利的赛跑运动员头晕目眩①。

艾赫尔别格这段话是对人类历史的一个凝练的概括，同时也是对人类城市景观一个形象的总结。正如艾赫尔别格所描绘的那样，同人类漫长的历史相比，城市景观演变的历史是极为短暂的。人类历史上第一个城市的出现不过 9000 年前，但就是在这短短的 9000 年间，尤其是工业革命以来短短的几百年间，人类的城市景观发生了翻天覆地的变化。

第一节　工业革命前城市景观演进

一、工业革命前城市景观特点概述

工业革命以前，世界上城市景观因国家与民族不同而特点各异，我们很难用统一的标准进行概括。总体上说，那个阶段城市景观总的特点主要有：其一，城市的规模不大，普遍意义上，一般规模有几万人就比较可观了，这是由于生产力的特点所决定的。当然，也有例外的情况。城市的最大规模有的接近百万，如古代罗马、中国的长安城等。其二，城市大多有城墙环绕，这是因为工业革命以前人类战争频繁所导致的。其三，西方城市大多有中心广场，广场四周是宗教和政府的建筑物。与今天城市中心是商业区不同。其四，西方城市从中心广场放射出宽阔的林荫道，市中心林荫道两侧居住着富人。在步行交通时代，市中心是最佳位置，方便去宗教与行政机构。其五，也就是最重要的一点，宗教在城市景观中占据重要地位。

宗教在工业化以前的城市景观中占据重要地位，这几乎是工业革命前不同文化背景的城市的共同特点。美国建筑学家凯文·林奇用归类的方法概括出人类城市原型：一是神秘主义——宇宙城市原型，二是理性主义——机器城市原型，三是自然主义——有机城市原型。工业化以前的城市景观，属于神

---

① 王星、孙慧民、田克勤《人类文化的空间组合》，上海人民出版社，1990

秘主义——宇宙城市原型。主要特点是自然的力量被突出，自然力量与人文结合起来，城市成为人类与宇宙秩序之间的一种联接中介，整个城市景观弥漫着一种宗教神秘主义韵味。

这在东方城市也不例外。以明朝北京城为例，整个北京城以皇城为中心，皇城左建太庙，右建社稷坛，城外南北东西四方分别建天坛、地坛、日坛以及月坛。皇帝每年在冬至、夏至、春分、秋分分别到四坛举行祭祀，天地日月、冬夏春秋、南北东西，这种对应，显示了中国古人天人合一的宇宙观念（图 2-1）。

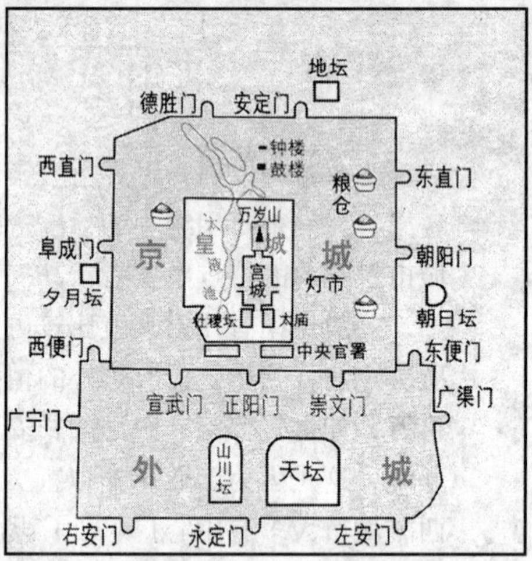

图 2-1　明朝的北京城

在古代埃及，神庙是城市中不可或缺的重要组成部分。“宗教在古代埃及的生活中起着支配的作用，几乎每件事情都有它的烙印”①。研究埃及古文化的周启迪先生认为：“早期埃及的城市，是神的城市，是神庙所在地与祭祀中心”（图 2-2）②。

---

① ［美］爱德华·麦克诺尔·伯恩斯、菲利普·李·拉尔夫著，罗经国等译《世界文明史》，商务印书馆，1987

② 郭丹彤《试论埃及新王国时期的神庙经济》，《东北师大学报》（哲学社会科学版），1994(2)

图 2-2　古埃及神庙遗址

在古代印度，城市景观也十分注重宗教性。古代印度的宗教思想认为，人类的物质世界是从中心向外延展，中心是世界的山脉，向外依次是平川陆地与海洋。这种宗教思想反映在城市景观构筑上，印度的古代城市，中心位置上都有一个高地或山丘，外围则以壕堑代表海洋。

在古代伊朗，人们为了表示对星相的理解与崇拜，把一些城堡用几道城墙围起，并在每道城墙涂上不同的颜色，以此显示人与天之间的广阔联系。伊朗的第一座都城埃克巴塔那，最中心的城墙颜色是金色，代表太阳（星期日）；往外第二道是银色，代表月亮（星期一）；第三道是红色，代表火星（星期二）；第四道是蓝色，代表水星（星期三）；第五道是琥珀色，代表木星（星期四）；第六道是黑色，代表金星（星期五）；第七道是白色，代表土星（星期六）。

公元前 2300 年前，苏美尔人在两河流域建立了一批城市，其中著名的是吴尔城。吴尔城的中央高地上建有宫殿、庙宇以及观象台，宫殿常常由几个不规则的院落组成，庙宇平面比较规正，呈土坯包围起来的四方形，观象台用几个四棱台叠成，一个比一个小，有很大的坡道直通台顶。这种布局显示了宗教在城市中至高无上的地位，是神秘主义景观城市的一种反映（图 2-3）。

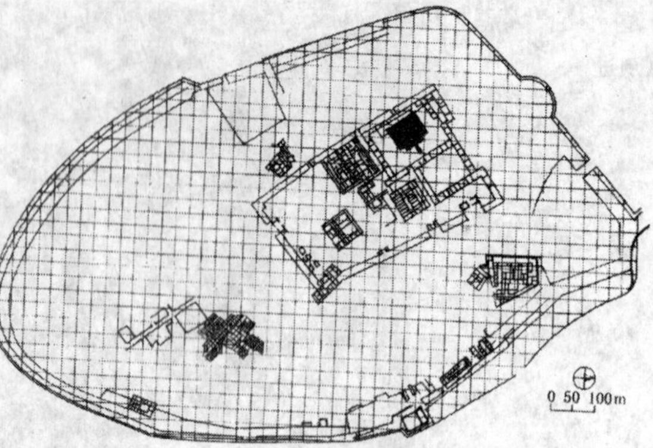

图 2-3　古吴尔城平面图

神秘主义——宇宙城市原型不仅仅反映人与天的关系，同时也反映在人与人的关系上，城市景观布局讲求礼制与等级。如在中国，早在周代就形成了一套按尊卑等级建设城市的规划制度。在印度，城市规划过程中按等级排序较为普遍，城市中有明显的等级分区。

当然，这是从普遍意义上抽象出来的特点。工业革命以前，理性主义——机器城市原型也一直存在着。这种城市的景观如同机器一样，其部件位置确定，彼此类似，并常用机械方式联接，整个变化均可由部件数量增减来反映，可以拆散、修改，也可以更换部件。这一模式特别适合建设临时性的城市，历史上一些殖民城市的设计，很多就是这种情况，凯文·林奇认为："这里典型的目标是迅速安排土地与资源，并为其提供合理分配的种种可能，也许还会增加防范保护和土地投机的目标。城市形态就是达到目的的一种手段"①。

二、工业革命前欧洲城市景观演进概述

1. 古希腊时代

古希腊时代城市景观的总体特点是小尺度以及人性化的。历史上的雅典城背山面海，城市按地形变化而布置。从山脚下的居住区开始，逐步向西北部平坦地区发展，最后形成了市集广场及整个城市，建筑物的排列不是死板的，既考虑到从城下

---

① ［美］凯文·林奇著，林庆怡等译《城市形态》，华夏出版社，2001

四周仰望时的美，又考虑到置身其中的美，并且充分利用了地形。

这个城市最杰出的是它的卫城。从迈西尼以来，卫城一直是雅典军事、政治及宗教的中心。希波战争中，原来的城市被洗劫一空。战后重建时，卫城军事意义消失了，主要作为宗教中心与公共活动场所，作为雅典帝国强盛的纪念碑。雅典卫城坐落城内一个陡峭的山顶上，以乱石在四周砌挡土墙形成大平台。平台东西长约300米，南北最宽处为130米，建筑物分布在这个平台上，山势险要，只有西边有一个上下通道。雅典卫城周围均为岩石坡面，建筑师充分利用岩面条件来安排建筑物与纪念物，并不刻意追求视觉的整体效果。除个体建筑外，卫城没有总的建筑中轴线，没有连续感，没有视觉的渐进，也不追求对称形式，完全因地制宜。卫城南坡还有为平民服务的活动中心、露天剧场与竞技场等。整个建筑非常适合人的尺度，据说这样的设计是最符合黄金分割比例的(图2-4)。刘易斯·芒福德对希腊城市高度评价，认为，“没有任何一个地方能像希腊城邦，首先像雅典那样勇敢正视人类精神与社会肌体二者的复杂关系了，人类精神通过社会肌体得以充分体现，社会肌体则变成一片人性化了的景色，或者叫做一座城市”①。

图2-4　古希腊雅典卫城

① [美]刘易斯·芒福德著，倪文彦、宋峻岭译《城市发展史——起源、演变和前景》，中国建筑工业出版社，1989

2. 古罗马时代

古罗马时代城市景观的主要特点是大尺度与炫耀性。

罗马城在鼎盛时期，人口曾经达到 80 ~ 100 万，占地 206 平方公里。罗马修建了环绕城市长达数百英里的排水道，城市中有一些建筑物高达 35 米，相当于 10 层楼。罗马有石铺的道路，还有巨大的浴池、斗兽场、宫殿与寺庙、大量宣传统治者功绩的纪念物以及供统治者享乐的服务设施等。罗马的建筑体量很大，而且装饰华丽。罗马中心是广场群，广场上建有裁判所、庙宇、斗兽场、市政厅等公共建筑物。广场使用功能也比古希腊有所扩大，除原有的集会功能与市场功能外，又增添了诸如审判功能、庆祝功能以及竞技功能等等。罗马人从希腊人那里学到了城市建设的美学原则，如形式上封闭的广场、广场四周连续的建筑、宽敞的通衢大街以及两侧成排的建筑物还有剧场等等，但是尺度与希腊人不同。罗马人按照自己特有的方式进行了变化，比希腊的形式更华丽更壮观。罗马的城市景观是大尺度的，以显示军事力量的强大与统治阶级的显赫。如广场的建筑物尺度都很大，实际上就是个人的纪念碑，大街有时宽 20 ~ 30 米，人行道与车行道是分开的(图 2-5)。

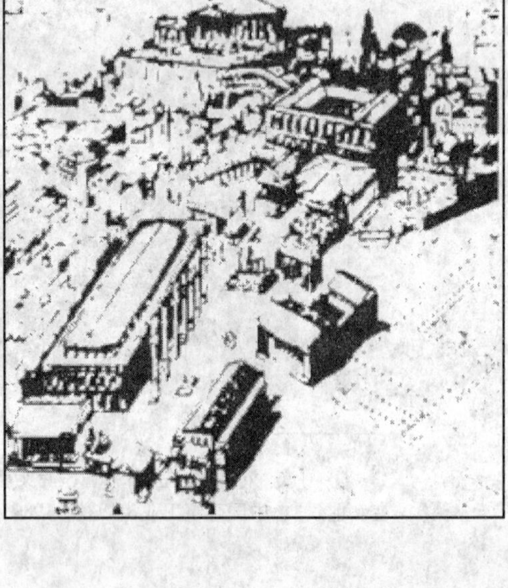

图 2-5　古罗马城

城市中贫富分化非常严重，罗马贵族，大约有 1800 户，居住在大型私人宅地中，宽敞的花园，奴仆众多，房间富丽堂皇。底层民众的住房状况极为恶劣，他们居住在大约 46000 所公寓房子里，居住密度接近每所公寓住 200 人，非常拥挤。而且这些住宅靠近大垃圾坑，垃圾坑没有进行任何处理，随便堆放垃圾与粪便，因此，罗马历史上遭遇过好几次瘟疫。

罗马人在城市景观构筑的过程中，对于地形不惜代价改造，再加上罗马人生活极度奢侈糜烂，因而刘易斯·芒福德称古希腊文化是讲求体魄健壮而又精神健康，而古罗马文化基本上是四肢发达头脑简单。

不仅罗马城，整个罗马时代，城市景观构筑都是好大喜功。美国经济史学者汤普逊在《中世纪经济社会史》中论述："各城市争先恐后地建设巍峨壮丽的大厦，这些大厦的断垣残壁不仅告诉了旅行者或历史学家一去不复返的宏伟景象，而且给经济学家指点了挥霍的教训"①。刘易斯·芒福德也认为：罗马帝国本身就是一个单纯城市权利中心的产物，它本身就是一个非常广大的城市建筑企业，这个建筑企业把自己的模式推向它所征服的其他各地②。

3. 中世纪时代

欧洲中世纪城市的总体特点是小尺度的，与古希腊很相似。

中世纪的欧洲，城市文明几乎消失殆尽。罗马帝国的消亡，使很多城市遭到严重破坏，南下的日耳曼人以农业耕作为主，对城市的依赖程度轻，加上频繁的战争使商路断绝，手工业、商业萧条，人们生活重心转入乡村，这些因素使欧洲很多城市衰落，如罗马城由近百万人减至 4 万人。但是，欧洲城市传统并没有完全消亡，中世纪的后半期，约从 11 世纪以后，城市在整个欧洲再次出现，因此，笼统地说中世纪是"黑暗时

---

① [美]汤普逊著，耿淡如译《中世纪经济社会史》(下)，商务印书馆，1961

② [美]刘易斯·芒福德著，倪文彦、宋峻岭译《城市发展史——起源. 演变和前景》，中国建筑工业出版社，1989

期”是不确切的。

中世纪城市的四周都用围墙围合起来，城墙每隔一定距离，筑有塔楼，组成守卫的中心点。街道布局非常凌乱，道路弯曲，这是有着时代意义的：因为中世纪城市经常会被敌人侵占，在街道展开巷战是非常普遍的，采用直线条的布局可能会增加城市的美观，但从防御的角度出发，这样做的代价将十分昂贵。中世纪城市中有三个建筑中心，代表着三种权力，即教会、政府和市场。这三种权力指使下的活动各自遵循着不同的行为方式。起初，城市的中心建筑是教堂，教堂是城市中最高的建筑物，其周围有一个广场，各主要街道汇向教堂。14 世纪以后，世俗权力开始兴起，大型的世俗公共建筑也开始占据中心地位，如市政厅与行会建筑，城市里就出现了两个中心，城市布局随之发生变化。随着商业活动的活跃，集市广场的地位日渐突出，第三个中心出现了。三个中心各有侧重，行政长官的宫殿代表政治行政功能，主教教堂代表宗教功能，集市广场代表经济功能。

中世纪的城市规划，通常是不追求整齐有序，而是从需要出发，随机而定，因此城市发展经常是不规则的，一些自然的东西，如崎岖不平的地形，常常被运用(图 2-6)。尽管环境卫

图 2-6　欧洲中世纪城市景观

生不是十分理想，但是中世纪城市景观还是得到了不少城市学

家的称赞。吉伯德在《市镇设计》一书中指出，“作为一个环境，中世纪的城市是美好的，朴素而清洁的，……理解它不需要理论或者抽象的设计理论，城市由于小和具有人的尺度的连续性，永远不会使人感到乏味与单调[①]。伊利尔·沙里宁也对中世纪的城市景观大加赞赏，他认为，中世纪城镇是按照居民的最高理想，而形成的一种真诚的表现形式[②]。刘易斯·芒福德认为，从生物学的角度，中世纪的住房的缺点，远比后来在开明制度下的住房问题要少[③]。

二、工业革命前中国城市景观演进概述

从周代匠人营国制度以来，一直到近代，中国城市景观都是方格格局，这种模式一脉相承，保持着极为强劲的稳定性。在如此广阔的领土内，由一种单一的模式所支撑，这在世界的历史上也比较罕见。当然，由于地形以及一些其他因素影响，这种模式也发生了一些变异，但核心的东西表现得十分稳定。

对于中国古代方格格局城市景观，《周礼·考工记》有所记载，“匠人营国，方九里，旁三门，国中九经九纬，经涂九轨，左祖右社，前朝后市，市朝一夫”（图 2-7）[④]。意思是，

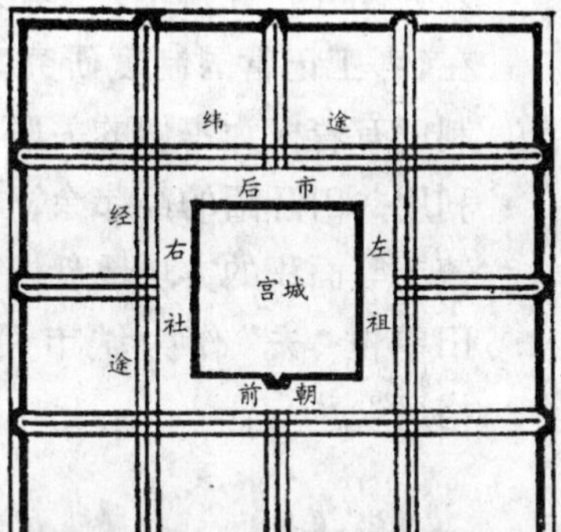

图 2-7　中国古代城市方格格局

① ［英］F·吉伯德等著，程里尧译《市镇设计》，中国建筑工业出版社，1985

② ［美］伊利尔·沙里宁著，顾启源译《城市：它的发展、衰败与未来》，中国建筑工业出版社，1986

③ ［美］刘易斯·芒福德著，倪文彦、宋峻岭译《城市发展史——起源．演变和前景》，中国建筑工业出版社，1989

④ 贺业钜《考工记营国制度研究》，中国建筑工业出版社，1985

建筑师丈量土地建设城市，按照每边九里，每边三个门的正方形建造，内部的道路网由南北9条以及东西9条成直角相交构成。道路宽为车轨的9倍，可以并排走3辆车。据日本人伊东忠太考证，当时车宽为66尺，左右各伸7寸，九轨为72尺，即为12步，相当于18米①。城的中心是宫城，宫城的左边是祖庙，右边是社稷坛，宫城的南边是朝廷，北边是市场，市场与朝廷各自方圆百步。

《周礼·考工记》把城市景观建设规范为三个等级：王城标准级，诸侯标准级，卿大夫采邑城的标准级。各城市大小、路宽、门高、屋高都依次递减。级差为二，如王城用九，诸侯为七，卿大夫采邑用五。按尊卑等级，不得僭越。甚至在建筑油漆色彩，屋瓦色彩上均有等级规定。

这种方格格局形成原因有各种说法，例如易经说，《易经》以九为阳之首，"天子"崇阳，城池选址以阳地为善，城市规划也以阳为贵。营国制度广用九数："方九里""九经九纬""内有九室，九嫔居之；外有九室，九卿朝焉。""九分其国，以为九分，九卿治之"。另外还有"井田制说"，学者贺业矩在《考工记营国制度研究》一书中认为：城市方格格局与井田制度有着极为密切的关联，中国古代把城市视为一大块井田，利用井田阡陌的经纬涂，构成道路网；按照井田制，将它分为若干等面积的方块地盘，充作城市建设用地；同时规定，以井田单位"夫"作为城市用地单位，由此形成方格状的城市格局②。

第二节　工业社会城市景观演进

工业革命是世界城市史上的转折点。在工业革命以前，世界范围内城市景观的变化是非常缓慢的。工业革命后城市景观

① 同济大学城市规划教研室编《中国城市建设史》，中国建筑工业出版社，1982

② 贺业钜《考工记营国制度研究》，中国建筑工业出版社，1985

变化巨大且迅速，正如美国建筑史家与评论家弗兰姆普敦指出的那样：在欧洲已有500年历史的城市在一个世纪内完全改变了①。

凯文·林奇认为，工业革命以来城市景观是理性主义——机器城市原型。这种城市原型的城市注重机械主义的功能秩序，功能至上，城市仿佛一台按功能组织起来的机器。“城市是由很多小的、自治的、无区别的局部构成的。这种局部围合成一个巨大的机器，（与宇宙模式相比）相反，这个机器则有不同的功能和运动，同时，这个机器是强大和美丽的，但却不是一个魔术作品或一面宇宙的镜子，它就是它自己（虽然它可能也用一些相似的设计尺度，控制和强化机器或企业的运转能力）”②。在城市建筑上，这种城市景观注重经济法则和数学计算，否定传统装饰，认为“最代表未来的是机械的美，未来的世界基本是机械的、机器的时代，房屋是‘居住的机器’”③。

当然，以上只是对工业社会城市景观一种抽象概括，具体而言，工业社会城市景观的演变路径如下：

一、城市景观规划演进

工业革命最初是从欧洲开始的。工业革命拉动了城市化的进程，大量人口涌入城市，或是在空地上建立城市，一方面由于人口在较短时间内进入城市，而使大量欧洲中世纪遗留下来的老城无所适从，另一方面由于人类还缺乏规划经验，于是，在工业革命相当长的一段时间内，城市的发展比较混乱。

资本主义大工业的生产方式，铁路的修建，完全改变了原有城市的景观。工业在城市内部或郊区建立起来，工业区外围就是简陋的工人住宅区，形成了工业区与住宅区相间与混杂的局面。火车的出现，是工业革命的一件大事。各个城市纷纷在城市中心或者市郊建立火车站，城市扩展后，城郊的火车站又

---

① ［美］弗兰姆普敦著，张钦楠等译《现代建筑——一部批判的历史》，中国建筑工业出版社，1988

② ［美］凯文·林奇著，林庆怡等译《城市形态》，华夏出版社，2001

③ ［法］勒·柯布西埃著，陈志华译《走向新建筑》，陕西师范大学出版社，1991

被包围在城市之中，加剧了城市布局的混乱。人口也像资本一样迅速集中。“……村子扩大为城镇，城镇扩大为大都市。城镇的数目成倍增长，50 万人以上的城市也在增加。建筑物及其覆盖地区的面积，日益扩大，规模空前：大量的建筑物几乎在一夜之间拔地而起。人们匆匆忙忙的盖起房子来，而在重新拆旧建新时，几乎忙的没有时间稍停下来总结他们的教训，而且对他们所犯的错误也满不在乎。新来的人，孩子或移民，等不及新的住处。他们迫不及待的挤在任何能栖身的地方。在城市建设上，这是一个凑合将就的时期，大批供临时凑合使用的建筑物，匆忙建起”①。

资本主义的发展使原有城市难以适应发展的需要。除了兴起大量的新建城市之外，旧的城市普遍面临着变革的任务。不少城市针对这种情况，进行了改建，以适应新的发展需要。有的城市改造规模比较小，有的改造是规模比较大的，如拿破仑三世著名的“奥斯曼计划”，历时 17 年之久，耗资 25 亿法郎，全巴黎共拆除旧房 11. 7 万所，兴建楼房 2. 15 万栋。巴黎改建的主要方面有：①拓宽了道路。在市中心开辟了 95 公里顺直宽阔的道路，拆毁了 49 公里旧路，在市区外围开辟 70 公里道路，拆毁了 5 公里旧路。②增加了绿化与开敞空间。修建了大面积的公园，并把宽阔的爱丽舍田园大道向东、西延伸，把西郊的布伦公园与东郊的维星斯公园的巨大面积引入市中心。③注重城市美观。为美化环境，对道路宽度与两边建筑物高度都做了具体规定。④功能分区尝试。把巴黎市中心分散成几个区中心，适应城市结构的变化而产生的分区要求。

英国的伦敦也进行了比较大规模的改造。伦敦在 1666 年发生大火灾，整个城市几乎毁灭，这正好为城市的改建创造了条件。在改造中，城市的布局以及建设主要依据着经济利益原则，而不是以往那种行政原则与宗教原则，表明了资本主义对城市的主导作用。

---

① ［美］刘易斯·芒福德著，倪文彦、宋峻岭译《城市发展史——起源. 演变和前景》，中国建筑工业出版社，1989

其后，这种城市改造一直进行，有的改造成功地处理了旧城与新区的矛盾，有的则采用最粗暴的方式，推倒重建。在城市建设中，功能主义规划逐渐出现，这种规划遵循经济和技术的理性准则，把城市看作是巨大的、高速运转的机器，以功能与效益为追求目标，在城市建设中注意体现最新的科学技术思想和技术美学观念。功能主义规划理念是：①承认大城市尤其是其中心在经济、社会、文化上的重要性，它的集聚功能不能被替代。对它的矛盾不能采取回避态度，而是应当通过技术手段加以解决，使其在工业化现代化进程中发挥更大的作用。②现代化城市是一个高效率的城市，是一个交通信息十分发达的地区，因此新的城市规划应体现这一特点，效率和速度就是城市的生命。③现代化大城市拥挤、环境不佳，所以要通过提高建筑层数解决拥挤问题，增加城市绿地，提高环境质量，并增加服务设施，提高城市居民生活质量。④现代化大城市在空间艺术上要有新的追求，要寻找能代表时代精神的城市风貌与象征。

功能主义规划的代表是雅典宪章。1933 年国际建筑协会在雅典开会，制订了《城市规划大纲》，总结了城市的弊端，并提出了城市的应对思路，这就是城市规划史上著名的雅典宪章，它指出城市规划的目的是解决居住、工作、休憩与交通四大活动的正常进行，人们应当通过城市规划解决城市空间出现的问题，其中主要方式是功能分区。它认为：

城市居住的主要问题是：人口密度过大，缺乏空地与绿地，过于靠近工业区，生活环境不卫生；房屋沿街建造影响居住安静，日照不良，噪声干扰；公共设施太少而且分布不合理。

城市工作的主要问题是：工作地点在城市中无计划地布置，从居住地点到工作的场所距离很远，造成拥挤，有害身心，时间经济都受损失；工业在城郊建设，引起城市的无限制扩展，增加了工作与居住的距离，形成了过分拥挤而集中的人流交通。

城市休憩的主要问题是：大城市缺乏空地，城市中所需要的绿地逐渐都被占用光了，并且，城市中绿化面积小，位置又不适中，无益于城市居住条件的改善；市中心区人口密度本来就很高，很难拆出一小块空地，并将它开辟为绿地供居民休憩。

城市交通的主要问题是：城市交通大多是旧时代遗留下来的，宽度不够，交叉口又多，未能按功能进行分类；过去那种追求“姿态伟大”、“排场”以及“城市面貌”的做法，只能使交通更加恶化，局部的放宽，改造道路，并不能从根本上解决问题，应当从道路系统整体着手，对街道进行功能分类。

为解决以上问题，雅典宪章指出了城市规划功能分区的道路。这既是对此前西方城市改造的一种总结，也为以后的城市改造指出了方向。不但发达国家按照这条路线进行，许多二战后独立的发展中国家城市，如印度的昌迪加尔城以及巴西的巴西利亚城，也遵循着雅典宪章的原则。

印度的昌迪加尔城：

印度总理尼赫鲁对昌迪加尔城的构想是“印度自由的象征，摆脱过去传统的束缚，表达我们民族对未来的信心”。昌迪加尔城是由法国现代派建筑大师柯布西埃规划的，它以城市形态象征生物形体的构思，规划出该城市的总图，具有明显的功能主义的特征。行政中心是城市的主脑，位于城市的顶端山麓下。商业中心是城市的心脏，位于城市的中心位置。博物馆、图书馆是城市的神经中枢，位于城市的主脑——行政中心附近。大学区是城市的右手，位于城市的西北侧。工业区是城市的左手，位于城市的东南侧。水电系统是城市的血管神经，位于城市的各处。道路系统是城市的骨架，市内建筑是骨架附肉，留作绿化用的绿地似呼吸的肺部。这样，整个城市具有明显的功能分区。居住区遍布整个城市，但与上述各区互不相杂(图 2-8)。这个城市规划有序，得到了人们的称赞，但是过于追求功能分区又影响了城市的活力，同时也带来了社会分化。另外，外来文化没有与当地文化有机结合，整个城市显得尺度过大，布局过于生硬①。

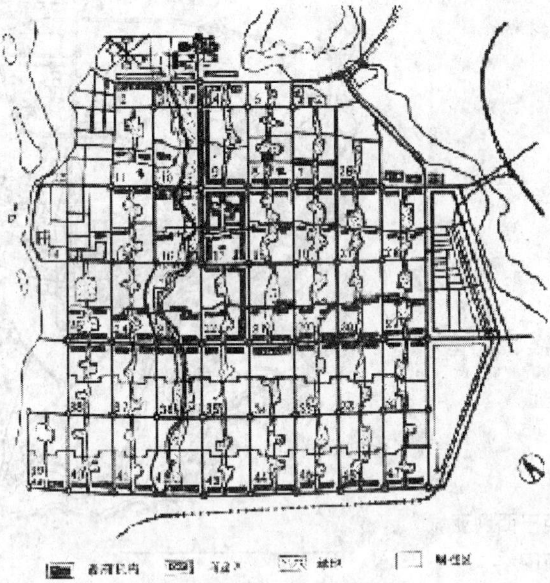

图 2-8　印度昌迪加尔城平面图

巴西的巴西利亚城：

1965 年巴西迁都，定址于巴西利亚，由于这是一块空地，因此功能主义的城市设计得以有力地实施。整个城市类似飞机形状，象征巴西是一个高速起飞的发展中国家。机头是三权广场，是国会、总统府以及最高法院的所在地，同时遍布着政府机关大楼。机身长 8 公里，是交通的主轴，其前部是宽 250 米的纪念大道，两旁是高楼群。飞机两翼是长度大约 13 公里的弓形横轴，沿着"八"字型的帕拉诺阿湖畔展开。这里分布着商业区、住宅区与使馆区。飞机尾部

① 沈玉麟《外国城市建设史》，中国建筑工业出版社，1989

是文化区与体育运动区，末端是工业区与印刷出版区（图 2-9）①。

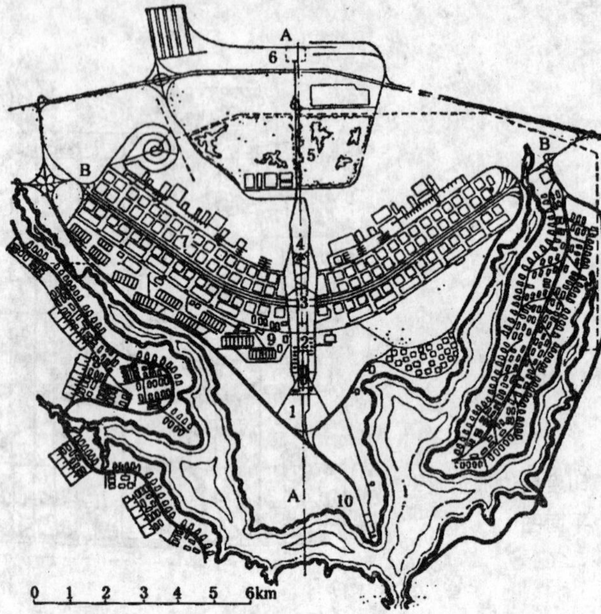

图 2-9　巴西巴西利亚城平面图

1—三权广场　2—行政厅地区　3—商业中心　4—广播电视台
5—森林公园　6—火车站　7—多层住宅区　8—独院式住宅区
9—使馆区　10—水上运动设施

二、城市景观尺度演进

工业革命以来，城市景观最大的变化是尺度的增大，城市不仅变高，而且变得更大。

随着科技的进步以及钢结构的应用，城市景观日益向“高”发展。城市景观的显著特色就是摩天大楼的出现。摩天大楼的出现具有重要意义。一方面，它显示了人类的创造力量，改善了人们的居住，节省了城市用地。另一方面，也带来一定的负面效应，例如规模不经济以及安全隐患等。

1931 年美国建成 102 层高 381 米的纽约帝国大厦，1969 年以前一直是世界最高的大厦；1969 年美国建成的 110 层高

① 沈玉麟《外国城市建设史》，中国建筑工业出版社，1989

443 米的芝加哥西尔斯大厦(图 2-10)，成为世界最高；1996 年马来西亚建成的高 450 米的双塔石油大厦取代了冠军的地位(但美国的西尔斯大厦有异议)。中国于 1997 年建成的上海金茂大厦为 95 层，建筑高度 421 米，结构高度 395 米，也跻身于世界最高大厦行列。

图 2-10　美国芝加哥西尔斯大厦

随着经济的发展以及交通设施的改善，城市建成区日益扩张。仅以伦敦为例，它的扩张是非常显著的，从 1800 年～1960 年的空间图上，我们可以清楚地看到，伦敦的面积扩张了至少十几倍(图 2-11)。

城市建成区的扩张还体现在郊区化上。郊区化实际上工业革命之前就已经发生，那个时候能够享受郊区生活的只是少数人。上层阶级中的一部分人希望过上独立、独特、私密、放松的生活，他们要“像修士般隐退，而又享受王公般的日子”，于是便创造了郊区。郊区化最早出现在美国，原始的郊区表现为乡村别墅的集合体，大规模的郊区化发生在第二次世界大战以后。郊区化的原因较为复杂，有政治、经济乃至文化方面的各种原因。但必须指出，小汽车交通工具的普及以及道路交通设施的改善对郊区化影响非常重大。

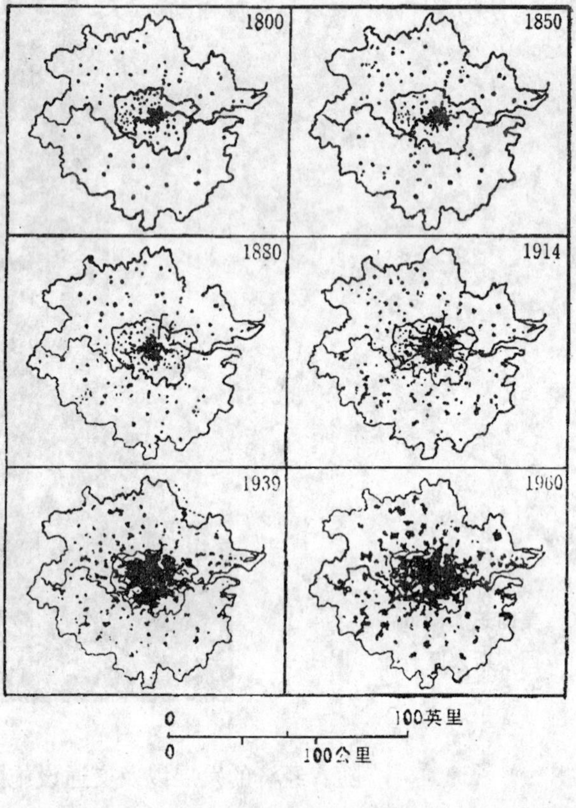

图 2-11　英国伦敦城的变迁

郊区化是以小汽车为交通支撑的。汽车不仅是一种交通工具，更代表着一种生活方式。郊区化在美国最先兴起，同时在美国开展的最好，与美国私家车的泛滥不无关系。早在 1975 年，美国的汽车数量就突破 1 亿。平均不到 2 人就拥有 1 辆小汽车。美国学者肯·扬与查利·梅森认为：居民从中心城市移到城郊的原因包括“汽油便宜，密集的公路网络和土地的有效利用”①。西方曾经流传一则寓言：一个远道来地球考察的外星人向自己的星球发回电报：“这个蓝色星球上生活着一个叫汽车的动物，里面有一种叫人的寄生虫”②，正是对郊区化与小汽车关系的一个说明。

郊区化是建立在小汽车的基础之上的，耗费大量能源，因此对生态环境保护不利。同时，郊区化是一种低密度扩张(图2-12)，加之建设停车场、道路等，土地资源浪费严重，同样不利于生态环境保护。

图2-12　城市郊区化扩张

三、城市景观生态演进

工业化以来相当长的时间内，城市是一种无序的发展状态，引发了诸多的“城市病”，城市生态问题是最严重的城市病，这在工业革命早期表现得尤为明显，一些早期的学者以及思想家对此都进行过深刻的揭示。

“工厂林立，浓烟滚滚”是一段时间城市景观最形象的概括。以工业革命最早的英国而言，当时伦敦的工厂如雨后春笋般兴建起来，高大的烟囱林立，整个城市烟雾缭绕，能见度极

---

① 董宪军《生态城市论》，中国社会科学出版社，2002

② 董宪军《生态城市论》，中国社会科学出版社，2002

低。但这决不是伦敦的个案问题，正如恩格斯所言，凡是可以形容伦敦的，也可以形容曼彻斯特、伯明翰、利兹，形容所有的大城市[①]。恩格斯在曼彻斯特期间，曾经站在伊尔克河的迪西桥上，对河进行了以下的描述：桥的下面，流动着或者毋宁说停滞着伊尔克河……(它)恰好容纳着附近下水道和厕所的内容。迪西桥底左边，可以看到一堆一堆的垃圾废物，以及河流陡峭的左岸边院落的废弃物。[这]……一条狭窄的、煤一样黑的恶臭河流，右边的低地上充满了淤积的垃圾污物。天晴时，右岸边是长长的一连串最恶臭的深绿色软泥池，从这些池子的最深处，不停的发出瘴气泡，所造成的恶臭即使在离水面四五十英尺高的桥上都无法忍受[②]。

这种状态持续了很长一段时间。英国学者克莱夫·庞廷在其环境名著《绿色世界史：环境与伟大文明的衰落》中写到："毫无疑问，如果生活在20世纪的人被运到一个世纪以前的某座城市中，他一定惊骇并被淹没在当地的气味中。这种气味来自成堆的腐烂垃圾、人畜的粪便夹杂着一池池的尿坑，它们常常堆满了街道，或者有时渗入当地的小溪或河流而在那里腐烂[③]。刘易斯·芒福德称这种城市为焦炭城，而且他认为，西方世界的每一个城市，或多或少，都有着焦炭城的烙印。

> "夜幕笼罩了整个煤城：它的主要颜色是黑色。黑色的烟从工厂的烟囱和铁路车场中滚滚喷出。铁路干脆直接插入城镇里来，与这个有机体混合在一起，并把烟灰和煤渣扩散到各处。煤气照明灯的发明加剧了这种扩散。……巨大的煤气储存大罐在城市的风景线上巍然竖起，这个巨大的构筑物，有一座大教堂那

---

① 《马克思恩格斯全集》第2卷，人民出版社，1957

② 《马克思恩格斯全集》第2卷，人民出版社，1957

③ [英]克莱夫·庞廷著，王毅、张学广译，《绿色世界史：环境与伟大文明的衰落》，上海人民出版社，2002

么大”（图2-13）[①]。

后来，一些国家在经济发展到一定时期，对环境进行了清理，城市环境有所改善，许多城市通过土地置换，建成了公园与绿地，尤其值得一提的是，美国纽约在市中心塑造了一个大型的“城市绿心”——中央公园。

图2-13 19世纪的“焦炭城”

公园的面积大得惊人，达340万平方米。它位于曼哈顿的中央，足足占掉150个街区，比欧洲的摩纳哥还大。中央公园有总长93公里的步行道，9000张长椅和6000棵树木，每年吸引多达2500万人次进出。园内有动物园、运动场、美术馆、剧院等各种设施。本来是一片近乎荒野的地方，现在是一大片田园式的禁猎区，有茂密的树林、湖泊和草坪，甚至还有农场和牧场，里面还有羊儿在吃草。在这样一个喧嚣繁荣的大都市开辟出这样一个巨大的公园，这一创举得到了举世称赞。

英国的伦敦也对污染的泰晤士河进行了清理，泰晤士河又恢复了鱼虾成群的景观……。

---

① [美]刘易斯·芒福德著，倪文彦、宋峻岭译《城市发展史——起源.演变和前景》，中国建筑工业出版社，1989

但是一些国家的城市，尤其是发展中国家的城市，城市环境状况仍然堪忧。

四、城市建筑演进

工业社会城市景观演进一个很重要的方面表现在建筑上，工业革命引发了一场建筑革命——现代建筑革命，以体现工业化时代的精神。刘先觉教授在《现代建筑理论》对现代建筑的特点加以总结：

(1)强调功能。反对"为形式而形式"，提倡"形式服从功能"。设计房屋应自内向外，先平面、剖面，然后设计立面，建筑造型自由且不对称。设计以使用功能为核心，建筑设计与美术是两个不同的范畴。

(2)注意应用新技术的成就。使建筑形式体现新材料(水泥、玻璃、钢材)、新结构(钢结构、钢筋混凝土结构)、新设备和工业化施工的特点，建筑外貌应成为新技术的反映，而不去掩饰。

(3)体现新的建筑审美观。建筑艺术趋向净化，摒弃折衷主义的复古思潮与繁琐装饰，建筑造型要成为几何体形的抽象组合，简洁、明亮、轻快就是它的外部特征。

(4)经济理性主义。大规模生产，标准化生产，减少成本，增加产出，符合少投入多产出的经济理性原则①。

现代建筑最集中的体现是柯布西埃，他是现代建筑、现代设计、现代城市规划的最重要的奠基者之一，对于现代主义建筑思想体系的形成，对于"机械美学"思想体系的形成都具有决定性的影响。柯布西埃在他的第一本论文集《走向新建筑》的一开始就写道："一个伟大的时代开始了，这中间存在着一种新精神"，"工程师运用经济法则和数学计算及管理学把人们和宇宙的自然法则调和一致"。他宣称，设计和写作一样，应该建立在科学和所谓的"放之四海而皆准"的法规中，相信"有统一意图的章法和设计精神"可以促成集权的现代主义。

---

① 刘先觉主编《现代建筑理论》，中国建筑工业出版社，1999

他主张设计上、建筑上要向前看，否定传统的装饰[①]，他认为最代表未来的是机械的美，未来的世界基本是机械的、机器的时代，房屋是"居住机器"[②]。

现代建筑是特定时代的产物。它适应了城市化发展的要求。众所周知，工业化拉开了城市化的序幕。城市化使大量的人口汇集于城市，由此带来了大量的居住需求，再加上欧洲两次世界大战后重建，对住宅的需求量非常大。现代建筑以简洁、经济、实用的特点，在满足这种需求方面具有优势，因此，现代建筑的发展极为迅速。但现代建筑相对忽略了人们的多样性需求，这是其主要弊端。

五、城市景观社会演进

工业革命以来，城市景观在社会层面上表现出强烈的贫富分化。其实贫富分化城市景观在工业革命以前就很普遍，工业社会又强化了这一现象，使这种现象大规模化与深层次化。在城市日益扩张的过程中，与富人体面的生活环境相比较，城市中许多人生活在"脏乱差"的环境之中。关于这一点，相关思想家以及学者的记录可谓汗牛充栋。如美籍丹麦人雅各布·里斯在对纽约考察了20年之后，于1890年出版了《另一半人是怎样生活的》一书。该书描述了与第五大街富人区相隔几个街区的贫民窟的肮脏混乱。"贫民窟里居住着爱尔兰移民和山羊，沿着东区延伸达60多个街区，贫民窟里的经济公寓像一座座蜂窝般的兵营，其中许多房间，既不透空气，又不见阳光。由于没有卫生设施、厕所或防疫设施，公寓成了脏如猪圈的人类住所，臭气冲天，害虫猖獗。当时一半人口居住在这种公寓中，其中大多数为贫穷的移民[③]。苏格兰城市规划师格迪斯曾经讽刺这种现象：贫民窟，次贫民窟，超级贫民窟——这

---

① ［法］勒·柯布西埃著，陈志华译《走向新建筑》，陕西师范大学出版社，1991

② ［法］勒·柯布西埃著，陈志华译《走向新建筑》，陕西师范大学出版社，1991

③ 周晓虹《社会学经验研究传统的形成与确立》，《南京大学学报》(哲学社会科学版)，2001(1)

就是城市化的进程①。

随着生产力的提高与政府的干预，发达国家这一现象有所缓解，下层人以及贫穷者逐渐住上公寓式住所。而发展中国家这一现象目前却比较严重，“二元景观”是发展中国家城市的一个显著特征。印度的加尔各答就是一个很好的例证。

> 印度加尔各答就是一个典型的“二元城市”，虽然没有旧城，但是却有十分明显的贫富对比。城市中央是欧洲式建筑的街区，一片现代化的气息。而周围包围着大量贫民的住屋。城市的某些地方还保留有封建社会的特征，城市里养有大量的牛群，在大街上漫游，阻碍交通，影响环境②。

埃及的开罗分新旧二城，新城有宽阔的街道，巨大的广场以及欧式高层建筑，而旧区则是大量的低矮的土房。

1840 年鸦片战争后，中国逐步沦落为半封建半殖民地社会，在帝国主义的侵略下，一些通商口岸被迫开辟“租界”，这使得中国不少城市也具有“二元景观”。一方面是洋人与华人上层的住宅区，设施完善，景观幽雅，例如，上海的租界具有高层公寓住宅，花园洋房以及公园等。而另一方面是广大劳动人民居住的棚户区，住宅条件极差。旧上海下层人民的住所通常为低矮的木结构建筑，环境很差。老城区由很小的方格形道路网组成，道路宽度 2 ~ 3 米，不能行车，而租界的道路宽度有 10 米，相差悬殊。

1949 年后，中国城市二元景观逐步减少。但由于历史原因以及社会经济中出现的一些新变化，这种现象仍在一定范围内存在。当前，“城中村”是中国城市二元景观的一种突出表现形式。城中村伴随着中国城市的扩张而形成，中国许多城市

---

① 林广、张鸿雁《成功与代价：中外城市化比较新论》，东南大学出版社，2000

② 康少邦、张宁编译《城市社会学》浙江人民出版社，1986 年

都有这种现象，有的城市还非常严重。由于城市的扩张难以实现均质发展，因此有的农村地区景观还没有来得及转换就被迅速的城市扩张所淹没。城中村不仅是一种景观问题，更引发了一定的社会问题，许多城市的城中村都是治安死角。具体而言：

其一，城中村中住区缺乏统一的规划，布局凌乱。

其二，城中村中公共设施匮乏，居住环境质量不高，缺少必要的市政基础设施。如一些民居的上下水存在严重的问题，楼上没有自来水，缺少排污系统，导致污水乱排，影响了环境质量。

其三，城中村建筑设计混乱。有城市建筑，同时又有农村建筑。建筑的高度也参差不齐，高楼与平房共存。农村住宅也不统一，有些富裕户建起了华丽的洋楼，而相对贫困的农户的房子则比较差(图 2-14)。

图 2-14　参差不齐的城中村

城中村是城市化进程过快与缺乏规划所引发的，解决这一问题，应当遵循城乡一体化的原则，将城中村纳入到统一的城市规划中。

第三节　后工业社会城市景观演进倾向

20世纪60年代以后，许多发达资本主义国家开始进入了后工业社会，社会经济出现了许多新变化：传统工业在城市产业结构中不再占有主导作用，并将不再是经济增长的主要源头；标准化的商品逐渐被个性化的商品所取代；社会经济坐标由“物本位”向“人本位”过渡；科技日益向高精尖方向发展。与之相应，城市景观出现了一些新特点。

一、城市景观布局多中心化

与以往城市单中心发展不同的是，后工业社会以来，城市开始了多中心发展。

以往城市建设多采用环辐状发展，这种发展模式有很大弊端。其一，城市呈“摊大饼”方式向外扩张，越摊越大，城市中心离自然越来越远，人们难以呼吸到自然的新鲜空气。其二，城市呈“摊大饼”方式向外扩张，就难以顾及地形、地貌等自然因素，因此，从生态学的角度而言是不适宜的。其三，城市呈“摊大饼”方式向外扩张，使城市中心的区位优势十分突出，造成城市中心的压力日益增大。城市中心一般都是旧城区，本来就难堪重负，“摊大饼”更使其雪上加霜。

多中心结构拥有许多优势：

其一，多中心结构可以顺应自然，因地制宜、因势利导地安排城市用地，灵活性较大。其二，多中心结构是集中与分散的有机结合。从集中的角度来说，由8个100万分中心组成的一个800万人口的大城市，居民可以享受到800万人口才能享受到的文明，如看歌剧等，这是一个100万人口的城市所无法比拟的。从分散的角度来说，居民可以克服800万人的大城市的弊端，享受到100万人城市的优点，即接近自然，避免拥挤。其三，多中心城市结构，可在城市之间的部分楔入大量的绿地与农田，使城市与乡村有机结合，整个空间结构呈现出半城半乡的结构。

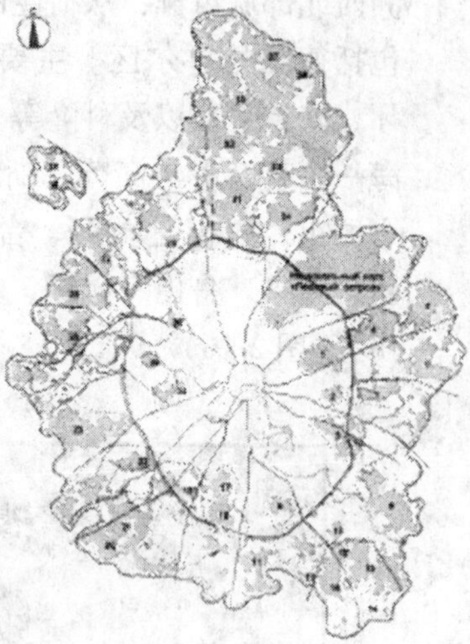

图 2-15　莫斯科——多中心结构的典型

莫斯科就是这方面的典型。它由 8 个部分，每个部分 100 万人口，各组成部分之间以绿地系统呈带状或者是楔状相互分隔，并由快速干道和花园环道相联系，整个城市的绿化率达到了 40%，人均绿化面积 45 平方米(图 2-15)。

多中心发展使城市建成区呈分散分布，加上郊区化作用，城市空间分散得更为严重，许多城市的建成区有连成一片的趋势，这使得世界上不少地方出现城市密集区。目前，世界上较大规模的城市建成区一共有六个。它们是：其一，美国东海岸城市群：从马萨诸塞州的波士顿至华盛顿哥伦比亚特区，包括波士顿、纽约、费城、巴尔的摩与华盛顿等大城市以及附近的卫星城市等。其二，北美五大湖城市群：分布在北美的五大湖附近。包括美国的底特律、克利夫兰、匹兹堡以及加拿大的多伦多与蒙特利尔。其三，日本太平洋沿岸城市群：由东京、大阪、名古屋三大城市圈组成。从千叶向西，经过东京、横滨、静冈、名古屋，再到京都、大阪、神户，以及贯穿其中的诸多卫星城，整个城市群密度极大，面积仅占日本国土面积的 6%，但人口却达到 5000 万。其四，以伦敦为核心的英国城市群：以伦敦——利物浦为轴线，包括伦敦、伯明翰、谢菲尔德、利物浦以及曼彻斯特等大城市与众多的小城镇。其五，欧洲西北部城市群：从荷兰的阿姆斯特丹至法国的巴黎一带，还包括德国的鲁尔区。主要有巴黎、阿姆斯特丹、鹿特丹、海牙、安特卫普以及科隆等。其六，中国长三角城市群：包括上海一个直辖市与江苏、浙江两个省。长三角城市群总共有16个城市，它们是上海、台州、宁波、绍兴、杭州、湖州、苏州、嘉兴、舟山、无锡、常州、南京、南通、镇江、扬州、泰州等(图2-16)。

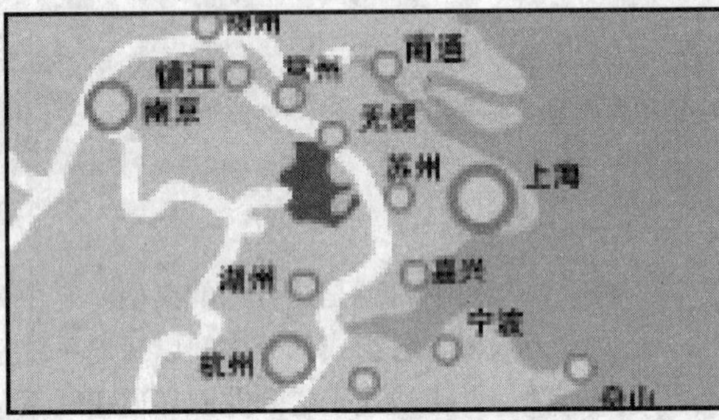

图2-16　长三角城市群分布

值得一提的是美国东海岸城市群，它最具典型性。该地区面积为13．8万平方公里，仅占美国国土面积的1.5%，却聚集了全国20%的人口，人口达4500万。沿大西洋海岸的狭长区域，长为960公里，宽为48～160公里。包括5个特大城市与若干个小城市，其建成区已经彼此相连。

另外，中国的长三角也是一个非常有活力的城市群。它以占中国1%的土地和6%的人口，创造了20%的国内生产总值，成为中国经济发展速度最快、经济总量规模最大的区域之一。目前，该城市群正致力塑造“3小时都市圈”。“3小时都市圈”将囊括15个中心城市、55个中等城市、1446个小城镇。

二、城市景观生态化

生态倾向是后工业社会的一个显著特点，也是人类的一种理性选择。工业社会城市景观的构建以及城市的运营造成了许多环境问题，如大气污染问题、水污染问题、噪声问题、拥挤问题、地面沉降问题等，这些问题虽然并不都是物质空间结构所致，但物质空间无疑是其中的一个重要原因。城市的这些问题给人们的健康带来了一定影响，城市一度成为反生态环境的代名词。同时，地球也面临严重的能源问题，城市对能源问题负有不可推卸的责任。人们在付出了巨大代价之后，开始反思环境问题。意大利建筑师波罗·帕托给西明确指出了现代建筑与能源危机的问题："一个严重关注恢复生态平衡，保护自然资源的文明世界，是不允许自身以老的方法和观念肆意挥霍资源来进行建设，如大量使用金属材料及其带来的美学和技术上的后果，再也不能毫无节制地进行下去了。金属铝广泛用于遍及全球成百万座大厦的饰面，不久它将变得比贵金属还要匮乏了"①。

人们也开始把这种反思付诸于实际行动中。在城市景观的塑造过程中，人们日益注重顺应生态规律，注重节约能源，注重人的身心健康，以生态学为指导塑造城市景观成为一种趋势。目前较为普遍的做法是构筑生态建筑以及城市建筑的生态改造利用，较为公认的基本原则当推 3R 设计原则，即 reduce（减少不利）、reuse（重复使用）和 recycle（循环使用）。Reduce 是尽量减少各种对人体和环境不利的影响。Reuse 是尽量重复使用一切资源或材料。Recycle 是充分利用经过处理能循环使用的资源与材料。

构筑生态建筑是当今城市景观塑造中的一大倾向。生态建筑，可以简单地理解为尽量减少对自然界不良影响的建筑。建筑是人为的产物，建筑活动是一种人工的活动，因而任何建筑的建成和使用，对自然生态系统都会产生一定的影响，造成一定的伤害，而生态建筑就是尽可能地减少对自然的伤害，减少对自然生态系统的不良影响的建筑（图 2-17）。20 世纪 70 年代以后，生态建筑付诸于实践层面，联邦德国在柏林建设了一座生态办公楼。这座命名为"生态技术 3 号"的大楼高 7 层，使用面积 8100 平方米，大楼正面安装了 64 平方米的太阳能电池

---

① ［意大利］波罗·帕托给西著、常青译张似赞校《现代建筑之后》，引自网页 http：//218.98.12.196/luqu/viewthread.php？tid＝1050

板，所产生的能量供应整个大楼的用电与热水。大楼楼顶设置储水器，储备大量的雨水。储备的雨水先用来浇灌楼顶的草地，从草地渗下来的水回到储水器，然后流到大楼各处冲刷马桶。就整个城市而言，目前还难以做到像一座建筑物一样的循环机制，不过也日益向这个方向发展。

图 2-17　德国“生态技术 3 号”大楼

注重生态改造利用，以节约能源，也是当前的一个倾向。如美国著名设计师哈格雷夫斯主持的比克斯夫斯填埋场公园就是其中一个案例。这个公园原址是一个废料填埋场，设计者因势利导、因地制宜，通过巧妙设计，将之设计成为一个公园，取得了极大的生态效益。

三、城市景观人文化

功能主义的城市设计虽然给城市带来明晰、秩序等特征，但同时也造成城市景观的僵化与凝固，城市的多样性和选择性受到削弱，城市空间变得异化，意义变得消失。为此，一种以人为核心的城市规划设计思想在其之后兴起，并逐渐反映在城市建设的实践中，这就是人文主义的城市规划设计。这种设计反对抽象的教条，转而从具体生活经验和人对城市的感受出发，研究人的行为心理、知觉经验与环境之间的相互关系。它的规划设计特点是：强调人的尺度与生活感。具体而言：

1. 强调城市土地的混合使用

雅典宪章强调功能分区，城市分为居住、工作、游憩与交通四大活动，遭到了许多人的严厉批评。美国人本主义城市规划理论家雅各布斯强调城市应具有有组织的复杂性，城市应鼓励土地、建筑物与建筑群的混合使用。雅各布斯考察了美国的许多城市后得出结论，那些充满活力的街道与居住区，都强调土地的混合使用。她以巴尔的摩为例证：该城市是典型的功能主义的规划设计，居民区的两侧有大片的公共绿地，缺乏商业设施，居民很不方便。同时，街道也失去了生气，尤其夜间更是使人感觉恐怖。她提出“将人们的出行时间分散在一天内的各个时段内”①。从社会学的角度来看，混合的功用有助于人们的接触、交往，增加城市的宜人气氛和安全感，从经济学的角度来看，混合的功用能够对城市公共设施实现充分有效的使用。美国建筑师亚历山大认为，一个有活力的城市不是树形结构，而是一个半网络形。树形结构的定义是“对于任何两个共存于同一组合的集合而言，而且要么一个集合完全包含另一个，要么二者彼此完全不相干时，这样的集合组成形成树形”②。树形结构造成生活上的不方便，而且没有效率。相比之下，半网络是一种复杂组织的结构形式，是有效率的，有活力的(图 2-18)。

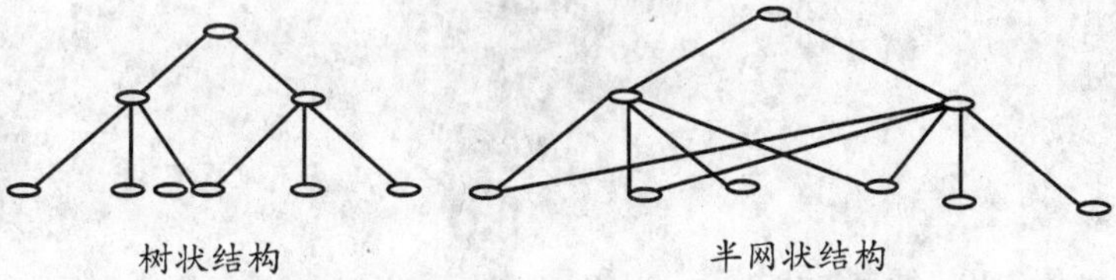

图 2-18　城市土地的混合使用

当前，在一些西方国家，土地混合使用的情况大大增加。在美国，商住楼已经非常普遍，这一变化使办公室不只是白天办公的场所，而住宅也不只是晚上睡觉的地方，将住宅与商业有机混在一起。另外大型公用设施也开始实现混合使用，例如

① ［美］刘易斯·芒福德著，倪文彦、宋峻岭译《城市发展史——起源.演变和前景》，中国建筑工业出版社，1989

② ［美］亚历山大著，严小婴译《城市并非树形》，《建筑师》，1985(24)

美国纽约的旧火车站就被改造成一个集旅游、商业以及交通为一体的场所。

2. 强调城市建设中人的尺度

人文主义的城市规划，强调城市应符合人的尺度，而不应只是大尺度。为了达到这个目的，他们从历史上一些宜人的城市尺度去学习，从传统中学习一些市民广场、乡土建筑与人行道路等设计样式，并融入现代人生活的内容(图2-19)。目前，符合人的尺度这一设计思想，在许多城市中越来越受到重视。

图2-19 城市建设中人的尺度

3. 强调城市建设应尊重文化的多元性

人文主义规划设计者认为，人际交流产生的文化是城市的本原，文化的多样性与交流性是一个城市的特色所在，单一化的文化是愚昧而乏味的，单一化的空间是不宜人的。城市应反映出市民不断递进的物质生活和精神生活需求，以证实其超越时空的文化价值与模式。目前，尊重文化的多元性这一倾向，正在被付诸于城市建设的实践中。

4. 强调城市建设中的小规模

人文主义设计回避大规模的无弹性的几何图形设计，重视小规模的设计与非正式秩序，并推出了"小就是美"的原则，同时认为土地的混合使用与小规模是成正比的，土地的混合使用必然导致小规模。这一理念也越来越被世人所认同。

5. 重视人的情感需求

人文主义规划设计强调人对环境的归属感与场所感，认为归属感是人的一种基本情感需要，城市应当是一个可增加人生经验的活动场所。他们提倡人性化的设计，注重从人的心理角度研究环境。他们认为人与环境的互动是一个解码过程，人从知觉与联想方面对环境做出反应(解码过程)，从环境中得到暗示与线索，从而满足人的情感需求。设计的过程实际就是一个编码过程，这种编码过程需要同人的心理需求相契合，以达到人与环境的统一，以便人们正确解码。目前，人文主义规划设计越来越被重视，后现代时代城市建设越来越注重以人为本与人文关怀。

四、城市景观科技化

后现代社会是一个高科技时代，高科技反映在社会经济发展的方方面面，也反映在城市的景观建设中。城市景观的高科技倾向首先反映在城市的立体伸展，城市在向平面扩展的同时，空中空间、地下空间、水上空间的利用程度越来越高。

城市景观的高科技倾向其次反映在城市景观规划与设计的高科技性，目前，人们对景观的规划资料收集与预测可以借助于遥感技术，即航空遥感、航天遥感来完成。同时还可以通过现代空间信息管理技术，即地理信息系统原理及其技术(GIS)对相关信息进行运算，以便分析评价。

城市景观的高科技倾向再次反映在智能建筑上。智能建筑在20世纪末诞生于美国。当今世界科学技术发展的主要标志是4C技术(即computer计算机技术、control控制技术、communication 通信技术、CRT 图形显示技术），将 4C 技术综合应用于建筑物之中，在建筑物内建立一个计算机综合网络，使建筑物智能化，就是智能建筑的基本内容①。智能建筑的目的是：应用现代 4C 技术构成智能建筑结构与系统，结合现代化的服务与管理方式给人们提供一个安全、舒适的生活、学习与工作环境空间，利用高科技更好的为人们服务。

目前，世界各国普遍兴起了智能化建筑的热潮，美国自从 20 世纪 90 年代以来兴建的大多数建筑物都是智能建筑。其他国家也纷纷抛出智能化建筑计划。日本甚至提出由智能建筑到智能城市，新加坡提出了"智能城市花园"②。

城市景观的高科技倾向另外反映在动态性上。随着科技的进一步发展以及人类社会的不断进步，城市景观将进一步科技化，下面一篇短文就是关于这方面的一种展望。

美国有关专家预测未来的城市建筑和住宅设计

科学技术正在迅速发展，城市建筑和住宅建筑也将发生不小的变化。美国有关专家对 21 世纪的建筑设计按年代作了以下预测。

2001 ~2013 年

刚跨入 21 世纪，建筑设计师们将大胆创新和极力追求建筑的艺术化。例如，将原来传统的透明玻璃改用通电后能发光的彩色玻璃，一到晚上，使建筑物显得光彩夺目。有的建筑物通体蓝色，有的建筑物是晶莹的黄色，有的则闪烁着各式广告图案及红绿相间的条等等。这个期间的建筑物设计，其最大的特点是追求曲线美。

建筑物上采用的曲线，曲面形式将会比直线和平面式多得多，如窗户多为圆形、椭圆形或其它各种形状。

---

① 夏静《论现代建筑的智能化设计》，《江西冶金》，2004(2)

② 建筑资讯网，http：//www. cnjjl. com/，2004 年 4 月 2 日

2014～2040年

这一时期的城市建筑将倾向于修道院式设计，由建筑群围成一个或几个天井形状。这是出于对人多地少和犯罪率高的考虑，因为与外界相比，在这种以建筑物围成的天井内自然要安全得多。

这个时期的建筑物大多是智能型的，在建筑物中安装有多种智能传感器，用于检测应力、沉降、裂缝、腐蚀，以及可能出现的其它问题。借助于环境传感器，可检测空气的温度、湿度和污染程度等情况，并通过墙壁和房顶对空间进行过滤。所有这些信息都能很快反馈到一个中心处理机构，以保证建筑物的可靠及居民的安全与健康。

在住房设计方面，个性化具有非常重要的意义。由于个性化空间的追求几乎是永无止境的，因而房屋装修技术在这一时期将会迅速发展。

2041～2055年

在这一时期，由于人们普遍怀念"昔日美好时光"，怀旧的城乡建筑设计比重将越来越大。

这时，各种先进的具有特殊功能的建筑材料将广泛使用，从而使建筑物的使用寿命大大延长。在这个时期还可能采用一种高科技新产品——滋悬浮电梯，这种电梯不仅可像磁悬浮列车那样运行平稳和安全，而且升降速度也要比普通电梯快好几倍。

2056～2070年

这个时期将大规模地建造带穹顶的城市。为了实现这个目标，需要利用现有的高层建筑的柱子，在城市的上空撑起一个重量轻、半透明的巨大的罩子。有了这样的穹顶，整个城市可以变得四季如春，一切活动都可以一天24小时不间断地进行。每当夜幕降临时，由电脑控制的无数的彩色激光，会将穹顶变成色彩斑斓的反光镜。

2071年以后

到了这个时期，陈旧的建筑物已落伍，势必纷纷被具有生气的新型建筑物所取代。这一时期的新型建筑物追求的美感着重点，不再是比例或顺序，而是活力和动态，这是20世纪建筑艺术的延续和发展。

动态建筑能改变建筑物的外形。借助铰链和滑道，墙和房顶可重新排列和组合，房间可大可小，形状可以变化，从而更满足人的需求①。

五、城市景观个性化

与人喜欢装饰一样，建筑与城市也喜欢装饰。但一段时期以来，现代建筑占据了主导，建筑装饰被摒弃，代之以简单的直线。在现代建筑与全球一体化的影响下，世界城市出现了“特色危机”，复制、模仿，出现了“千城一面”的现象。当然，这是城市化加速发展特定背景下的产物。20 世纪 70 年代以后，这一状况开始改变。毕竟，人类的天性是爱美，正如一些艺术家说的那样：“只有通过装饰，我们才能获得尺度感；只有通过装饰，我们的眼睛才能得到放松与休息”②。城市也一样，城市的天性也是追求个性。

个性是一个城市区别于其他城市的本质特征，是一个城市的生命力之所在，是一个城市的灵魂。大凡走入一个城市，我们很快就能从城市景观中区分出这是上海、北京而那是大连与青岛，这是个性使然。美国纽约的个性就是一座现代化的城市，高楼大厦比比皆是，令人目不暇接，而中国苏州的个性就是一座东方水城，水网交错，古色古香(图 2-20)。

一个城市的个性是一个城市的历史、自然、文化的综合显现。在经历了“特色危机”之后，人们逐渐意识到城市个性的重要性。目前，在一些发达国家，城市景观建设正呈现个性化趋势，这种趋势表现在：其一，一些历史文化名城，千方百计地保护历史遗迹。重要的历史遗迹相当于城市的名片，如黄鹤楼之对武汉，虎丘之对苏州，故宫之对北京。不仅如此，在保

---

① http：//wenhua. elgod. com/2004/4 –2/213550. htm

② 《以人为本“新装饰理念》，《顺德报》，2002 年 8 月 23 日

图 2-20　东方水城——苏州

护的基础上，对周边的环境加以清理与设计，尽量不侵害这些历史遗迹的主体地位。其二，一些以自然山水见长的城市，在城市的景观设计中，尽可能因势利导、因地制宜，利用自然山水进行景观设计。其三，一些二者都缺乏的城市，尽可能的现代化建设，以求展现出现代化的文明与气息。其四，不少城市都在挖掘自己的古文化，在城市的建设中力求塑造自己的特色与个性。

在这个潮流中也出现一些不尽如人意的地方，尤其在发展中国家比较严重。如人为塑造城市个性，伪文化以及讲究形象工程的现象比较突出。中国著名城市学者傅崇兰先生认为：城市个性具有时代特征，它处于四维空间之中，时间是我们考察城市个性的重要坐标之一。“时间一方面是城市个性形成的必要条件，另一方面城市个性又在随时间而改变。修改的动力来自自然环境的变迁、经济活动的冲击、人类思维的更新以及科学技术的进步等因素。但这种修改必须是有依据的，而且必须经得起时间的洗礼”①。城市个性是一个城市的底蕴，是一种

① 王长升、傅崇兰《城市个性——威海市城市建设的理论与实践》，社科文献出版社，1998

自然历史过程，太多的人工设计、矫揉做作，结果可能适得其反。

第3章 人类城市景观理想

城市是人类的家园，寄托人类的居住理想。正如前言所提及的，早在人类尚未有能力定居的时候，人类就渴望定居，渴望得到一个理想的居住环境。原始人在流动生活的过程中，把祖先坟墓安置在固定地方，他们定期到祖先坟墓的地方去祭祀，因此刘易斯·芒福德认为，最早的城市是死人的城市。定居之后，人们又不断的探索怎样能居住得更好，提出了种种设想，有的已经实现，有的可能永远也不会实现；有的较为合理，有的看起来比较荒诞。但无论如何，都反映了人们对美好居住环境的追求，反映了人类的想象力与创造力。必须指出的是，城市景观理想总是一定社会经济条件下的产物，特定的时空环境限定了人们的思维范围与水平。本章较为详细地论述了人类城市景观理想，按照工业革命前、工业革命后的时序予以展开。

第一节 工业革命前人类城市景观理想

工业革命前，城市的主要功能是军事、政治以及宗教，因此，人们的城市景观理想主要是针对军事、政治以及宗教等方面展开的。

一、西方工业革命前城市景观理想

1. 古希腊时期

(1) 亚里士多德的理想城市

在《政治篇》中，亚里士多德对其理想城市进行描述，其中涉及到一些景观方面的论述：一是城市必须朝南，这是适应北半球气候的需要；二是城市必须开发水源，修建水库或用水渠蓄水；三是整个城市不以笔直的线条来布置，弯弯曲曲的大街小巷同新式的矩形街区相结合，这样才能既安全又美观；另外城市有 1 万人，由 3 个部分组成：一是农民，二是工匠，三是士兵。亚里士多德的理想城市是小国寡民式的城市，可以概括为四大要素：几何式的对称、政治与军事、健康、美观。

(2) 柏拉图大西洋城

古希腊哲学家柏拉图设想的大西洋城设在西西里岛的一个港口上。柏拉图希望用理性的手段，把尺度与秩序加入人类活动的每一个领域。他认为城市发源于对奢侈生活的渴望，因此一个城市应当有花园、体育场、竞技场、运河、冷热水供应，还需要有 12 所神庙，这些都是为一般居民服务的。大西洋城居民为 5000 多人，加上家属与其他居民不超过 3 万人。出于防守与清洁的需要，整个城市应建在高地上。

(3) 希波丹姆的理想城市

希波战争前，希腊的城市多是自发生成，没有进行事先的规划，城市街道等多不规则。公元前 5 世纪，希腊人希波丹姆设想了一种城市形式，这种城市形式遵循几何数的和谐，从秩序美的角度出发，采用几何形状，以棋盘路为城市的骨架，采用正交的街道系统，形成了十字格网(图 3-1)。后来，希波丹姆在所做的米利都城规划中，把这种城市理想付诸了实践。

2. 古罗马时期

公元前 1 世纪，古罗马军事工程师维特鲁威博采众长，写成了《建筑十书》，构想出一个有利于军事防御的类似蛛网状的八角形理想城市模型。这个理想城市构想如下：城市必须占

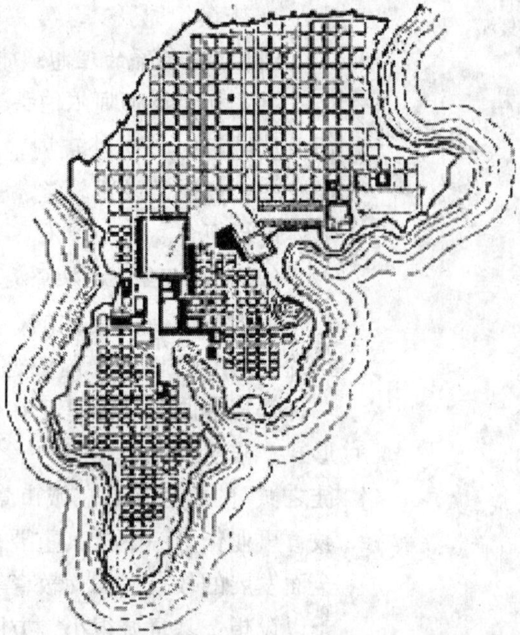

图 3-1　米利都城平面图

据高爽地段(防御方面的考虑，当然有生态学方面的考虑，可以避开浓雾、强风与酷热)；城市道路网为放射形系统；城墙的间隔以弓弩射距设计，城墙塔楼间距不大于箭射距离，使防守者易于从各个方面阻击攻城者；由中心庙宇广场向外辐射的道路网为避风而不直接对着城门(图 3-2)。

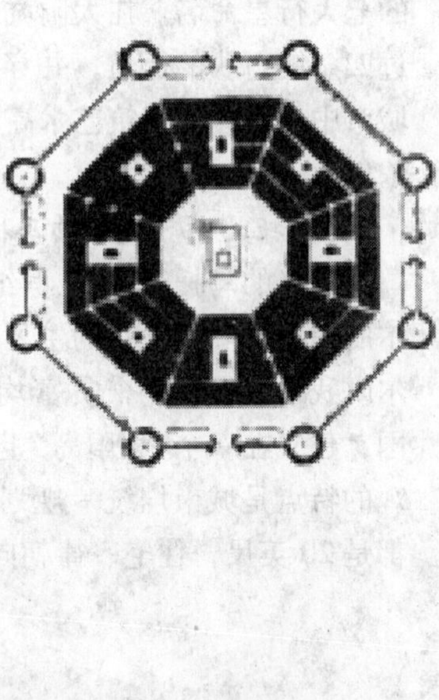

图 3-2　古罗马八角形城市模型

3. 中世纪以及文艺复兴时期

(1)阿尔伯蒂的理想城市

意大利建筑师阿尔伯蒂于1450年提出的理想城市模式是：街道从城市中心向外辐射，形成有利于防御的多边形星形平面。中心点通常设置教堂、宫殿或城堡，整个城市由各种几何形体进行组合。

(2)安德里亚的“基督徒之城”

英国托马斯·莫尔的《乌托邦》，意大利托马斯·康帕内拉的《太阳城》以及德国安德里亚的“基督徒之城”并列为世界乌托邦三部曲。安德里亚在《基督城》这部著作中，以游记的形式，描绘了他所设想的一个理想社会(城市)的蓝图。“基督徒之城”的重心并不在城市景观，而在城市教育，安德里亚把教育事业作为一个极其重要的方面进行论述，涉及自然科学、全面发展的教育、妇女教育等重要问题。但安德里亚也对景观予以设想：基督城很小，方圆只有854米，一条6.5米宽的街道，市区分为3个部分，城外有护城河，郊区的土地供农业、畜牧业与手工业作坊使用，整个城市是一座大工场。

(3)康帕内拉的太阳城

康帕内拉是意大利的空想社会主义者，他于17世纪构想了太阳城城市模型。太阳城建立在广阔平原上的一座高高的小山上，分为七个广阔地带，即七个同心圆的城区，并以太阳系的七大行星命名。在太阳城中，由一个城区到另一个城区要通过四条铺石块的街道，并穿过各区东南西北所开的四座城门。城市中央矗立着建筑艺术高超的神殿，整个城市宗教气氛十分浓郁。

(4)托马斯·莫尔的乌托邦

著名的乌托邦是17世纪英国空想社会主义者托马斯·莫尔所提出的。乌托邦的主要特色是针对阶级社会的贫富分化、尔虞我诈，设想一个贫富均匀的理想社会。它所设想的理想国，建立在一个“太阳岛”上，岛上总共有54个城市。城市景观的特点是城市均统一规划、统一大小，道路的宽窄都相同，都是20英尺，住宅一律朝向大街，有统一格式的庭院与房屋。

每个城市的居民控制在5000人，每个城市被划分为均等的四部分，各有公共食堂、市场、医院与幼儿园等。每家后门对着花园，这样既可以观赏，又能够提供新鲜水果。

(5)费拉锐特理想城市

1464年意大利建筑师费拉锐特在《理想的城市》一书中，设想了一个理想城市的设计方案，城市由中心建筑、广场和八角形外缘组成，从中心向外辐射出十六条街道，其中一条带有高架水道墙。城市内还有一条环形街道，沿环形道路散布着市场、教堂和其它职能机构。城市中心是大教堂、宫殿和广场，广场也作为城市商人的交易市场。这种安排很接近古罗马时代公共集会的广场，但是更具有内聚力。费拉锐特的理想城市设计，导致欧洲后来出现星状外形、设置外凸棱堡防御城墙的城市，这种棱堡防御城墙可以从侧面射击攻城的敌人，提高了城墙在防御方面的能力。

(6)斯卡莫齐理想城市

意大利建筑师斯卡莫齐1593年提出的理想城市方案大致是：城市中心是建有宫殿的市民集会广场，两侧为两个正方形的商业广场，南北为交易所与市民广场，主要广场的南侧由运河横穿(图3-3)。

图3-3 斯莫卡齐理想城市

二、我国古代城市景观理想

与欧洲相比较，我国古代在城市理想方面比较薄弱。基本上只有两种城市理想，一种是仿生城市理想，而另外一种就是被付诸实践的方格型城市理想。

1. 仿生城市

仿生城市，顾名思义就是仿照生物形状的城市模型。但其中的内涵远远不止如此简单，于希贤先生在《中国古城的仿生学文化透视》对仿生城市做了较为详细的解释：

> 我国古代用“取象比类”的方法，模仿此种生物的形态建城，赋予这座城市此种生物的灵气。这样，则出现了“仿生学”的城市与乡村选址、规划和布局。所谓“仿生”，就是把城市“取象”于某种生物的形象与灵气，取之于当地特有的山水灵气，形成这一城市区别于其他城市的独特个性。这“取象”的理论基础是：城市是一个从不间断地在进行新陈代谢，每日每时都在吐故纳新，进行生命活动的活体。这个活体像某一种生物。所以我国古代认为，人体是个小天地，天地是个大活体。城市、乡村、住宅都是人和天地自然相联系的一个中介场所。人居环境处于“人”与“自然”、“天地”这三大不同生命活体的层次之间，沟通其间天、地、人的气场。它也是另一个活体。城市、乡村、住宅的文化历史特色，就是它的灵气所在。这灵气一方面取之于当时的天文时运，另一方面取之于当地的自然环境，也取之于当地的历史文化环境，是这三者交融作用的结果。我国历史名城的规划布局应用取象比类的方式将自然山河的灵气，仿生于城市的形状、区位与结构之中，例如：苏州古城为龟城，开封古城为卧牛城，杭州古城为凤凰城，泉州古城为鲤鱼城，龙盘虎踞南京城，金马碧鸡昆明城，岳麓山下长沙城（古城中轴线正对岳麓山禹王碑），广州五羊

城，“龟城有灵、七桥似斗”的成都等等①。

2. 方格型城市理想

如上章所述，在我国古代，基本上都是沿袭“方九里，旁三门，国中九经九纬，经涂九轨，左祖右社，前朝后市，市朝一夫”的城市模式，反映了一种礼制理想。

第二节 工业革命后人类城市景观理想

工业革命以后，科技推动人类社会的生产力迅猛发展，与之相应，城市的功能由军事、政治以及宗教转向经济方面，同时城市有了前所未有的大发展。这一方面使城市在人类文明中的地位越发重要，另一方面，城市的极度扩张也引发了一系列城市问题，如拥挤问题、垃圾问题、贫富分化问题、犯罪问题等等，也就是我们通常所说的城市病。这些城市病有的属于空间问题，有的属于社会问题，有的属于生态问题。人类的城市景观理想也正是针对这些方面，予以展开的。

一、基于生态视角的城市景观理想

1. 田园城市

田园城市于1898年由英国人霍华德提出。工业革命以来，随着城市化进程的加快，人类饱受城市环境拥挤、卫生条件差、远离自然的困扰，城市面临生态困境。如何从这个困境中走出来，霍华德给出了答案：田园城市：一个城市与乡村联姻的城市，一个兼有城市和农村优点的城市。

霍华德认为，城市达到一定规模就必须停止增长，其进一步的人口需要新的城市来承载②。田园城市是一个58000人的主城，围绕着6个32000人的子城，每一个城市人口达到规模后，就另辟新城发展。子城与母城之间、以及子城与子城之

---

① 于希贤《中国古城的仿生学文化透视》，《北京大学学报》(社会科学版)，2001(4)

② [英]埃比尼泽·霍华德著、金经元译《明日的田园城市》，商务印书馆，2000

间，均有铁路相通，彼此几分钟之内就可以到达(图3-4)。

图3-4 霍华德的田园城市

田园城市子城的结构是：每一个田园城市的总用地是6000英亩，其中城市用地1000英亩，乡村用地5000英亩。每一个田园城市呈同心圆形，有6条各宽36米的主干道路从中心向外辐射，将城市分为6等份。

城市的中心是一个圆形的中心花园，四周设立市政厅、音乐厅、剧场、图书馆、博物馆、画廊与医院等，外面环绕着一圈占地58公顷的公园。公园之外又环绕着一圈水晶宫，用作展览、商店以及冬季花园之用。在城市直径线外1/3处设一条环形的林荫大道，并形成补充性的城市公园。在林荫大道的两侧均为居住用地，居住用地中布置学校与教堂。城区的最外端有各种工厂、仓库与市场，再向外是农业用地，包括耕地、牧场、果园以及森林等等(图3-5)。

值得注意的是，田园城市还渗透着土地公有的社会理想。为了确保土地价格的稳定，防止土地投机，进而出现居住空间分化与密度增加，霍华德认为，所有土地归发展公司所有，该发展公司负责向那些愿意建房的人出租与出售土地，土地价值增加，该公司自然增长土地价格，增加的收入一般用于公共福利设施和提供服务①，这在当时资本主义土地私有制以及土地投机严重的情况下，无疑是一个巨大的进步。

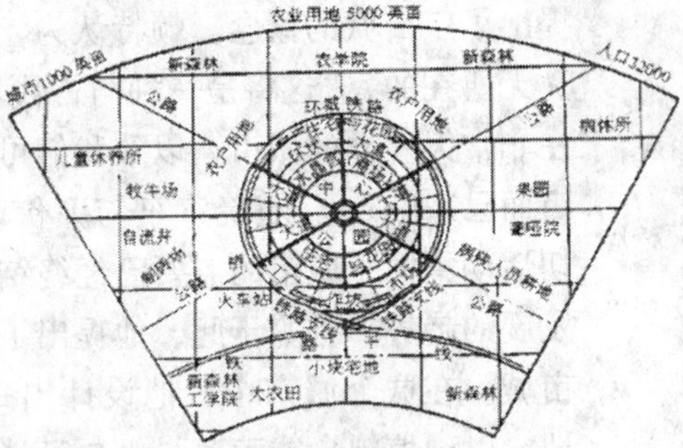

图 3-5　田园城市的结构

花园城市提出的年代，世界上城市的人口规模已经达到可观的程度，像伦敦等城市已经达到百万规模。田园城市提出的规模，远远不能适应城市化加速发展的需要。霍华德提出了田园城市的理念以后，同时在实践层面也进行了尝试。1906 年，在伦敦附近，第一座田园城市莱曲沃斯成立，但十年之后，人口尚不足 10000 人，说明了理想与现实之间的差距。但田园城市的提出具有重大意义：一是田园城市提出了卫星城的思路，为此后大城市空间拓展提供了出路。卫星城概念的提出与实践，为缓解大城市空间拥挤与人口压力做出了极大贡献。二是莱曲沃斯的死亡率当时几乎是世界最低水平，说明田园城市的生态优势。三是田园城市的光辉点主要在其理念方面，“城市和乡村联姻”这一城市理念，成为其后城市发展与规划追求的目标。

田园城市的构想是人类城市规划史上具有里程碑意义的一页，甚至在整个人类发展史上都占据着一定的地位。刘易斯·芒福德高度评价这一城市模型：“20 世纪初，我们的眼前出现了两项最伟大的发明，一项是飞机，它给人类装上翅膀；另一项

① ［英］埃比尼泽·霍华德著、金经元译《明日的田园城市》，商务印书馆，2000

就是田园城市，它为飞回地面的人们提供一个更好的住所"①。

2. 广亩城

美国建筑师赖特于 1932 年在其著作《消失中的城市》中，提出了广亩城的概念。赖特认为，未来的城市应当是无所不在又无所在的，"这将是一种与古代城市以及任何现代城市都存在非常大差异的城市，以致我们可能根本不会认识到它作为城市而已来临"②。随着汽车与廉价电力遍布各地，那种人类一切活动集中于城市的需要已经终结。因此，分散已经成为城市发展的趋势。有鉴于此，他提出了一种极为分散的城市——广亩城。在这个城市中，他设计出每户住家拥有 0.4 公顷的土地，以种植粮食或蔬菜，供自己消费。户与户之间以高速公路连接，汽车是主要的交通工具，在住户的任意方向都是四通八达的交通，城市的公共设施也是沿着高速公路分布的（图 3-6）。能源上的充足使这种分散城市成为可能。

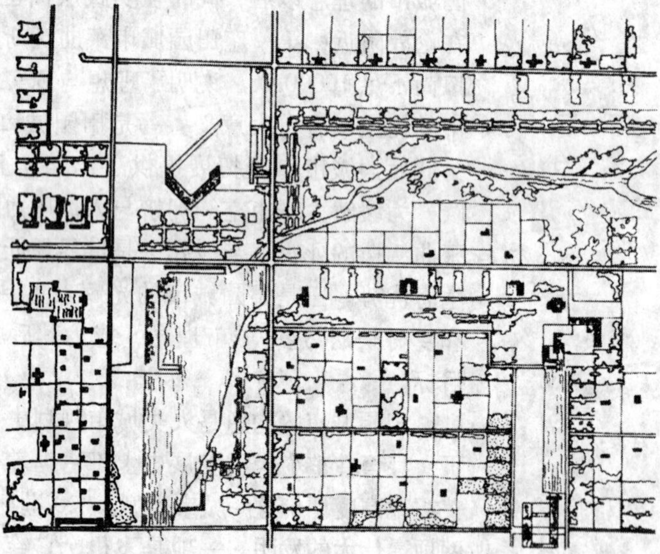

图 3-6　赖特的广亩城

① ［美］刘易斯·芒福德著，倪文彦、宋峻岭译《城市发展史——起源. 演变和前景》，中国建筑工业出版社，1989

② 陈友华、赵民主编《城市规划概论》，上海科学技术文献出版社，2000

二、基于功能视角的城市景观理想

1. 光明城市

光明城市是由柯布西埃所提出的。他认为经济性是影响建筑设计与城市设计最重要与决定的因素。1922 年他出版了《明天的城市》，从功能与理性的角度构造城市模型。他根据城市发展的历史和对巴黎市的调查研究，提出了一个 300 万人口的"现代城市"设想方案。在他的《阳光城》著作中，他认为城市应当是一个大公园，光明城市就是这种尝试：（整个城市景观）像表演一场沸腾的现代城市生活的戏曲：花草树木奏起了交响乐，透过密林闪烁着宝石般的光芒[①]。他认为从古代发展起来的城市，包括巴黎在内，已经不适应现代社会的发展需要，必须进行大规模的改造，改造必须坚持以下的原则：其一，城市应按功能分为工业区、居住区、行政办公区和中心商业区。其二，城市中心区宜建造高层建筑以降低城市建筑密度，建筑物用地应该只占城市用地的 5%，其他 95% 均为开阔地，用以布置公园和运动场，使建筑处于开阔绿地的围绕之中。其三，城市道路系统应根据运输功能和车行速度分类设计，以适应各种交通的需要，城市应采用规整的棋盘式道路网，以高架、地下等多层的交通系统获得较高的运输效率，在多层道路内部布置工程管线。其四，现代城市建设应当用直线式的几何形体所体现的秩序和标准反映工业生产的时代精神（图 3-7）。

光明城市体现出高科技的力量与现代城市的精神，这是无可厚非的，而且它的构建也能适应城市化以来大量人口涌入城市的需要。但光明城市的实现是以拆除大量"没多大价值的建筑"为代价的。西方有句俗话："罗马不是一日建成的"，一个优秀的城市是经过时间的洗礼的，是历史的积淀而形成的。推倒重建固然能带来城市功能上的便利，但以人类文化损失作为代价。人的物质方面需要固然重要，但人的精神需要也必须得

---

① 陈友华、赵民主编《城市规划概论》，上海科学技术文献出版社，2000

到满足，因此，光明城市的提出遭到了广泛的批评。

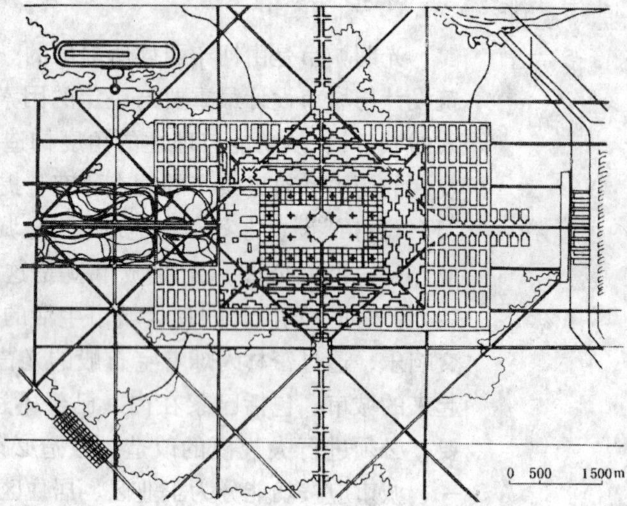

图 3-7 柯布西埃的光明城市

2. 带状城市

带状城市是由西班牙人马塔所提出的。带状城市是一种基于交通而构造的城市模型，城市的架构是具有强大交通运输能力的复合式交通干线，各个小区分布在干线两侧，同侧小区之间以农地或林地隔开，干道两侧的部分则以地下交通或空中天桥连接。“只有一条宽 500 米的街区，要多长就有多长——这就是未来的城市”①。城市不再是一个一个分散在不同地区的点，而是由一条铁路和道路干道串联一起、连绵不断的城市带。城市居民既可以享受到城市文明，也可以接近自然，一举两得(图 3-8)。马塔甚至认为带状城市可以跨越欧洲，从西班牙的加的斯延伸到俄国的彼得堡，总长度达 2880 公里，另外，带状城市还可以围合成三角形形状。

带状城市有几方面的优点，一是由于城市以交通为主导，小区之间运输极为方便高效，具有较高的能源利用效率。二是每个小区至少三面有农地或林地环绕，人可以最大限度的亲近

① 陈友华、赵民著《城市规划概论》，上海科学技术文献出版社，2000

自然。三是城市的扩张可以沿着干道交通轴延伸，设施方面的延伸与对接成本较低。

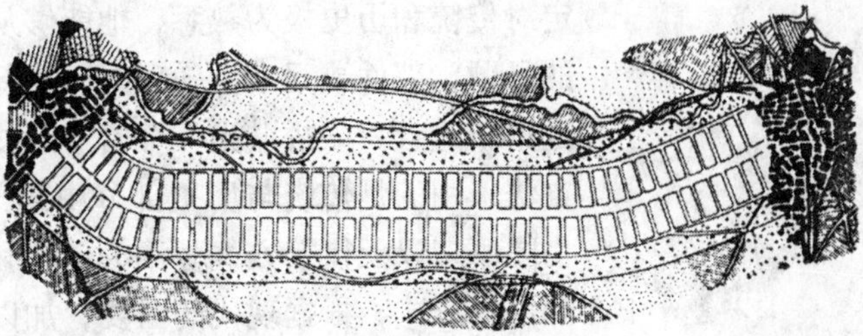

图3-8　马塔的带状城市

带状城市也有不利的方面，如果轴线过长，带状城市反倒处于不经济的状况，因此它只适合规模小的城市，在现实中，这一模式很少应用于大城市。

三、基于文化视角的城市景观理想

1. 拼贴城市

柯林·洛是美国康奈尔大学的教授，他曾经针对现代主义城市空间的单调，现代建筑的单一，进行了大量的批评，他的名著《拼贴式城市》于1978年出版，书中他指出：由现代建筑所构成的城市要不停留在纸上谈兵阶段，要不就是早产夭折，看不见有任何希望。因为关于现代建筑的各种思潮过于矛盾杂乱，以致在规划领域内无法带来任何起码的创造成果①。

他认为城市是拼贴形成的。城市的发展是一个连续的过程，在历史的进程中，城市由不同时代的东西一层一层叠加形成，类似一幅拼贴画，“断续的结构，多样的时起时伏呈现为我们所说的拼贴”②。柯林·洛不仅认为城市是拼贴的，还主张用拼贴的设计方法展示一个城市的历史。他呼吁在城市设计中，应当挖掘使用能工巧匠式的工艺方法。对于能工巧匠，法国人类学家列维·斯特劳斯在《野蛮人的心智》一书中是这样

---

① Colquhoun. Alan. From Bricolage to math: Essay in Architectural Criticism, Cambridge, Massachusetts: MIT Press(1981).

② [美]柯林·洛、弗瑞德·科特著著，童明译《拼贴城市》，中国建筑工业出版社，2003

定义的：可以胜任多种工作和任务的内行，他使用有限的工具和材料，利用手中一切现成的事物来完成工作[1]。柯林·洛认为设计城市必须要由能工巧匠式的设计师去完成，这种设计一定对传统和历史极为熟悉，他能够从历史和传统中选择出典型的母题、部件或元素，随后对其进行发展、变化、错位、移接或重新组合，以拼贴出一个富有历史感的城市(图3-9)。拼贴方法采用的是传统与历史部分中的部件与形式，但设计原则、构图原理以及衔接方式并不为传统和历史所束缚，它用传统的部件与形式，根据现代的需要，加以组合与变化，使传统与现代融入一体。采用这种方式，达到了既延续历史，又体现了当代特征的目的，是在新环境条件下对历史要素的借用。

图3-9　柯林·洛的拼贴城市

柯林·洛的拼贴城市概念，在当今许多城市中都可以得到验证。除了一些新城之外，稍具历史的城市空间，一般是多元的，一部分还保留着城市化以前的若干特征，而另一部分是现代工业革命的成果，共存于城市空间之中。而他的“拼贴城市”的设计方法，借用了历史母体，但并不凝固僵化，而是与现实的发展相结合，把时间因素压缩到空间中，在某种程度

① Colquhoun. Alan. From Bricolage to math：Essay in Architectural Criticism, Cambridge，Massachusetts：MIT Press(1981).

上，既保护了历史遗迹，又兼顾了现实发展的需要。

2. 类似型城市

阿尔多·罗西是意大利建筑师，他于 1966 年出版了《城市建筑》一书，在书中他阐述了类似型城市设计模式。

罗西认为，“城市是共时的产物”①，他的这一思想是受弗洛伊德的影响。奥地利心理学家弗洛伊德曾有过将不同历史时期建筑并置的思想，弗洛伊德认为在空间领域内表达历史的顺序，只能用在空间中并列的方法来达到，因为同样的空间不可能有两个不同内容。受他的影响，阿尔多·罗西认为，城市是共时的，而不是历时的，建筑的历史并不是一个阶段代替另一个阶段，一种形式代替另一种形式，一种风格代替另一种风格的过程，而是若干阶段的建筑在一个阶段内共存的过程。城市是一种集体的人工创造物，是一种艺术文化上的集体产物，它由时间造就，并根植于居住与建筑文化之中。在城市中，建筑就是这种共时性的片断与表现，城市中有短暂性因素，也有持久性因素，在城市作为整体的生存时间内，组成城市的每一座建筑物都经历过设计——建造——毁坏的过程，这是短暂性的因素。但是城市的自身将连续存在，一些因素可以作为物质符号为人们所体验，以不同的方式对城市的集体或单体制品施加影响，这是持久性因素②。关于持久性因素，罗西认为主要是民居与纪念物，罗西概念中的民居并不是指具体的单一民居，那是可以变化的，属短暂性因素。罗西指的民居是作为人类居住生活建筑学上的抽象，则是不可以变化的。关于纪念物，罗西认为它是城市中的基本要素，它既有个性，又包含场所意识，它是历史的记录与储存库，能引起人们对历史事件的追忆和对文化源头的联想。

城市之所以是共时的原因，在于它是人们心智形象的“集体记忆”。德国心理学家荣格认为，人的潜意识与生俱有，是

---

① [意大利]阿尔多·罗西著，施植明译《城市建筑》，台湾博远出版社，1990

② [意大利]阿尔多·罗西著，施植明译《城市建筑》，台湾博远出版社，1990

存在于某个地域的一个种群的人们世世代代所形成的，并沉淀在每一个人的无意识处，共同成为一种集体的意识[①]。罗西认为城市是集体记忆的产物，这是文化继承与发展的结果。城市乃至城市中的建筑都是与事件相结合的，集体记忆并不是某一代人心智记忆的产物，而是历代人集体心智记忆的整体产物，每代人都为它做出了贡献，都为之增加了新的内容。文化具有继承性，每代人都在继承以往文化的基础上，赋予了新的内容，使得文化基因不断得到延续。当然，由于与人的生命短暂相比，物质环境则要相对持久，正因为物质环境的相对持久，所以它取代了人们的记忆，并进而影响人们对环境的塑造活动。“城市其实是生活在城市中人们的集体记忆，这种记忆是由人们对城市中的空间和实体的记忆组成的。这种记忆反过来又影响人们对未来城市形象的塑造……，因为当人们塑造空间时，他们总是按照自己的心智意象来进行转化，同时他也遵循和接受物质条件的限制”[②]。

基于上述共时性与集体记忆的认识，罗西提出了建筑类型的思想。他认为建筑是有原型的，它来源于传统的建筑类型。由于历史发展的原因，城市或建筑中某些原型得到了保留，而有些则发生了变异。历史时间经历得越长，类型就会越抽象，不过，共同的基因仍将存在。类型是普遍的形式或者结构，通俗讲就是对事物的分类，它是一种按照其进行制造生产的模型。在城市与建筑的设计中发现并运用类型，不仅可以保持文化的传承性，而且还可以加以创新与变化(图3-10)。

以类型学作依据，罗西提出了类似型城市的设计模式，设计具体分以下几个步骤。

(1)发现或找出城市与建筑中变化缓慢或基本稳定的因素。它们构成城市的主要特点，也是城市划分类型的主要依据。

---

① [意大利]阿尔多·罗西著，施植明译《城市建筑》，台湾博远出版社，1990

② [意大利]阿尔多·罗西著，施植明译《城市建筑》，台湾博远出版社，1990

图3-10　阿尔多·罗西的类似型城市

(2)确定城市人工环境在类型学上的归属。

(3)表明这些人工环境的构成关系。

(4)研究城市类型和构成的形式问题。

阿尔多·罗西的类似型城市设计方法，不是简单地对历史遗迹进行保护，而是着重于对历史活动的诠释。它类似于柯林·洛的拼贴城市设计方法，在城市的发展中让历史的痕迹进行叠加，形成时间上的拼贴。在这个过程中，城市或建筑老的特征被发掘展现出来，同时也展现了新的特征，另外，还给未来留下了足够的空间，是一种尊重历史、重视现实并且着眼未来的城市模型。和柯林·洛拼贴城市不同的是，类似型城市偏重从文化和历史传统的角度入手设计城市，而拼贴城市则偏重于从建筑语言学的角度来设计城市。

四、基于社会视角的城市景观理想

1. 新协和村

新协和村是法国空想社会主义者欧文设计的。他的思想基础是空想社会主义，这个思想由一定的景观环境载体予以支撑。在新协和村，欧文设计建造了一个正方型的大公寓，可以容纳1500人居住，里面有食堂、厨房、幼儿园、礼拜堂、讲堂、小学校、图书馆、医院以及各类人员的住房。大公寓四周，是农场、牧场和各类工厂。他的新协和村有点类似霍华德的田园城市。

2. 法朗吉

法朗吉是法国空想社会主义者傅立叶设想的一个工农结合的组织。法朗吉是个组织，但也有一定的景观环境支撑体系。法朗吉的主要建筑物命名"法伦斯泰尔"，法朗吉的中心区是食堂、商场、俱乐部、图书馆等。建筑中心的一侧是工厂区，另一侧是生活住宅区。在法朗吉中，人人劳动，男女平等，免费教育，工农结合，没有城乡差别、脑力劳动和体力劳动的差别。

3. 普世城

全球城市"普世城"是由希腊建筑师道萨迪亚斯于1966年提出的。他认为，从人类社会的历史来看，尤其是城市发展的历史来看，城市规模越来越大，是一个不以人的意志为转移的趋势，尽管不是所有的人都喜欢这样①。道萨迪亚斯预测，人类人口在2000年将达到64亿，2025年将达到96亿，而2100年时将达到200亿，而且随着农业生产率的提高以及城市化的发展，这些人口中的95%将生活在城市中，因此城市的用地规模会越来越大。到2000年时，世界上所有城市的半径比现在的城市(1966年)的平均半径大3倍，达到200公里左右。到2025年左右，世界上高收入地区的最大城市半径将达到1000公里。那时的城市系统面积将比现在(1966年)扩大数百倍。另一方面，城市必须具有动态城市结构，城市及其中心区沿着一条预先确定的轴自由扩展，这样，城市必然会连接到一起。

当然，连接到一起的城市，其概念必然发生变化，不再具有传统的行政边界，"如果认为今天的城市仅仅是包括它的建成区或者行政区划的范围，我们就根本无法理解城市。……当

---

① 吴良镛《人居环境科学导论》，中国建筑工业出版社，2001

今人们并不是生活在城市里，而是生活在一个城市系统中”①。支撑城市扩张的还有发达的交通系统，随着交通系统的发达以及交通工具的改进，到21世纪初期，人平均活动半径是500公里，到2025年左右，人平均活动半径是1500～5000公里，到2100年时，人的活动半径可以达到20000公里。

根据上述逻辑，到2100年，一个一体化的全球城市——“普世城”就将形成。这个“普世城”即全球城市将是一个沿着海岸长条形的网络状结构，这是现有城市沿轴发展融合的结果，全球的城市几乎纳入一个城市系统中。

以上是“普世城”结构的构想，“普世城”真正的精髓还在于其社会理想，即这是一个“大同世界”。在“普世城”中，人们之间在社会地位与经济收入方面的差距将大大缩小，人们在经济、文化方面的联系非常密切，相互之间非常和睦。世界将形成统一的文化，融于一体，国家与国家之间的界限将失去意义，全球将和联邦制国家一样，由一个统一的政府进行管理。“在这个阶段，数千年来人类想通过宗教、哲学、政治和社会变革而获取的许多目标，都已经成为现实。这时我们可以说，在地球上(包括亚非国家的边远地区)已没有奴隶，已没有挨饿的人，已没有得不到医治的病人，已没有不受教育的老人和儿童。我们可以以愉快的心情宣布：我们正以一种较为明智的方式利用地球……”②。

五、基于科学技术视角的城市景观理想

上天入地一直是人类的理想，在古今中外不少典籍中都有这方面的反映。把城市建在天空中与地下，也是人类孜孜不倦追求的梦想，甚至这种梦想在局部已经变成了现实。古代巴比伦的空中花园就体现了这一点。进入工业社会以来，随着科技水平的不断提高，人们的思维开始更加活跃，想象力更加丰富。

美国建筑师利布斯·伍茨就是一个有着丰富想象力的人，

① 吴良镛《人居环境科学导论》，中国建筑工业出版社，2001

② 吴良镛《人居环境科学导论》，中国建筑工业出版社，2001

他的作品形象犹如科幻电影中的场景，有一种震撼人心的力量。他的两件代表作是"地下柏林"和"空中巴黎"（到目前为止都没有实现），它们分别在地下和空中由金属和钢结构制成。在"地下柏林"方案中，他将人类社会居住的地表和人造物都拆毁，代之以地下的巨型球体空间。他解释说，这是为建筑物提供的场所，也是为人类实验性的生活提供的场所。在"空中巴黎"方案中，他使用了现代技术、结构、材料和新工程学知识，如表面张力、空气动力、磁悬浮的磁场空间等，在巴黎的上空构想出各种奇特的悬浮建筑物。

与利布斯·伍茨一样，还有许多充满想象力的人，设想出许多作品。

1. 插入城市

由英国建筑师库克提出，这种城市模型充分显示出高科技的力量。它强调建造的高度工业化和快速化，结构的轻质高强与可装可卸，以及空间随时可变的灵活性。它把装有插头的建筑物插在预先安装好了的并备有各种市政设施的网状构架上，房屋的寿命一般为40年，每隔20年用起重机拔掉一批再安装一批。房屋也有不带插头的，而把它本身做成抽斗的形式，插入在书架式的网状构架之中，或者把构架做成蜂窝形状，在其中安插盒子式的房屋。随着生活与生产的变化，城市中的房屋与设施可以定期更新。

2. 行走城市

英国建筑师海龙设计。整个城市可以移动，是一种模拟生物形态的金属巨型建构物，有望远镜形状的可行走的"腿"，可在汽垫上从一个地方移到另一个地方(图3-11)。

图3-11　海龙的行走城市

3. 装配城市

美国建筑师弗里德曼提出。他认为，未来的建筑不是固定的，而是可以安装的。装配城市的机理是：首先在地面上建起一个间距为60米的空间结构网络，然后再在这些网络中安装上各种房屋。这样，房屋可以象工业制成品一样被生产出来，可以按照自己的需要变动容积空间(图3-12)。而且，城市的建立也不用改变原有的自然特征。

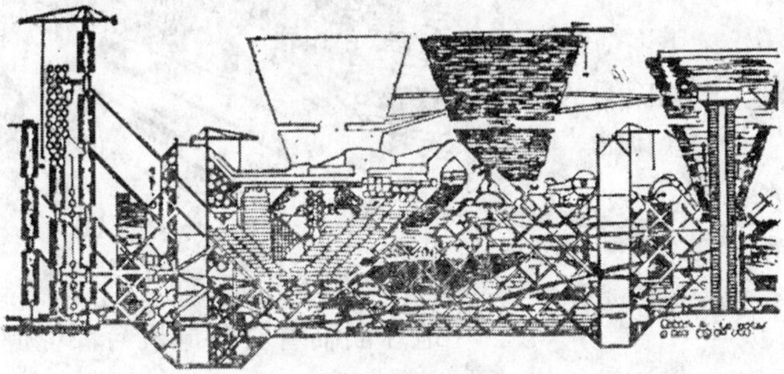

图3-12 弗里德曼的装配城市

4. 漏斗城市

艺术家依奥拉斯(国籍不详)设想的一种城市，其建筑都是下小上大的漏斗形状。这样，一方面可以节省城市用地，充分利用了空中空间。另一方面，它使居住者享受到良好生态环境，免受噪音之苦，也可以避免气体污染(图3-13)。

5. 架空城市

苏联建筑师设计。架空城市以点式建筑为支撑点，点式建筑上方是水平向主体建筑，并以网格的形式向四方延伸。人们可由地面通过点式建筑垂直向进入上方的主体建筑。点式建筑仅仅起到支撑点的作用，上方的主体建筑才是架空城市的主体。当然，支撑点不一定总是点式建筑，如果城市是山地结构，其支撑点可以选择在山上。

图 3-13 弗里德曼的装配城市

6. 太空城市

在地球面临着资源危机与环境危机的情况下，人类把目光投向太空，试图以太空解决地球问题，"太空城市"应运而生。浮游在太空深处的人类城市历来是科学幻想的一个主题，它们可能是漫长航路上的中继站和港口，辽远外太空边疆的前哨基地，靠泊于某些矿产资源丰富星域的开采和加工厂，或是单纯为了容纳过剩人口而建。由于补给的相对困难，大多数太空城市将是独立自主运行的生物圈，它们应该拥有一组收集利用恒星光照或其它能源的种植舱，以实现氧气和有机物的循环再生。比较稀有和不易再生的物资须由在太空航路上运行的货船运送，在城市中生产的各种产品也将由货船送往毗邻的其它港口(图 3-14)。较大的太空城市可能拥有自己的船队，除了必不可少的货船，它们也会拥有一些客船，以方便居民来往于其他地点。

太空城市不仅仅是幻想，目前人类正致力于把这种幻想变为现实。世界上一些大国纷纷抛出自己的"太空计划"，而尤以日本的"月球城市"最为急迫。日本的"月球城市计划"分 7 个步骤进行。第一步计划于 1995 ~ 2005 年进行，首先利用人造卫星对月球进行观察，在此基础上组成开发月球的国家和民

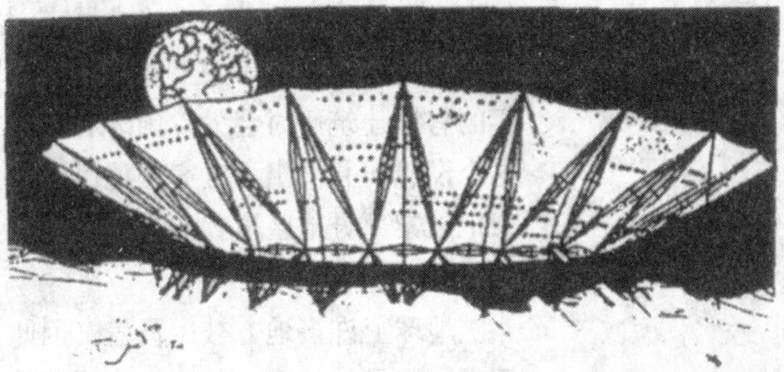

图 3-14　设想中的太空城市

间一体化的月球开发机构；第二步于 2005 ~ 2015 年进行，在调查的基础上派人到月球登陆，绘制月球表面的详细图，并向月球运送物资；第三步于 2015 ~ 2025 年中进行，在此阶段开始在月球上建立永久性基地，在基地工作的科学家有几十人；第四步于 2025 ~ 2035 年中进行，此阶段为大规模开发阶段，并且人类开始向月球移居，月球与地球之间有定期往返的宇宙飞船；第五步于 2035 ~ 2045 年中进行，人类开始在月球进行生产活动，以求粮食自给自足；第六步于 2045 年后进行，月球开发进入繁荣期，月球已经出现上万人的城市，月球上开发的产品运往宇宙中各星球(包括地球)，月球已经成为人类理想的聚居地。

7. 树形城市

由意大利建筑师玛西莫·玛利雅·寇吉提出。他把城市设计成树形，独立式住宅像鸟巢一样挂在树干上。这些巨大的树干中设有超级市场、公共中心、影剧院等服务设施，各种管网最后归总到与地面垂直的主树干。圆形的装配式住宅分为两层，上层供白天起居活动，下层主要为卧室，屋顶平台则作为空中汽车的停车台。住宅借助悬挂设施作为可旋转的单元，保证它永远是最理想的朝向。空气与光线通过气候调节器透入中间主干，居住区部分悬挑出来的平台花园可接触天然空气阳光。

8. 双层城市

目前，许多城市在发展过程中都面临着旧城保护的任务，如何在旧城保护的基础上追求城市空间的扩大，除平面铺开建设新城之外，在城市的上空再建一层城市也是一个选择。1951年的有机建筑研讨会上，匈牙利籍建筑师约纳·菲德曼提出了这个设想，并抛出了方案。他以巴黎作为样本，用巨型金属框架把巴黎部分地区覆盖起来，在旧城上空再建设新的城市①。

9. 山城

地球上许多地方被山覆盖，因此，城市建在山中也可以缓解空间不足的矛盾。其实，人类最初的居住地很多都在山中，但整个城市建在山中确是罕见。古代约旦人在崇山峻岭之中建造出辉煌的岩石都城——佩特腊王城，至今仍为中东文明的见证，是这方面的一个例子。近代以来，人们开始了这方面的探索，提出了山城的构想，而且小规模的建设已经开始，但大规模的山城仍是人们的一种理想。但值得注意的是，一些靠山的城市可以向山上发展，而且开始依靠巨型的电梯为交通工具。

10. 摩天城市

为节约城市用地，城市向三维空间发展，这是摩天城市产生的背景条件。摩天城市是这样的一种城市类型：城市改变了按平面展开的现状，而是按立体展开，以电梯作为交通工具，一个楼房就是一座城市。美国有人提出修建1500米高，528层的建筑物，容纳人口相当于一座中等城市；英国有人提出建立3200米高，850层的建筑物，可居住人口50万，相当于一座大城市。日本建筑设计师山本理显提出了“细胞城市”的概念：就是可以提供居住、工作、消费娱乐等城市功能的建筑，而建筑内的各个元素则通过“直通街”联为一体，形成一个自给性的城市体系，这也是摩天城市的一种类型。

摩天城市并不仅仅是一种理想，它正在逐渐变成现实，事实上，一个100层以上的摩天大楼，其容纳人口不次于一个小城镇。更何况摩天大楼彼此之间还可以相连。美国著名城市研究专家詹姆斯·特拉菲尔在其著作《未来城——述说城市的奥秘》有过精彩的论述：

---

① [法]钟纪刚《未来建筑与城市空间形态探讨》，《建筑学报》，1996(6)

住在超摩天大楼里的生活是什么样子？我们可以从技术层面来推想一二。为了应付风力的问题，很可能这些大楼的顶部都一一相连，以起到相互支撑的作用。所以我们不必走到楼下，就可以走到另外一座大楼里面。每20层或者30层，应该就会有类似的跨栋步道，提供水平的流动线。所以整个城市就会类似明尼苏达双子城的“空中步道”，行人可以在比地面高一层的楼面上走遍整个市中心，始终都在室内。

美国已经有功能类似此种摩天大楼的建筑了。最高的住办合一的摩天大楼，就是芝加哥的汉考克中心：整个大楼高达1000多英尺，顶部44层是豪华公寓，往下是23层办公室、6层停车场以及5层的购物商店。住家与办公室之间有一层公共空间，包括健身房、游泳池、超级市场（提供送货到家服务）。理论上讲，一个人可以从大学毕业以后，走进汉考克中心，一直到退休那天才走出来①。

11. 海底城市

为了少占用有限的陆地资源，人类提出了向海底进军的设想。在这方面，日本最为积极。因为日本的土地资源极为有限，且面临着陆地下沉的危险，另外其海洋资源极为丰富，这样一种客观环境，使日本对开发海底世界具有极大的热情。20世纪70年代，日本提出了海底城市的具体方案：以许多圆柱体城市单元组成一个城市整体。每个城市圆柱体单元与其他单元连接，采用自动步行装置以及交通运输轨道。城市单元突出海面的大平台供直升机起落与轮船停泊，医院和老人公寓设在上层近海岸处，学校与办公楼位于圆柱体中部。海底城市的水资源靠海水淡化来解决，食物主要靠海底食物供应。

---

① ［美］詹姆斯·特拉菲尔著，赖慈芸译《未来城——述说城市的奥秘》，中国社会科学出版社，2000

除了日本，世界上其他地方也有举动。在离红海不远处的苏丹港附近的海底，一个举世无双的“海底村庄”已经建立起来。村庄里有20户人家，约50名居民。由于海底压力特别大，因此村庄房屋框架使用特种钢制成，屋顶呈锥型，以减轻海水的压力。房间的布局呈放射状，客厅居中，居民如果需要外出，穿上特制的潜水衣，开启客厅的一个盖板，从密封的玻璃钢管道走到海面。海底村庄虽然规模小，离“海底城市”相去甚远，但毕竟作了尝试，也昭示了人类在这方面美好的前景。

12. 海上城市

海上城市的构想与海底城市的初衷基本相同，就是为了节约有限的陆地资源。20世纪70年代，美国有人提出建设海上城市。设想中的海上城市，采用浮体构造法把建筑物固定在海面上，这个城市是一个四面体的巨大建筑，呈下大上小的锥形结构，高20层，悬浮于6~9米深的港湾海边，与陆地有桥连接，居住的人口有1.5万~3万人。商业中心位于四面体的内部。

如果说美国设想中的海上城市难以成为真正意义上的“城市”的话，那么日本设想的海上城市绝对是真正意义上的城市，而且日本也是最早开始行动的国家。早在20世纪80年代初，日本就在神户沿海建造了供2万人居住，至今是世界上最大的海上城市。到80年代末，又提出了更加宏伟的计划：21世纪，要在日本近海建设2万座海上城市。

20世纪末，日本又雄心勃勃地抛出了“云霄都市2001计划”，准备建立一座高2001米(从海底算起)，建筑面积为1100万平方米的巨型海上建筑(城市)，可供14万人居住与30万人就业。这既是一座城市，也是一座大楼，它的高度要比当时美国最高的大楼“西尔斯大楼”(高度为442米)还要高3倍半。大厦内设住宅、购物中心、学校、医院以及娱乐场所，另外还有办公场所与企业单位。海上城市的最顶层是国际机场、公园、田园等，中间层为工厂、医院、商店与娱乐场所等，最底层是城市水电供应系统与城市废弃物处理系统。由于与内陆隔离，其水电实现自给自足，采用太阳能电池以及海水波浪发电，采用海水淡化技术解决淡水供应问题。由于离陆地较远，因此有多种交通使海上城市与陆地之间相连。首先是空中交通系统，其次是水上交通系统，主要是渡船与游艇。再次是水底交通，主要是水下交通管道，管道内运行磁悬浮列车。

13. 地下城市

随着城市平面空间的不足，城市向地下发展的趋势越来越明显，目前，世界上许多大城市的地下空间利用得非常充分，有许多多功能的地下活动中心，集商业、交通、防空等于一体。地下城市就是地下空间利用到一定程度的产物。日本提出大规模开发地下城市的设想，计划在地下空间建立一个三层球形建筑。第一层为生活区，球的直径为50米，高100米，建筑面积为4000平方米；第二层为多媒介区，球的直径为90米，可容纳4000人；第三层为娱乐区，区内为滑雪场与游泳池，分别能容纳1300人与1000人。平日地下城可用于各种活动，一旦发生紧急情况，还可以用做避难场所。试点建设成功后，马上开始大规模的东京地下建设，建造多个这样的三层结构物，之间用地铁相通，形成一个巨大的地下城（图3-15），以缓和城市空间拥挤的状况。

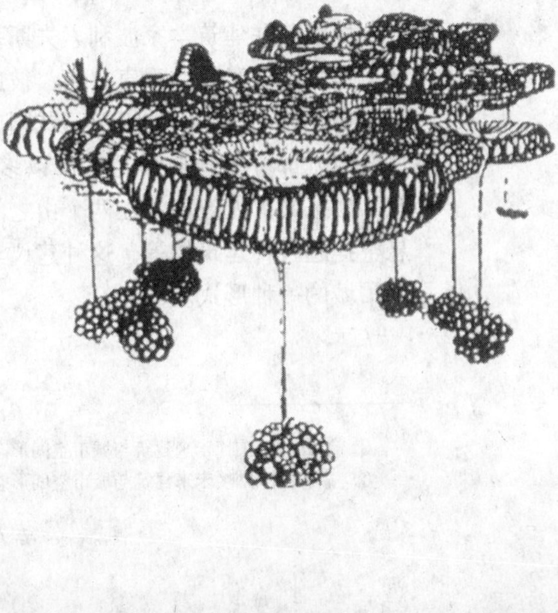

图3-15　设想中的地下城市

地下城市的发展，也不仅仅是人类空间缺乏所致。因为一些人地矛盾不是非常突出的国家与城市，也在致力地下空间的开发，连地广人稀的澳大利亚也不例外。这是因为：其一，一些公用设施从经济的角度而言，设在地下空间比较合理，如地铁，这带动了地下空间其他方面的开发。其二，无论整个城市的状况如何，城市的某些区域具有不可替代性，如城市中心商业区的拥挤几乎是世界任何城市的"通病"，而解决的最好方案就是立体发展，上天或者入地。

14. 火山城市

由法国建筑师夏利亚克所提出。城市由一个或者多个形似火山口的建筑物所构成。构筑物里面，生活设施完备齐全，生产性的建筑在形似火山口的建筑物以外。这样，城市就没有所谓的城区与郊区之分了，直接实现了城乡一体化①。

15. 桥形城市

法国建筑学家汉勤·萨尔热提出巴黎桥式卫星城方案，就属于桥形城市构想。整个城市由一座长条的桥形建筑物组成，或者由长条的桥形彼此纵横交错组成。这种城市的好处在于充分利用了空中空间，节省了地面土地。不仅如此，城市交通非常方便，空中的交通、空中与地面的垂直交通，均十分便捷②。

16. 吊城

由前苏联建筑学家波利索夫斯基提出。他设想在城市的用地上装置几百米高的垂直井筒，彼此用空间网络系起来。城市所需要的一切设施，如街道、花园以及运动场等等，在空间的任何地方都可以悬挂，而且可以多层利用，这就是吊城的构想。后来又有人建议，在两个山之间拉起强力钢筋绳，山谷中悬空挂起各种建筑物等，这种建议与吊城构想大同小异，也属于吊城的一种形式。

---

① [法]钟纪刚《未来建筑与城市空间形态探讨》，《建筑学报》，1996(6)

② [法]钟纪刚《未来建筑与城市空间形态探讨》，《建筑学报》，1996(6)

第4章 城市景观生态论

城市景观是一个生态系统，城市景观的塑造是以自然生态系统为基础的。同时，城市景观塑造以后，又对自然生态系统产生一定的影响，这是个双向互动的过程。本章先对这种双向互动过程加以阐述，然后就城市景观塑造过程中，如何获得良好的生态环境提出对策。

第一节 自然生态系统是城市景观的基础

城市景观是人类改造自然生态系统的产物，无论是大城市那种高楼大厦林立，还是小城市那种类似乡村淡雅恬静的城市景观，其底色无一例外是自然生态系统，任何城市都是在一定的自然环境下建成的，自然生态系统对城市的景观起着至关重要的作用，是城市景观构建的基础。

一、地质条件与城市景观

地质条件是一个城市景观环境构筑的基础条件。关于这一点，我国古人曾有过诸多精彩的论述。《管子·乘马》中论述："凡立国都，非于大山之下，必于广川之上。高毋近旱而用水足，下毋近水而沟防省；因天材，就地利"①（建造城池，应选址在大山的下方，或者选址在广阔平原的上方。地势高的地方

① 《诸子集成·管子》第5卷，上海书店，1986

要有水源用水充足，地势低的地方不要过于靠近水源而省去沟防，一切要顺应自然）。晁错认为城市选址要“相其阴阳之和”，即考察城址的地形地貌，以及环境与气候是否符合人的需要。还要“审其土地之宜”，即要审视城市的地质。郭璞甚至还发明了用挖坑秤土的方法来衡量土质的密实程度，以确定土地是否适合建设……

城市的地质稳定性对城市景观的构造以及城市的发展相当重要。我国45%以上的大中城市处于7度以上的高裂度区内，地震活动经常威胁城市的安全，这对城市景观的塑造带来了不利影响。1976年唐山大地震，就是一个深刻的教训。除了地震以外，活动性断裂，如滑坡、崩塌、地面下沉等等也会给城市景观带来不利影响。

城市景观是一个物质实体，建立在一定的地表条件下，要求有一定的地基承载力。泥炭土、大孔土、膨胀土一般承受力较差，以其做地基，往往地基不稳，容易造成裂缝、变形甚至倒塌，影响城市布局。选择最佳的建筑地质基础，是城市景观塑造的首要条件。因此城市建设必须对城市建设进行地质工程适宜程度划分：地形平坦，无不良地质现象的，为完全适合建筑地区；需要平整场地，做技术处理的，为采取一般措施地区；在安全洪水位以下，地质条件差，主要是淤泥、粉沙，部分为软塑黏土、亚黏土，且深度大于8厘米，为需要专门工程措施的地区（表4-1）。

表4-1　各种地面组成物质的承载能力①

组成物质	承载力（t/m^2）	组成物质	承载力（t/m^2）
碎石（中密）	40~70	细砂（很湿）（中密）	13~16
角砾（中密）	30~50	大孔土	15~25
黏土（固态）	25~50	沿海地区淤泥	4~10
粗砂、中砂（中密）	24~34	泥　炭	1~5
细砂（稍湿）（中密）	16~22		

二、地形地貌条件与城市景观

地形地貌也是构筑城市景观的基础条件之一。从城市的形成与发展来看，平缓地形最有利于城市建设，从城市的内部空间结构来看，平缓地形也最有利于城市布局，另外也有利于节省建设资金。但是过于平坦也有不利影响，即排水困难。山地与丘陵虽然对城市建设有不利影响，但如果因地制宜，因势利导，也会创造出理想的城市景观效果。重庆就是一个例子。它地处长江与嘉陵江的交汇处，是个著名的山城，最低处朝天门沙嘴与最高点鹅岭，高差达219米。自然地形的崎岖不平，虽然使城市的发展失去了地域的完整性，但赋予重庆多中心的布局。它不但给城市人提供娱乐、休闲与锻炼等功用，而且山峦成为城市建筑的借景与背景。自然景观的山与人工景观中的建筑物交相辉映，既能体现出自然之美，又能体现出人工之美，既有材料与形态的对比，又有气势上的呼应，反而比平原上的城市有更好的效果。重庆的道路盘山而上，建筑依山而建，城市景观错落有致。尤其到了夜间，万家灯火，城市与山水浑然一体，别有一番情趣。另外，许多城市依山而筑，选择缓坡地形，沿等高线布局，可以避免滑坡、洪水等影响。在前工业社会，依山布局城市还可以起到军事防御的效果。

城市景观塑造必须慎重选择地形，还要与周边地形以及其他生态因子结合起来。以兰州为例，该市位于黄河中上游的黄土高原上，决定了它的高原地形与地质特征，以及大陆性高原气象特征，降水量小，气候干燥。市区为盆地地形，风速较小，云量也小。这有利于地表热量向上扩散，使靠近地面的空气变冷，形成大气层下冷上热的逆温现象。该市一年四季都有逆温层存在，全年80%以上的天气出现逆温，逆温厚度为500~800米，强度大时间长。这种逆温层的存在，使得城市中排除的污染物无法向上扩散，另外，由于盆地地形而且风速小，污染物也无法平行扩散，因此，该市的污染非常严重。

地貌对城市景观也起到决定性影响。其一，它影响城市的区位、布局以及结构，例如河谷地带、低丘山地与水网地区，其城市的结构是不同的。其二，它影响城市的形状。其三，它影响城市的空间分区、布局以及内部结构。城市建设不考虑地貌的因素，就会造成损失。例如重庆市在历史上就发生过大型滑坡几十次，危及上万户居民。

坡度对城市景观也具有一定影响，要因地制宜，科学设计（表4-2）。

表 4-2　城市建设用地适宜坡度参考值①

用地性质	坡度/(°)	用地性质	坡度/(°)
运动场	0~1	一般工业用地	4
停车场	1~5	铁路线路	0.6~2
娱乐场	5~10	火车站场	0.25
高尔夫球场	10~15	城市重要道路	4~6
果园	15~20	城市次要道路	6
建筑物	10~25	街坊道路	8.88
公园	>25	机场	0.8~1.5

三、海拔高度与城市景观

从世界范围看，海拔高度也是影响城市景观的一个重要因素。海拔高度影响人口分布，从而对景观间接造成影响。平原地区由于地势起伏和缓，土地连片，为城市的建设和发展提供了有利条件，成为城市分布的密集区。而海拔越高，土地建设与发展的劣势就越明显。从世界范围内，海拔高度与人口分布成负相关关系（表4-3）。

表 4-3　世界人口垂直分布趋势②

海拔(m)	200 以下	200~500	500~1000	1000~1500	1500~2000	2000 以上
人口占世界比例	56.2	24.0	11.6	4.4	2.3	1.5

① 杨士弘《城市生态经济学》，科学出版社，2003

我国也是如此，我国东部地区平均每1.26万平方公里就有一座城市，大城市的数量多，且比重较大。而西部地区平均每7.14万平方公里才有一座城市，且多为中小城市(表4-4)。

表4-4 中国海拔高度与城市分布①

海拔高度(m)	城市数(个)	百分比(%)
0~50	114	35.3
50~200	67	20.6
200~400	51	15.6
400~1000	50	15.5
1000~2000	33	10.3
2000以上	9	2.7
合 计	324	100

四、水文条件与城市景观

城市的水文条件对城市景观的塑造同样非常重要。城市地下水的存在形式、含水层厚度、埋深、矿化度、硬度、水温等条件都会影响城市建设，进而影响到城市景观的形成。

同时，水文条件对城市景观的造景十分重要。城市的造景主要借助山水，有水的城市在景观方面有着极大的优势，只要因地制宜地把水整合到空间中，将会取得良好的景观效果。

五、气候条件与城市景观

气候对世界上不同地区的生活方式起着至关重要的影响，自然也对城市景观起着不可忽视的作用。从某种角度而言，有什么样的气候，就有什么样的城市景观。例如位于热带地区的城市，一般都通透开敞，而处于寒带地区的城市，一般都紧凑封闭。我国北方的建筑，为争取日照与躲避寒风，通常屋顶坡度很小，墙体厚重，南向开窗，北向不开窗或仅开小窗，而南方的建筑为解决阴雨、湿热等问题，一般屋顶坡度较大，南北

① 武进《中国城市：模式与演进》中国建筑工业出版社，1995

对开窗。因此，气候对城市景观的影响无处不在。

随着近代科技进步，人们适应环境的能力不断增强，改造环境的能力也不断提高，今天，人们受气候条件的约束越来越少。从绝对意义上讲，人们可以在地球上的任何一个角落生活，甚至可以到太空中生活。但是这是以大量耗费能源为代价的。另外，盲目崇拜科技，不结合气候的设计，实际上给人们带来的并不都是福音，科技是一把“双刃剑”。美国建筑师莱特对此深有体会：“我认为空调是一种危险东西，温度骤然变化，割裂了建筑，也损坏了人的身体”。他主张建筑根据“自然之理”，发挥建筑的“自然之利”①。

美国建筑学家奥戈雅在其名著《设计结合气候：建筑地方主义的生物气候研究》一书中提出了“生物气候”的设计方法，认为建筑设计应当遵循气候——生物——技术——建筑的思路，以满足人们的生物舒适感，并以此作为设计出发点，研究气候、地域与人体生物感觉之间的关系，寻求最佳的建筑方案②。

六、腹地条件与城市景观

城市景观的建立离不开腹地条件的选择。在科技尚不发达的前工业社会，粮食的多寡决定了一个城市的规模。因此一般而言，一些大城市只能在腹地条件极好的地方出现。在科学技术日益发达的今天，腹地条件对一个城市的束缚虽然不会象以往那么明显，但仍存在相当大的影响，腹地条件的优越有利于城市节约能源、资源，有利于人们获得良好的居住环境。

七、边缘效应与城市景观

边缘效应是生态系统中的一种现象：在两个或多个生态系统的交界处，种群密度变大，物种种类变多，生产力也比较高，除了拥有两个生态系统的物种外，边缘地带还有自身的物种。也就是说，边缘效应是一种生态生产力较高的效应。城市的出现就是边缘效应的产物，在人类社会早期，人们正是利用

---

① 董宪军《生态城市论》，中国社会科学出版社，2002

② 吕海英《开放的东南亚地域建筑》，《中外建筑》，2003(6)

边缘效应提供的良好的自然条件，在生态效率较高的地方建立起城市的。世界上最早的城市出现在尼罗河流域的埃及、两河流域(幼发拉底河与底格里斯河)的美索不达米亚、恒河与印度河流域的印度以及黄河中下游的中国等地，这些城市一般建立在河口、海湾，那里是陆地自然系统与河流、海洋系统的交接地带，边缘效应突出。即使在科技发达的今天，人类虽然能够克服许多障碍，在沙漠、戈壁这样的自然环境中也能建立起聚居地与城市，但不可否认的是，自然状况的好坏对城市的发展十分关键。拥有边缘效应的城市，优势依然很大。世界上一些大城市，依然与边缘效应息息相关，如上海位于长江入海口，伦敦位于泰晤士河河口，鹿特丹位于莱茵河河口，纽约位于哈德逊河河口。

边缘效应影响着城市的选址，自然也在一定程度上影响着城市景观的塑造。

第二节　城市景观的生态特征

城市景观不仅是空间与物质实体，同时也是一个生态系统。1971 年，联合国教科文组织(UNESCO)在研究生态系统的人与生物圈计划(MBA)中，将城市作为一个生态系统来研究。认为城市生态系统是凡拥有 10 万或 10 万以上的人口，从事非农业劳动人口占 65% 以上，其工商业、行政文化娱乐、居住等建筑物占 50% 以上面积，具有发达的交通线网和车辆，为人类生存聚居的区域。这样的一个复杂的生态系统，称之为城市生态系统。

城市景观就是城市生态系统的外显。世界上有成千上万个城市，它们各有特点，世界上没有完全相同的两个城市景观，但作为生态系统，它们却有着共同之处：就是城市景观实质上是不利于生态的。对此，英国诺丁汉大学学者布兰达与维尔在著作《绿色建筑——为可持续的未来而设计》一书中做了诠释："从本质上，城市是在地球这个行星上所产生的与自然极为不合的产物，尽管地球上的农业也改变了自然，然而它考虑了土壤、气候、人类生产和消费的可持续性，即它还是考虑自然系统的。城市则不然，城市没有考虑可持续的未来问题”①。以下我们就城市景观的生态特征来分析城市的悖生态性。

一、城市景观的生态复合性

城市是一个生态系统。城市景观是一个城市的外在体现，同时也是城市生态系统的外显。只有从生态系统的角度，才能把握城市景观的实质。

系统是指若干相互作用的部分联合起来构成的有机整体。生态系统是英国生态学家坦斯利于1935年提出的。美国著名生态学家奥德姆后来又进行了补充，他于1971年指出，生态系统就是包括特定地段内的全部生物与物理环境的统一体。是在一定时间与空间内，生物与生存环境之间以及生物与生物之间相互作用，彼此通过物质循环、能量流动和信息交换，形成一个不可分割的整体②。生态系统分为两大部分，一是生物，二是非生物的环境。生态系统揭示了生物与生存环境之间、生物与生物之间错综复杂的关系。从范围上讲，一片池塘、一块农地、一片森林、一片草地是生态系统，一个村庄、一个城市是生态系统，整个地球也是一个生态系统。

城市是人类改造自然生态系统的产物。人工控制与人工作用是城市生态系统不同于自然生态系统的最显著的特点。城市是人工与自然系统的复合系统。

城市景观是城市生态系统的外显所在，因此它也具有生态复合性的特征。城市景观是人们改造自然的产物，它的“底料”是自然系统，从某些景观组成部分中，我们仍然可以看到以及感受到这种“底料”的存在。这些“底料”仍具备自然生态系统的特征，如生物的生物学特征，自然系统内部的运行规律等等。但城市生态系统除了具有自然生态系统的一系列特征之外，更多的是人工物，因此其运行特征又不完全与自然系统

---

① 武星宽、江伟贤《生态设计与城市环境艺术设计》，《华中科技大学学报》（城市科学版），2002(2)

② 董宪军《生态城市论》，中国社会科学出版社，2002

一致。

- 城市生态环境
  - 城市自然生态环境
    - 物理环境
      - 城市地质地貌（矿物、岩石、地表形态结构等）
      - 城市气候与大气（阳光、空气、温度、水分等）
      - 城市水文资源（江、河、湖、海、沼泽等）
    - 生物环境
      - 城市动物（人工饲养和保护的动物、昆虫）
      - 城市植物（绿化植物、作物等）
      - 城市微生物（细菌、真菌等）
  - 城市人工生态环境
    - 城市设施
      - 建筑物（住宅、工厂、仓库、机关、学校等）
      - 交通设施（道路、桥涵、车站、码头、机场等）
      - 管线设施（供排水、通信、电、热、气管线等）
      - 环境设施（园林、绿化、污水处理场、垃圾处理场等）
    - 社会服务
      - 劳动力（人口、智力、健康、家庭等）
      - 科教（科技、文教、思想、道德等）
      - 政法（政策、法令、组织、管理等）
      - 其他（医疗、文体、旅游、娱乐、宗教等）
    - 生产对象——工业、农业、交通、商贸、建筑、金融、信息

图4-1　城市生态系统的组成①

二、城市景观的生态脆弱性

城市景观生态系统是一个人工生态系统，同自然生态系统相比较，它在生态上是相对脆弱的，表现在：

1. 生态结构不完善

城市景观生态系统在生态结构上是不完善的，即构成成分不尽合理（表4-5）。自然生态系统的构成成分有：其一，生产者。主要是各种陆生植物、水生植物、藻类以及一些细菌等。生产者在生态系统中最为关键，因为它将简单无机物变成有机物，将光能转化为化学能，它奠定了生态系统中能量基础。其二，消费者。主要是靠各种自养生物为食物的异养生物，基本上是各类动物。它们不能利用太阳能生产有机物，只是直接或间接从植物所创造的现成的有机物中获得营养和能量。消费者十分广泛，有直接以植物为食的初级消费者，还有以动物为食的初级消费者、二级消费者、三级消费者等等。另外，还有的消费者属于杂食动物，兼有几个位置。其三，分解

---

① 杨士弘《城市生态经济学》，科学出版社，2003

者。主要指细菌、真菌与放射菌以及某些以有机碎屑为食物的动物，如蚯蚓等等。它们把复杂的有机物还原为简单的无机物，重新释放到环境中，供生产者再利用。分解者在生态系统中也十分关键，如果缺乏分解者，地球上的物质就难以实现循环利用。其四，非生物环境。前三者均属于生物范畴，而非生物环境由三部分组成，一是气候因子。如光照、热量、水分与空气等等。二是无机物质，如碳、氢、氧以及矿质盐份。三是有机物质。如碳水化合物、蛋白质以及脂肪类等等。

表 4-5　城市景观是一个不完善的生态系统①

地　区	人类现存量（t/km^2）	植物现存量（t/km^2）	人类现存量/植物现存量
东京（23 个区）	610 60	1/10	
北京（城区）	976	130	1/8
伦　敦	410	380	7/10

在自然生态系统中，生产者与消费者以及分解者保持一定和谐的比例，整个系统良性运转。而城市景观是一个不完善的生态系统，生产者的数量偏少，生产者与消费者的比例是倒置的，即倒金字塔的结构，人类的消费量远远大于生产者的生产量。尽管不少城市的绿化覆盖率较高，但与农村生态系统相比，生产者也明显数量少（图 4-2）。另外，城市生态系统缺乏分解者，分解者的分解功能减弱，城市中的废气物必须靠人工设施进行处理或运送到其他生态系统中解决。

2. 食物链结构简单

自然生态系统能量流动与物质循环可以满足系统内生物生存的需要，可以“自给自足”。食物链是以网状的形式出现，食物链复杂，系统有更多的缓冲空间与补偿渠道，系统抗干扰

---

① 杨士弘《城市生态经济学》，科学出版社，2003

能力较强。城市景观生态系统，从食物链来看，食物链简单，只有两级与三级。一般只有植物—人，植物—食草动物—人。物种与生物多样性减少。即使作为初级生产者的植物，作用已经大大不同于自然生态系统中的同类，因此，系统抗干扰与风险能力较弱。

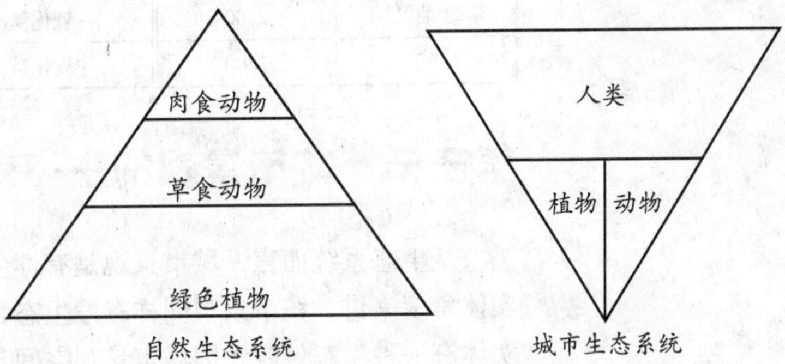

图 4-2　生态系统金字塔示意图①

3. 系统依赖性大

自然生态系统的基本功能是维持物质循环、能量流动与信息传递，靠自身进行调节。城市生态系统物理环境发生变化，物种多样性减少，能量流动与物质循环方式、途径都发生了极大的变化。在自然生态系统中，生物之间以及生物与环境之间的物质循环与能量转化的持续时间较长，而在城市中，这一过程时间很短。同时由于城市景观生态系统结构不完善，系统自我调节能力较差，因此不能独立运行，必须对外部生态系统有所依赖。城市景观生态系统依靠农田系统输入粮食，依靠草原系统输入肉、奶，依靠矿山系统输入燃料与原料，依靠海洋、江河、湖泊等生态系统输入水资源与各种水产品，同时也靠农田、草原、海洋、江河、湖泊容纳分解它的污染物（表 4-6）。

① 杨士弘《城市生态经济学》，科学出版社，2003

表 4-6 一个百万人口城市的代谢①

输入物质	输入量（t/d）	输出物质	输出量（t/d）
水	625000	废水	500000
食物	2000	固体废物	2000
燃料	·	固体尘埃	160
煤	3000	二氧化硫	160
油	2800	一氧化氮	100
气	2700	一氧化碳	450

第三节 城市景观的生态效应

从生态系统而言，城市景观是有悖生态的。从空间与物质实体角度来讲，城市景观同样有悖生态，城市景观空间与物质实体有一种生态效应，即城市景观空间与物质实体的设置是不利于生态的。

一、城市景观的“生物效应”

城市景观具有生物效应，即城市特殊的景观环境使生物种类减少，而且只适合特定生物的生存。

其一，城市特殊的景观环境使生物种类减少。任何生物的生存必须有一定的条件，即合适的栖息地。一个栖息地的特征包括土壤条件、光照条件、温度、空气和水的质量与可获得性，以及是否有其他生物体等。比如小型鸟类必须有灌木的果实与各种昆虫，两栖类的动物如青蛙，必须有长水草的池塘或小河。但很多生物的生存条件在城市中都不具备，这样，城市生物的多样性就会受到影响。北京市 20 世纪三四十年代，城区内曾经有 4 种鹭科鸟类在太庙（劳动人民文化宫）内的树上筑巢，在北海和中南海也记录到雁形目的雁鸭类中有 19 种栖息生存。但到 60 年代，上述地区的这些鸟类已经绝迹了。上海 20 世纪 50 年代，市区内的大公园、大学校园，年年都有黑枕黄鹂营巢，黄浦江以及苏州河畔，每天都可以看到成群的

① 沈清基《城市生态与城市环境》，同济大学出版社，1998

鸥类，现在早已经消失。武汉地区原有鸟类 282 种及亚种，到 20 世纪 70 年代，仅存 126 种。兰州 20 世纪 60 年代初期调查，市郊有鸟 185 种，80 年代减少到 114 种。印度尼西亚雅加达在 1938 年记录有 199 种鸟类，但到了 1970 年代，已经只剩下 100 种[①]。

城市景观中的强光还会破坏昆虫在夜间的繁殖，（尤其现有的汞气灯不仅费电，造成昆虫的死亡量更大，黄颜色的钠气灯效果要好一些），这样也会影响到那些靠这些昆虫授粉的植物，也影响了以昆虫为食物的鸟类。不仅如此，强光还直接影响许多物种的生存。例如，在 2001 年的幼龟出生期，大西洋沿岸城市到处都可以看到死海龟。原来，新孵出的海龟通常是根据月亮和星星在水中的倒影而游向水中的。可是，由于地面上的光超过了月亮和星星的亮度，使得那些刚出生的小海龟误把陆地当海洋，因缺水而丧了命。再如，鸟类在迁徙期最容易受人工光的干扰。它们原本在夜间是以星星定向的，城市的照明光却常常使它们迷失方向。一群仙鹤因德国马尔堡的灯光广告过亮，结果在城市上空整整飞了一夜，最后精疲力竭地掉到了地上。而芝加哥的一幢高楼每年都会杀死大约 1500 只候鸟。候鸟们误把高楼的灯光当作星星，迷路后撞死在大楼上。据美国鸟类专家统计，每年美国都有 400 万只候鸟因撞上高楼上的广告灯而死去。城市里的鸟还会因灯光而不分四季，在秋季筑巢，结果因气温过低而冻死[②]，还有，习惯在黑暗中交配的蟾蜍的某些品种，在城市中由于强光也已濒临灭绝。

城市景观中的一些设施对生物威胁较大，在美国一个 490 米的电视塔下，人们曾经在 16 个夜晚捡到 15 万只死鸟。在德国 294 只珍贵的白鹳中，77% 是撞在高压电线上死亡的。

城市景观中的污染对物种减少也有不可推卸的责任，如伦敦的泰晤士河污染严重，曾一度使鱼类绝迹。

其二，城市特殊的景观使生物发生变异，只适合少数物种

---

① 杨士弘《城市生态经济学》，科学出版社，2003
② 《光明中的温柔杀手》，《参考消息》，2002 年 3 月 27 日

生存。城市特殊的生态环境对生物进行一定的选择性过滤，使大多数物种减少的同时，少数物种数量增多。如日本各城市中，由于城市景观变化，生态型的地下家蚊，正成为城市的优势蚊种。鼠类也发生变化，以往城市中熊鼠占绝对优势，达到90%，而随着城市化发展与城市建设的展开，环境变化的对沟鼠有利，沟鼠得以迅速繁殖，正成为优势种类。值得一提的是，一些鸟类在城市中可以得到较好的生存环境，因为城市热空气的上升抬高了昆虫的飞行高度，使鸟类能够得到更多的食物。

二、城市景观的“气候效应”

城市景观极容易造成“气候效应”，即城市热岛效应、城市雨岛效应、城市干岛效应、城市湿岛效应等，其中最主要的是城市热岛效应。城市热岛效应，是一种由于城市特殊景观构成以及人们的相关活动导致热量在城市城区空间内相对集中的现象，它是城市小气候的典型特征。热岛效应主要取决于两个重要因素：一是城市人为排放热量，二是城市特殊的景观构成。热岛效应的机理如下：

城市景观是热岛效应产生的关键因素。城市的地面已经被沥青、砖石、水泥等覆盖，植被较少，而砖瓦、裸地、沥青和水泥板等又具有较大的导热率和热容量。白天，在阳光的照射下，砖瓦、裸地、沥青和水泥板迅速升温，一般情况下，要比室外气温高出几十度。同时，城区下垫面不透水面积大，雨水能很快从排水管道流失，可供蒸发的水分远比郊区农田绿野少，消耗于蒸发的潜热亦少，其所获得的太阳能主要用于下垫面增温。这使得城市的气温比郊区高，市中心的温度要比一般市区高。城市越大，表现得越明显（图 4-3）。一般市区平均温度要比郊区高 0.5～3℃以上，最冷的冬夜要高 4℃以上。1979 年 11 月 13 日，上海市郊温度降至 2～3℃，而市中心却高达 8.5℃[①]。城市在温度的空间分布上，犹如一个温暖的岛

---

① 上海地方志办公室网站——上海气象志，网址 http://www.shtong.gov.cn/node2/node2245/node65523/node65528/

屿，这种现象称为“热岛效应”，也称“火炉效应”。世界上的一些城市城乡温差甚至达到10℃以上。

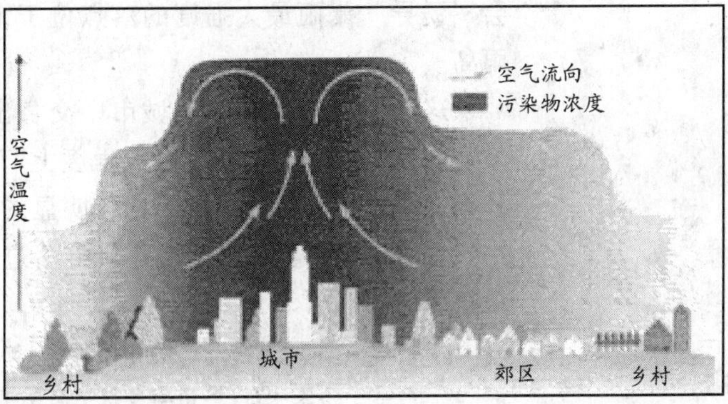

图4-3　城市景观的“热岛效应”

“城市干岛效应”机理如下：在白天太阳照射下，对于下垫面通过蒸发过程而进入低层空气中的水汽量，城区（绿地面积小，可供蒸发的水汽量少）小于郊区。特别是在盛夏季节，郊区农作物生长茂密，城郊之间自然蒸散量的差值更大。城区由于下垫面粗糙度大（建筑群密集、高低不齐），又有热岛效应，其机械湍流和热力湍流都比郊区强，通过湍流的垂直交换，城区低层水汽向上层空气的输送量又比郊区多，这两者都导致城区近地面的水汽压小于郊区，形成“城市干岛”。

“城市湿岛效应”机理如下：到了夜晚，郊区气温下降快，饱和水汽压减低，有大量水汽在地表凝结成露水，存留于低层空气中的水汽量少，水汽压迅速降低。城区因有热岛效应，其凝露量远比郊区少，夜晚湍流弱，与上层空气间的水汽交换量小，城区近地面的水汽压乃高于郊区，出现“城市湿岛”。这种由于城郊凝露量不同而形成的城市湿岛，称为“凝露湿岛”，且大都在日落后若干小时内形成，在夜间维持。

“城市雨岛效应”机理如下：一是在大气环流较弱，有利于在城区产生降水的大尺度天气形势下，由于城市热岛环流所产生的局地气流的辐合上升，有利于对流雨的发展；二是城市下垫面粗糙度大，对移动滞缓的降雨系统有阻障效应，使其移速更为缓慢，延长城区降雨时间；三是城区空气中凝结核多，其化学组分不同，粒径大小不一，当有较多大核（如硝酸盐类）存在时，有促进暖云降水作用。上述种种因素的影响，会“诱导”暴雨最大强度的落点位于市区及其下风方向形成雨岛。

这几个“岛效应”在城市中交替出现，而尤以热岛效应最为明显，“岛效应”在很大程度上归咎于城市特殊的景观。我国上海市目前已经出现了比较明显的“岛效应”，城市局部小气候恶劣化。城市过多、建筑群落过密，是造成“岛效应”最重要的因素（表4-7）。

表4-7　城市与乡村生态系统的比较①

项　目	城市比乡村
灰　尘	多10倍
二氧化碳	多10倍
硫化物	多5倍
地面紫外线	少15%～20%
雾	多50%～100%
降雨量	多10%
年平均温度	高1～2度（华氏）
湿　度	低5%～10%
平均风速	低20%～30%

三、城市景观的“污染效应”

光污染、大气污染、水污染、噪声污染与固体废弃物污染一起，构成城市的“五大污染”。从根源上讲，城市环境污染在于人类生产与生活方式，但不可否认，城市景观的特殊性也起了推波助澜的作用。城市的景观环境容易引发光污染，同时对大气污染、水污染、噪声污染与固体废弃物污染等，也容易起到强化作用。

---

① ［美］詹姆斯·特拉菲尔著，赖慈芸译《未来城——述说城市的奥秘》，中国社会科学出版社，2000

其一，城市景观容易引发光污染。光污染问题，西方一些发达国家已经走过了一段弯路，在付出了沉重代价之后，开始加以改变。美国甚至成立了国际黑暗夜空协会，专门与光污染做斗争。作为一个后发国家，我国城市的光污染问题日趋严重。20世纪80年代以来，建筑物装饰热在我国骤然兴起，许多商厦、办公楼都纷纷安装了玻璃幕墙。在太阳的照耀下，具有强烈的聚光与反光效果，不但提高周围的温度，还伤害人们的视力，甚至灼伤人的皮肤（图4-4）。夜间，城市华灯齐放，闹市地段亮如白昼，不但不节能，也非常刺眼。当然，城市需要装饰，也需要灯光，尤其城市的夜生活更需要光亮，但这不应成为制造光污染的理由。我们应科学设计“亮化工程”，多植树、栽花、种草，增加水面，改善光环境；注意减少大功率强光源；科学选择照明灯光与景观灯光。

图4-4　城市建筑的光污染

其二，城市景观加重大气污染。城市地表是一个并非封闭的凸状人工地物组合体。郊区工业区带有污染物的风一部分从城市旁边绕过，另一部分从城市中的“豁口”（如道路）进入城市，由于城市中楼房林立，这部分风很难绕出去，因而活动范围缩小，使局部污染加重。同时，“热岛效应”的存在，使城市形成低压中心，并出现上升气流。郊区近地面空气从四面八方向城市中心汇集，使周围工厂排放的污染物质会聚城市中心，从而加重污染。再者，城市的地面比较粗糙，也会降低风速，从而减缓污染物的扩散。

另外，城市景观对水污染、噪声污染与固体废气物污染等也负有不可推卸的责任。

基于此，城市中环境疾病，如呼吸系统疾病、高血压、心血管病、癌症的发病率均远远高于乡村（表4-8、9）。据美国卫生部门统计，同环境问题密切相关的癌症，城市的发病率比乡村高1倍；加拿大统计材料显示，城市中慢性病的死亡率比乡村高10倍；前苏联的统计材料显示，每1000人中患神经系统疾病的，城市为101人，乡村为38.5人；患高血压的，城市为23.6人，而乡村仅为10.5人，比城市少一半①。

表4-8　上海和北京的市区与郊区肺癌发病率比较②

城市名称	市　区	近　郊	远　郊
上　海	2.93/万人	2.45/万人	1.62/万人
北　京	1.49/万人	1.07/万人	0.83/万人

表4-9　中国肺癌死亡率的城乡差别（单位%）③

环　境	男性肺癌死亡率	女性肺癌死亡率
大城市	16.83	8.99
中等城市	12.75	5.66
小城市	9.88	4.53
农　村	6.01	2.84

① 《不是“杞人忧天”》《光明日报》，1982年7月23日
② 窦伯菊等《生态学与人类生活》，内蒙古人民出版社，1983
③ 杨士弘《城市生态经济学》，科学出版社，2003

四、城市景观的风场狭管效应

由于建筑物林立，城市对自然风产生了一定程度的改变。城市高大的建筑物林立，风在城市高大建筑物之间穿过时，犹如穿行在高山之间的峡谷一样，风力变大，风速加快，这就是风场峡谷效应或风场狭管效应。当盛行风与街道平行时，峡谷效应更容易产生。风场狭管效应给城市带来不利影响。一方面，对城市中的树木带来威胁，另一方面，对城市交通与设施造成隐患。坐落于“风之城”芝加哥“风之街”上的西尔斯大厦，在1987年2月底由于强烈的街道风卷起物体撞击，使上百块玻璃受损。我国也有不少相关的报道。

五、城市景观的下沉效应

城市景观还具有下沉效应。城市由于建筑物林立，对地面压力较大，加上过度抽取地下水，因此，地面极容易出现沉降现象。城市沉降已经成为当今世界一个普遍现象。日本很多大城市坐落于沿海的冲击平原上，土质松软，地下水丰富，由于高楼大厦对地面的压力较大，加之过度抽取地下水，城市沉降得十分严重。东京的有些地区已经接近或低于海平面，有些地方已经沉降到海平面以下3米，完全依靠挡潮堤来维持。

我国的情况也不乐观，到1995年，我国已有50多个城市出现地面下沉。北京、上海、太原、西安等城市尤其严重。上海从很早就面临地面下沉的问题，但从1965年起，政府开始治理乱开采地下水，地面下沉有所缓解。进入20世纪90年代以来，上海的高楼越建越高，越建越多，地面已经不堪重负，下沉现象越来越严重，平均每年下沉1厘米，已经影响到地铁与高楼建设的结构。专家指出，如果这种局面得不到控制，在加上温室效应造成的海平面不断上涨，上海在未来就可能“下海”，这对城市景观来说是一个巨大威胁。而且，更不利的是，我国城市沉降现象开始呈现出逐步相连的趋势，我国目前已经形成了明显的城市沉降区。目前比较大城市沉降区主要有辽中南城市沉降区、长三角城市沉降区以及京津冀城市沉降区等等。其中有的地方最大沉降甚至达2.6米，可谓触目惊心。

地面下沉给城市造成巨大损失。由于城市地面的下沉不是均质的过程，这样城市的基础设施管道极有可能发生错位变形，另外，城市的下沉对地下交通与设施影响较大，造成道路桥梁毁坏。还造成房屋塌陷。据专家估计，上海地面每沉降1毫米，直接损失就在500万元左右，间接损失更是难以计量①。

六、城市景观的“垃圾效应”

垃圾问题是城市景观的效应之一。马克思早在《资本论》中就指出这个问题，“城市人口的集中破坏了人和土地之间的物质交换，也就是人们吃饭穿衣消费掉许多土地的组成成分，但这些成分又不能回到土地，物质实现不了循环，从而破坏土地持久肥力的永恒自然条件，这是对农业生态系统而言”②。城市生态系统是一个不完善的生态系统，缺乏分解者，城市中的垃圾不能像农业生态系统中那样，重新回到自然之中，实现物质再循环。因此，很多只能堆积起来。最关键的是，城市是一种集中定居的形式，大量人口集中居住在一起，为物质循环的正常进行更带来了困难。因此，垃圾问题几乎成为世界上任何城市都面临的头疼的难题，“垃圾山”已经几乎成为世界城市的一种通病（图4-5）。我国上海市郊已有为数不少的垃圾

图4-5 “垃圾山”
——城市的通病

① 沈清基《城市生态与城市环境》，同济大学出版社，1998
② 马克思《资本论》，人民出版社，1975

山，北京的三环与四环之间垃圾占地7000余亩，而且还有逐渐扩大的趋势。

第四节　塑造符合生态规律的城市景观

尽管城市无论从景观生态系统角度，还是从景观生态效应角度，都是有悖生态的，但是我们可以通过科学的景观塑造，来弥补这种状况，减轻其生态损害。这种科学的景观塑造，就是顺应生态规律的景观塑造。

一、城市景观塑造理念层面

城市景观的塑造应树立四维空间理念，即时空结合的理念。

1. 从空间角度，城市景观塑造必须与区域环境结合

从空间角度出发，城市景观塑造不能就城市论城市，而是强调与区域环境的结合。城市首先应当是一个区域城市，城市与区域是不可分割的，离开了区域支撑体系，城市的景观塑造建设就会成为一句空谈。从生态系统论的角度出发，城市不是一个封闭的系统，而是一个与周围市郊及有关区域紧密相联的开放系统。城市生态系统与周边地区生态系统在客观上形成一个整体，城市与区域之间进行着广泛的物质循环、能量流动、信息传递，从而保证了城市功能的正常运行。城市的经济活动、社会活动以及文化活动都是以此为前提的。刘易斯·芒福德认为，“生物有机体为了维护自身的生命形态，必须不断地更新自己，和周围的环境建立联系，城市也是一样，它必须和周边的自然环境、社会经济环境在供求上积极地相互平衡，才会持续发展”①。

从经济的角度出发，区域是城市赖以生存的基础，区域能为城市提供能源、粮食、原料与劳动力，区域又能容纳城市提供的产品与服务，城市与区域的交流，是城市发展与进一步发

---

① 金经元《刘易斯·芒福德：杰出的人本主义城市规划理论家》，《城市规划》，1996（1）

展的基础。城市经济发展需要有一定规模的腹地做支撑，而城市又会对区域的经济发展起着辐射与拉动作用，二者之间是唇齿相依的关系。从社会角度出发，虽然城市社会问题的实质并不能归结于空间因素，但一些城市社会问题与都市相关人口的迁移有密切的关系，例如城市流动人口犯罪问题等，我们要解决这些问题，就不能不从区域层面着手。另外有一些城市社会问题的解决离不开与区域层面的互动，例如，城市的失业问题、城市的贫困问题等等，都可以通过和区域的结合在一定程度上得到缓解。

从生态环境角度出发，城市生态环境与区域生态环境之间更是密不可分的。城市生态系统本身并不是一个完整的系统，因而是比较脆弱的，有着很强的依赖性，必须要从外部运进大量的能源与物质，而同时要产生大量的废弃物，仅仅依靠城市自身的净化能力是远远不够的。城市化以来很多城市环境问题的出现，很重要的一个原因，就是城市孤军奋战，与区域环境脱节的结果。因此，城市要解决一系列的环境问题，就必须和区域生态系统充分结合，走区域可持续发展之路。从广义而言，这种区域还包括地球整体。因为整个地球是一个不可分割的生态整体。一部分的变动，必然会对其他部分产生影响。美国科学家洛伦兹的"蝴蝶理论"——一只蝴蝶在巴西扇动翅膀会在美国得克萨斯引起龙卷风，就说明了这一点。

综上所述，我们在塑造城市景观的过程中，就必须超出原来意义层面的城市定义，树立大空间观，以城乡一体化的视角重新对待城市景观塑造。即城市景观的规划设计不能独善其身，它的规划设计要与区域的发展结合起来，必须像《马丘比丘宪章》所说的那样，"规划必须在不断发展的城市化过程中，反映出城市与其周围区域之间基本的动态的同一性"①。它的发展也要从区域总体的角度来规划、协调，必须有一个总体的考虑，与区域采取一致的行动。

---

① 陈占祥译《马丘比丘宪章》，《建筑师》，1980（4）

2. 从时间角度，城市景观塑造必须与历史环境结合

从时间角度出发，城市景观塑造不能就现代论现代，而是现代环境与历史环境的结合。城市是时间的产物，一个理想的城市环境应当是经过时间的洗礼的。西方有句俗语：“罗马不是一日建成的”，正是说明时间维度对城市景观的意义所在。也就是说，一个好的城市景观是四维的，而不仅仅局限于三维。在时间层面，我们在塑造城市景观时，必须坚持历史环境观与现实环境观的有机结合，必须辨证地对待历史环境与现实环境之间的关系，只强调保护而忽视发展或只强调发展而忽视保护，都是不科学的。只强调保护意味着僵化，只强调发展意味着无知，二者都是不可取的。科学的景观塑造拒绝偏颇，而是坚持二者兼顾，是二者的有机结合。

必须看到，保护历史遗迹同时有利于生态环境保护。首先，历史环境饱含信息资源。在生态系统中，信息资源有时可以被转化成能量，而获取信息也必须付出能量，这就是能量与信息的互补性原理。历史环境中的信息资源在特定的情况下是可以转化为能量的，这有助于节省能源，从而有助于生态环境的保护。其次，历史环境保护意味着再利用。一切推倒重建，是对资源的浪费，是不利于生态环境保护的。而适当地再利用，会对生态环境保护起到促进的效果。美国世界观察研究所1996年的一份调查报告表明，目前世界原料和能源的2/5被用于建筑业，除燃料之外1/2的木材亦用于建筑业①。建筑物的建造及日常运行和维护将消耗大量的原料和能源，因此，保护历史环境，并进行合理应用，是有助于生态环境的保护的。在城市景观塑造中，必须把现实环境与历史环境结合，统一规划设计。

二、城市景观塑造布局层面

科学塑造城市景观，一个最基本的条件就是布局合理。在本书第三章中提到的城市理想模型都对此进行了探索。城市景

---

① 过伟敏《建筑空间的更新设计与再利用》，《无锡轻工大学学报》，2000 (11)

观科学塑造在布局方面要求多中心城市布局。

多中心城市布局就是大城市分解为若干城市单元，各自具有独立性。但从功能上而言，它们又是城市统一体不可分割的部分，是城市分与合的统一。形象地说，就是在空间上把大城市分解为小城市，每个小城市又能享受到大城市的文明与设施。特别值得一提的是，中心与中心之间充实大片农地以及果园等，这是非常有利于生态环境改善的。

1971 年莫斯科规划总图，就采用多中心的结构。这个总图把莫斯科 800 万平方公里的城市用地，分成 8 片结构。其中克里姆林宫与红场所在片为核心，其余 7 片环绕在它的周围。所有次结构也有市级公共中心，城市整体形成了一个星光放射状的市级中心多中心体系。荷兰在城市景观塑造的过程中，也十分注重多中心城市的建设。城市的各个中心之间用绿化带或河道隔开。如荷兰兰斯塔城市群其中心保留着一个农业景观构成的“绿心”，“绿心”与城市建成区之间还设置了一个绿色缓冲地带，将农业景观与城市景观融于一炉。

多中心城市布局是符合生态规律的，克服了以往那种单中心城市布局的弊端，缓解了城市的生态压力，改善了城市的生态环境。

其一，多中心城市布局可以根据实际情况扩展。单中心的城市发展，基本沿用“摊大饼”的思路，而多中心城市可以根据土地的实际情况确定发展思路。可以根据地貌、水资源以及其他方面来综合考虑新的中心的建立，这无疑符合实际情况，从而起到节省资源的好处。

其二，多中心城市布局可以节省资源。单中心城市的发展，城市景观无穷尽的一圈一圈循环下去。这样显然不能顾及其中的土地适宜度，不利于生态环境的保护。多中心城市布局可以有效克服这种弊端。

其三，多中心城市布局有利于旧城更新。单中心城市一环一环向外发展，使拥有珍贵历史文化资源的旧城难以处理发展与保护的矛盾，而多中心城市，可以使新、老城之间分离开来，对旧城的保护有帮助，同时也意味可以获得良好的生态效益。

其四，多中心城市布局有利于人接近自然。单中心的城市，一圈一圈向外发展，必然使市中心离自然越来越远，新鲜空气难以进入，污浊空气难以排除，不利于城市生态的优化。而多中心城市，从城市的任何一个地方出发，离自然都很近，有利于环境保护与人们的健康。

三、城市景观塑造产业层面

科学地塑造城市景观，还必须在城市景观塑造产业层面上下工夫，也就是把景观塑造与产业方面的内容有机地结合起来。

1. 城市景观塑造工业层面：循环布局

在自然生态系统中，物质循环与能量流动是通过食物链以及食物网来进行的。在城市中，人类为了减少环境污染，在工业布局中，就必须摒弃传统经济“资源—产品—污染排放”的单项流动的线形模式，借鉴食物链或食物网模式，采用“资源—产品—污染排放—资源”的循环经济组织形式，以达到减少废物、减少污染的效果。目前，一些发达国家在这方面已经取得良好效果，他们的许多工业区或其他工业布局已经采取链式与网式布局，即一些生态属性相关的企业集中布局在一起，以求实现循环机制。在这方面，丹麦的“卡伦堡模式”是极好的例证。在这个城市中，主要有5家工业，它们是火力发电厂、炼油厂、生物工程公司、硫酸钙厂与一家建筑材料公司。这5家企业各自距离不超过100米，组合成为一个网络结构。在生产过程中，彼此之间互相交换“废料”，一家的“废料”成为另外一家或者几家的原料，这样，资源利用效率得以提高，垃圾以及其他污染大大减少，环境压力得以减轻。上述过程的实现，景观工业布局适度的集中是其中的关键所在。分散的工业布局，会造成一种“村村点火，家家冒烟”的局面，形不成循环机制，对生态环境威胁极大。

2. 城市景观塑造农业层面：都市农业

所谓都市农业，是指在城市空间地域内（含功能辐射区域），以可持续发展为核心，体现城乡融合、服务于城市功能的，具有多功能、高科技、高度产业化、市场化的农业生态系统[①]。都市农业既可以布局在城市建成区内，又可以布局于城市的远郊与近郊，有市区镶嵌型、城区穿插区、近郊型以及远郊型（图4-6）。都市农业的发展使城市变成亦城亦乡的城市景观结构。

图4-6　多功能、高科技、产业化、市场化的都市农业

当前，都市农业的建设得到高度重视，世界环境与发展委员会的报告《我们共同的未来》中指出，“发展中国家的政府，应当支持都市农业，得到官方批准和鼓励的都市农业，可能成为城市发展的一个重要部分，并为城市贫民提供更多的食品。其主要目的应该是改善贫民营养和健康标准，帮助解决他们的家庭开支困难，使他们得到一些额外的收入，并提供就业机会”[②]。

具体而言，都市农业不仅是一种特殊的城市景观，也不仅仅具有生态效益，另外还具有经济效益、文化效益与社会效益等多种效益。

---

① 周晓芳《广州都市农业旅游发展探讨》，《农业现代化研究》，2002（23）

② 世界环境与发展委员会著，王之佳、柯金良等译《我们共同的未来》，吉林人民出版社，1997

(1) 生态功能

都市农业有利于改善都市生态环境。都市一般绿化较少，都市农业分别在市中心与郊区展开，将整个绿化变成点面结合的网络结构，对城市的生态环境改善至关重要。这样城市的景观格局就会出现“城中有乡，乡中有城”的特点，从而达到“城乡一体化”的理想状态。而且，都市农业把花卉、果品、粮食生产同城市美化、绿化结合起来，不仅有利于城市生态环境的改善，而且有利于城市美观。同时，都市农业可以消化大量的垃圾，城市的废弃物可以循环利用，既节约了农业成本，又带来了生态效益。国外一些大城市的都市农业，生产功能已经退居次要、从属地位，生态功能被摆在首要的位置，都市农业成为限制市区进一步扩张的屏障，都市农业将高速公路、工厂等污染的部分与城市的居住区分割开来。

都市农业还可以为都市带来更多的“绿色产品”。城市人的生活正在由数量型向质量型转变，不仅追求吃得饱，而且还追求吃得好，追求干净、营养。在当今城市“食品危机”的情况下，都市农业的开展更为重要，因为都市农业在市民的眼皮底下生产，因此产品有一定的可信度。

(2) 教育功能

良好的城市生态环境的塑造离不开环境教育。而环境教育的开展，不能仅仅局限于抽象的说教。让青少年尤其是儿童亲身接触自然，是环境教育中不可缺失的重要环节，都市农业可以为青少年的环境教育提供实践基地。

(3) 休闲旅游功能

都市农业还可以开展农业旅游项目，如百草园、百花园、百菜园、百鸟园、水族馆以及祟物园、动物园等等，从而成为市民休息日亲近自然的理想去处，可以缓解市民解除一周辛勤工作的紧张。国外不少已经将都市农业作为旅游开发中重要一环，我国不少城市也有这方面举动。

(4) 安全功能

城市人口多，活动空间小，极易出现安全隐患，都市农业可以提供一种缓冲的空间，因此具有安全功能。

(5) 示范功能

都市农业的发展有强大的城市科技实力作为支撑，可以在农业方面进行试点研究，可以将科技成果向农村地域辐射。

正因为都市农业有着种种效益，因此引起不少国家高度重视。日本、美国、法国、荷兰、新加坡等国都市农业开展得较好。据1994年统计数字，世界上有12%的人口的食物是由都市农业提供的[1]。在美国，都市区域内的农业占美国总面积的10%，农产品价值占农产品总价值的1/3多[2]。美国的伯克利都市农业开展得十分理想，在住宅区内，每隔一栋独立住宅就有一块占地为有数个住宅面积大小的农田，农田上种植的蔬菜与水果均为绿色食品，深受市民的喜爱。

美国的中央公园也是都市农业的一个典范，它于1873年全部建成，历时15年，公园的面积非常大，达340万平方米。它位于曼哈顿的中央，足足占掉150个街区，比欧洲的摩纳哥还大。中央公园有总长93公里的步行道，9000张长椅和6000棵树木，每年吸引多达2500万人次进出。园内有动物园、运动场、美术馆、剧院等各种设施。本来是一片近乎荒野的地方，现在是一大片田园式的禁猎区，有茂密的树林、湖泊和草坪，甚至还有农场和牧场，里面还有羊儿在吃草。在这样一个喧嚣繁荣的大都市开辟出这样一个巨大的公园，这一创举得到了举世称赞。在这个人迹纷繁的地带，公园的地下还建造了公路，这样过往的车辆既穿过了公园，又不打扰参观者。中央公园成为文化休闲活动的理想场所。

日本的都市农业主要集中在东京圈、大阪圈以及名古屋圈等三大都市圈，其特点一是星点状与片状分布；二是蔬菜水果生产占主导地位；三是园艺生产设施先进；四是都市观光、休闲、体验农业成为都市农业的重要组成部分。

新加坡的都市农业开展得也相当好。新加坡有6个农业科技园，共占地15万平方米，每个园区都有性质不同的作业，

---

① 青石《都市农业的特点》，《南京农专学报》，2002 (2)
② 青石《都市农业的特点》，《南京农专学报》，2002 (2)

如养鸡场、胡姬花园（出口多品种胡姬花）、鱼场（出口观赏鱼）、牛羊场、蘑菇园、豆芽农场和菜园等，每个小农场占地约2000平方米。

四、城市景观塑造规划层面

科学塑造城市景观，意味着要遵循生态规律，设计应结合3R，即reduce（减少）、reuse（回用）、recycle（循环）。

要实现3R的目标，必须根据城市的自然现状，建立城市生态适宜度分析，来构筑城市景观与展开城市建设。美国麦克哈格教授在其名著《设计结合自然》中，对城市生态适宜度进行了系统阐述。生态适宜度是指土地的水文、地理、地形、地质、生物、人文等特征所决定的土地对特定、持续的用途的固有适宜程度①。通过生态适宜度分析，我们可以最终确立土地的不同用途。另外，通过生态适宜度分析，我们还可以确定城市生态环境保护区。该地区是城市的生态敏感地带，对城市的生态影响较大，同时该地区生态比较脆弱，在城市景观塑造中一定要审慎。

土地适宜度的分析方法主要有直接叠加法、因子加权评分法和生态因子组合法。

直接叠加法又分地图叠加法与因子等权求和法。地图叠加法的程序是，其一，确定规划目标以及规划中所涉及的因子。其二，调查每个因子在区域中的状况以及分布，并根据对其目标（即某种特定的用地）的适宜度进行分级，然后用不同的深浅颜色将各个因子的适宜度分级分别绘在单要素地图上。其三，将两张及两张以上的单要素进行叠加得到复合图。其四，分析复合图，并由此决定土地的利用。这种方法实际上从气候、水文、地形、地貌、土壤、植被，以及一些社会的因素的综合考虑来确定土地的使用，缺陷是没有加权，把各要素的重要性等同处理。因子等权求和法克服了地图叠加法的弊端，它把因子定级量化以后，直接求和得到综合值，用以评价土地

---

① ［美］麦克哈格著，芮经纬译《设计结合自然》，中国建筑工业出版社，1992

利用。

地图叠加法与因子等权求和法都是假设因子之间是相互独立的。但实际上，各因子之间是相互影响的。对于特定的土地利用来说，相互联系的各个因子的不同组合，决定了土地利用的适宜度，因此后来又产生了因子加权评分法以及生态因子组合法等。

另外，在景观塑造中，还应建立建筑评价体系。要根据建筑本身的特点，确定相应的绿色指标值，绿色指标值中考虑的因素应是多方面的，有建筑所使用的材料、有建筑建成的能源消耗、有材料的循环程度以及建筑形式的紧凑等等。

五、城市景观塑造绿化层面

为塑造科学的城市景观，还需要加强景观中的绿化，因为城市景观中的植被对城市生态环境十分关键，有如下生态作用：

其一，净化空气。绿色植物通过光合作用，吸收二氧化碳，释放氧气。不仅如此，植被还能吸收空气中的其他气体以及放射性物质，还能吸附烟灰与粉粒，保持空气新鲜。许多植物能够分泌出大量杀灭细菌的挥发性物质。据统计，一公顷圆柏林一昼夜能分泌出 30 公斤杀菌素，可以消灭一个中等城市空气中的细菌。城市闹市区每平方立米细菌可达 3 万～4 万个，更离不开植被的净化①。

其二，减弱噪音。植被还可以削弱城市的各种噪音，如交通噪音、工业噪音以及生活噪音等。据估计，有绿化带的地带噪音比没有绿化带的地带噪音要小 8～10 分贝②。

其三，降低温度。植物叶面的蒸腾作用能调节温度与湿度。研究资料表明，当夏季城市气温为 27.5℃时，草坪表面的温度是 20～24.5℃，比裸露地面低 6～7℃，比柏油地面低 8～20.5℃；而在冬季，铺有草坪的足球场表面温度则要比裸露的球场表面温度高出 4℃左右。另外，由于绿色植物具有强

---

① 许学强、周一星、宁越敏编著《城市地理学》，高等教育出版社，1996

② 许学强、周一星、宁越敏编著《城市地理学》，高等教育出版社，1996

大的蒸腾能力，不断向空气中输送水蒸气，因此可以提高空气湿度。据观测，绿地的相对湿度比非绿化区高10%～20%[①]。一般而论，绿化能使局部气温降低3～5℃，最大可以降温12℃。使湿度增加3%～12%，最大可以达到33%。此外，植物还可以起到遮挡太阳辐射的作用，夏季，枝叶茂密的树木可以遮挡50%～90%的太阳辐射，这对于降低温度是非常关键的[②]。

城市热岛效应的解决，离不开绿化。克服城市热岛效应，意味着城市应减少热源。但这对于城市来说，是比较困难的。因为即使城市工业上能减少热源，但生活的热源也不可忽视，来自交通、采暖、冷气等生活方面的热源占很大比例。另外，城市人口众多，这本身就是一个显著的热源。就人而言，一个人每天吃下2000卡的热量，以能量消耗和产生热能的角度，相当于一个100瓦的灯泡持续开上一整天[③]。因此一个100万人的都市，每天可以产生200千瓦/小时的热量，这是不可忽视的力量。因此，最现实的途径就是依靠植被降温。

我们不应仅仅把城市绿化仅仅看作是栽花种树，而是应当全面构建城市景观绿化网络体系，即按照绿地大集中、小分散的布局来进行绿化。城市绿化体系应由城郊绿化、城区绿化与庭院绿化构成，这样才能作到点线面结合、平面绿化与立体绿化相结合，从而把城市变成城乡结合的产物。

首先，应在城郊建立大型森林，并通过廊道与城区相连。大型森林在生态方面非常重要，只有大型的绿化面积才能涵养水源，连接河流水系和维持林中物种的安全，庇护大型生物并保持一定的规模，并且能抵抗一定的自然干扰。大型森林的建立，同时可以满足人们休闲、野游、运动的需要。在西方不少国家，人们每到周末，就开车到森林休闲、度假，投入大自然的怀抱。建立大型森林的同时必须在城市中修建廊道，与郊外

① 杨士弘《城市生态经济学》，科学出版社，2003
② 杨士弘《城市生态经济学》，科学出版社，2003
③ 杨士弘《城市生态经济学》，科学出版社，2003

的自然生态连接起来，形成网络化的生态格局，以有利于动物、植物在各单元之间迁移与传播，以防止“生态孤岛”与“生态飞地”的出现。

市区必须有集中的绿化地带。城市中较大面积的绿地，不仅可以通过阻挡、滞留、过滤、粘附和吸收大气中的尘粒或有毒气体，减轻大气污染，而且还因与建筑区不同的热力状况，形成一种类似海陆风的空气对流，使建筑区混浊的空气被带至高空而降低污染程度；同时新鲜空气源源不断地从绿地流向建筑区，从而可以降低污染程度。另外，在公园或城市周围建立天然湿地。湿地是生物产出最丰富的地区，同时是地下水的重要来源。湿地与陆地交接的浅水区，是各种水生植物、两栖类及迁徙鸟类等生长繁殖的地方。

庭院绿化则可以采取多种形式，因地制宜。如新加坡在水泥路面留有许多小孔，由孔中生出草，将路面覆盖。巴西设计出一种空心砖，里面填充草籽、树胶与土壤，把它砌在墙的外层，草籽发芽生长后，整个墙就变成郁郁葱葱的“生态墙”。日本直接开发出“绿色混凝土”，可以直接种植植物。美国纽约的不少楼顶顶层全部绿化，建起“空中花园”。在“见缝插绿”方面，可谓仁者见仁，智者见智①。

六、城市景观塑造目标层面

城市景观塑造的终极目标，并不仅仅限于空间与物质实体范畴，其最终目的，是通过空间与物质实体的塑造，建成生态城市。

生态城市是在人类城市生态环境危机的情况下提出的。生态城市最早是在1987年由前苏联生态学家O·亚尼斯基与美国学者理查德·雷吉斯特所提出的。在O·亚尼斯基“生态城市”理想模式的论述中，自然、技术、人文充分融合；物质、能量、信息高效利用；居民的身心健康与环境质量得到保证；人的创造力和生产力得到最大限度的发挥；整个城市环境呈现出高效与和谐的特征。理查德·雷吉斯特在《生态城市伯克

---

① 冯雁军《由“热岛效应”说开去》，《城乡建设》，1997（10）

利》一书中，对生态城市的界定主要侧重于健康、物种、污染等方面。应当说，最初提出生态城市，是以反对环境污染、追求优美的自然环境、保证人们的身心健康为起点的，但是，随着研究的深入，这一理念已经超越了城市建设与环境保持协调的层次，融合了经济、社会、文化、历史等因素，向更加全面的方向发展，更加具有综合性。其理念中的生态环境观被系统环境观所取代，这一系统环境观已经超越城市自身层面，具有时空结合的维度。

生态城市虽然冠以生态二字，但它并不是仅仅局限于生态环境保护，就功能角度来说，它是一个以自然系统为依托、以资源流动为命脉的经济、社会、环境协调统一的复合系统。在这个复合系统中，经济、社会与生态三个子系统不是简单的叠加，而是一种互动的关系，他们相互融合、相互促进、相互交叉，共同维系着生态城市功能的正常运行。因此，在功能层面，我们在理解生态城市时，必需坚持经济环境观、社会环境观与生态环境观的有机结合。

生态环境系统是生态城市的基础，生态城市首先是一个生态环境良好的城市，这是生态城市的基本前提。因此，必须树立良好的生态观：首先，人是自然的一部分，人并不高于自然，人应当与自然和谐相处，与其他生物友好共生。其次，人需要自然，离不开自然，城市应当融于自然之中，自然同时也应当融于城市之中，二者是相得益彰的。这种生态观反映到实践层面就是，生态城市应当拥有较高的绿化覆盖率，因为在城市中，绿化在一定程度上可以成为自然的代名词。据联合国有关规定，生态城市的绿化覆盖率应当达到50%①。

“人们为了生活来到城市，为了更好的生活而居留于城市”②，“城市最好的模式是关心人与陶冶人”③。生态城市中，

---

① 董宪军《生态城市论》，中国社会科学出版社，2002

② ［美］刘易斯·芒福德著，倪文彦、宋峻岭译《城市发展史——起源·演变和前景》，中国建筑工业出版社，1989

③ 金经元《刘易斯·芒福德：杰出的人本主义城市规划理论家》，《城市规划》，1996（1）

人与自然的和谐是基础，但最重要的是人与人之间的和谐，这是生态城市最本质的核心。因此，在生态观的基础上，还要树立良好的社会观。首先，生态城市是一个尊重人的环境。在生态城市中，人们虽然有职业、收入、技能上的差距，但人们都应当能从城市中找到自己的位置并能够得到相应的尊重。这种尊重落实到实践中，就是实施城市建设与城市发展中的公众参与制度。其一，从法律上保证公民的参与权，将公众参与纳入城市规划设计法规与城市发展战略之中。其二，把城市发展与建设作为一个开放的系统，公民可以全方位，多层次地参与其中。其次，生态城市是一个关怀人的环境，鼓励人们之间的交往，减少人们之间的疏离感。生态城市关心人的模式最主要体现在社区中，社区应当拥有完善的社会服务设施与基础设施，能够满足人们的物质需要与精神需要，同时，社区通过开展丰富多彩的活动，为人们之间的沟通与交流创造条件。再次，生态城市是一个保护人的环境，拥有较为健全的社会保障体系，为社会弱者提供保护与援助。另外，生态城市还是一个服务人的环境，具备完备的法律、法规与管理体制，在人口控制、资源利用、社会服务、劳动就业、治安防灾等方面管理得较好，为人们的生产与生活提供高效的服务。

经济发展是生态城市的保证，生态城市的建设需要一定的经济基础作为支撑，生态城市的发展离不开良好的经济环境。因此，必须树立良好的经济观，并与生态观以及社会观充分结合。这种良好的经济环境观应当表现在：首先，从经济目标观来看，生态城市的经济发展是为实现社会目标服务，从根本上讲是为建设一个公平、公正、和谐的城市社会服务的，经济发展不能脱节于社会的发展。其次，从经济增长观来看，生态城市的经济增长不仅追求数量，更追求质量，追求与社会生态协调的经济增长，追求经济效益、社会效益与生态效益的综合效益。再次，从经济结构观来看，生态城市的经济结构应呈倒金字塔型，即第三产业大于第二产业大于第一产业，第三产业比重的提高可以反映出整个城市的活力与生态系统运行的效率。

有人认为第三产业的比重甚至应当在70%以上①。另外，从经济布局观来看，生态城市的经济布局要有利于能量流动、物质循环、信息传递的高效运行，尤其工业布局要遵循工业循环链（仿造生态系统中的食物链）的原则，相关的工业临近布局，彼此的废弃物互为原料，这样，物质就可以实现循环利用，不但资源得到充分利用，而且也减少了废弃物的排放，从"标"、"本"两方面遏制环境问题的产生。第一产业与第二产业之间也可以采用这种方法，从而使经济实现良性发展，与资源、环境相适应。最后，从资源利用观来看，生态城市提倡清洁能源与可再生能源的利用，以逐步取代不可再生能源与易产生污染的化学能源的利用。

我们塑造符合生态规律的城市景观，并不是终极目标。塑造符合生态规律的城市景观是建设生态城市的一个有机组成部分，也是建设生态城市的最基本条件。通过城市景观的塑造，为实现生态城市目标奠定基础，为人们创造一个理想的人居环境，才是最终目的。

---

① 丁健《关于生态城市的理论思考》，《城市经济研究》，1995（10）

第5章 城市景观社会论

在人类社会中，空间与物质实体的设置与社会发展是息息相关的，人们可以通过改变空间与物质设置，来推动社会发展以及调整社会关系。作为一种空间与物质实体，城市景观对城市社会有着较重要的意义，城市景观对解决社会问题也有着重要作用。

第一节 景观环境的社会意义

城市景观虽然是空间与物质实体范畴，但是它与人际层面息息相关，具有重要的社会意义。我国城市学者纪晓岚在其著作《城市的本质》一书中指出：城市公共形体环境(城市景观)有以下几个方面的社会功能：

一是暗示功能：城市形体环境用非语言的形式作用于人的视觉，使人产生意识、思想和联想，进而发挥暗示作用。暗示为心理学用语，可分为物体暗示、语言暗示与动作暗示，而城市形体环境主要具有物体暗示的功能。

二是感化功能：以各种公益性的有意义的方式去营造城市有形环境，对人的心理将产生健康的积极的影响与作用。如名人雕塑、英雄纪念碑、历史博物馆等等，就能起到这方面的作用。

三是启示功能：由于城市有形环境的直观性、形象性以及单向性特征，使各种文化层次的人都处于一种被动接受式的状态。这种教育方式与学校以及家庭教育都有所不同，主要表现在它具有潜移默化的启示作用，可以使人逐渐领悟到环境形式的内在含义。充分利用有形环境来教育人，可以不必考虑时间、地点和教育对象，但也可以有针对性，例如在儿童集中的地方可以多采用画图式的知识性的、科普性的教育。

四是警示功能：通过景观环境的设置起到提示人们注意安全的作用，以便将危害人身安全、危害社会的行为控制在萌芽状态之中。例如通过一定的标识，可以对火灾、交通事故、犯罪行为以及违反公共道德的行为进行警示，当然，采取的方式应尽量具备直观性。

此外，还有许多学者也就这个问题加以论述，本节在这里就不一一罗列。综合他们的研究，城市景观具有一定的社会意义，大体如下：

一、景观环境对人具有较强的影响作用

环境分为自然环境与社会环境，无论哪一种环境，对人的影响都是很大的。在人类的历史上，“环境决定论”一度十分盛行。最早的环境决定论是自然环境决定论，强调自然环境对人类素质、民族兴衰、社会发展等的影响。例如孟德斯鸠在《论法的精神》就有阐述：气候对人类社会非常重要：寒冷的气候使人坦率诚实，精力充沛，这种状态最终导致相对自由的政体；而炎热的气候中人们颓唐涣散，胆怯无力，容易成为奴隶。同时土地也对人类社会有很大影响，土地肥沃容易使人产生依赖感，因此导致专制制度。他的逻辑思维路径是：自然环境——民族性格——社会制度①。

在建筑界，“建筑环境决定论”也一度占据主流地位，这种论断把建筑与设计看作人的行为的唯一成因，并且认为通过建筑设计等空间物质范畴方面的努力，人们可以克服一些社会问题。在20世纪20年代，建筑师抱着这一信念进行设计与构想，自信人们将按着设计者的意图使用环境。不少建筑师认为如果

---

① ［法］孟德斯鸠著，孙立强、樊瑞庆译《论法的精神》（上、下）陕西人民出版社，1982

能消除极差的住宅与贫民窟的话，那么，新的良好的住宅和环境就会从本质上治愈社会的疾病。柯布西埃的"光明城市"、"印度昌迪加尔城"等，就或多或少反映了这方面的意图。英国学者莫里斯·布罗迪更是认为"……自然结构决定社会行为，这两个因素的关系是单项联系，在这种关系中社会行为是因变量，良好的自然设计对社会行为的作用有益而无害"①。

> 空间决定论的论点从许多行为研究中得到经验支持。例如美国学者威廉·H·怀特在对芝加哥郊区中产阶级的研究中发现，中产阶级妇女的邻里关系模式具有一定的共同性。他们倾向于同临近车道的妇女交朋友。就全体居民来说，住在一个街区中央的人比住在街区边缘的人有更多的社会联系。另外，由于前庭草坪总比后庭草坪得到更好的料理，这就导致一种倾向，人们喜欢同街道对面或者沿街一线的邻居交朋友，而不愿意"跨过后院篱笆"去交朋友。最后，孩子们的玩耍场所和伙伴的选择也是非常重要的变量。母亲领孩子们在游艺场游玩和在车道上的时候，很容易结识朋友，怀特的研究表明，空间设置可以影响家庭的整个社会交往网，住房在住区的位置、自然设施的布局如车道和游艺场的地点，可以使社会关系形成一种特定的模式②。

"自然环境决定论"以及"建筑环境决定论"具有片面性，忽略了一个重要问题，即环境与建筑在改变人的同时，人自身也具备主观能动性，人也会影响和改变自然环境与建筑环境。正确的认识应当是"环境可能论"，建筑环境为人们提供了各种可能，即各种机会供人选择，人们可能意识到这种机会，也可能意识不到。人们做出的各种选择，决定任一机会可能被利

---

① ［英］莫里斯·布罗迪《人的规划：论规划的社会关系》，伦敦，1969

② 康少邦、张宁等编译《城市社会学》，浙江人民出版社，1986

用的程度。这就是说，行为并不是由环境决定的，环境只是行为发生的背景，关键在于环境提供的机会与人的选择的共同作用。但不可否认的是，自然环境以及建筑环境确实对人产生一定的影响，这种影响是实实在在的，只是占有多大比例的问题。

城市景观包括自然环境以及建筑环境，既有自然环境的内容，又有社会环境的特征，因此，城市景观自然会对人们产生相当大的影响作用。

二、景观环境影响人际交往

合理的空间安排会促进人们的交往，不合理的空间安排会起到相反的效果，环境心理学的有关研究已经证明了这一点。美国社会心理学家索玛与劳斯曾做过一个著名的观察，他们观察的对象是一个新建的老年科女病房。这个新病房的设备非常好，室内的家具是全新的，墙上的油漆色彩也非常鲜艳。但他们却发现，居住在其中的老人的情绪却非常差，相互之间也很少来往。经过仔细的观察，他们认为这种后果是室内桌椅摆放不当造成的，建议医院改变桌椅的摆放方式，由原来的并排摆放改为几把椅子围着小桌摆放。经过几个星期，他们发现，病患者之间的交往加强了，交谈次数比以前增加了两倍。可见，空间设置确实影响着人们之间的交流。

美国心理学家弗斯廷格与沙赫特在西威斯特哥特的住宅区邻里关系的调查结论证明了这一点。调查涉及了居民的社交活动情况："你最常见的是哪 3 个人?"住在底层的人反映他们和隔壁邻居要比隔一个门的邻居更接近，和隔一个门的邻居又比走廊尽头上的邻居更接近。人们选择的 41% 是隔壁邻居，22% 是隔一个门的邻居，而走廊尽头的邻居只占 10%；不住在同一层的居民与住在同一层的居民相比，虽然他们之间的实际距离相差不多，但很少被提及，这可能因为上下楼要多花力气。这个例证说明空间的设置对邻里关系的影响的作用较为显著①。

---

① 黄承元、周振明《城市社会心理学》，同济大学出版社，1988

城市景观是一种空间设置，因此必定对人际交往产生一定的影响。

三、景观环境影响人们的行为

城市景观环境与人的行为也是息息相关的。美国心理学家勒温最早用公式把人、环境、行为联系在一起。他的公式是 B＝f(PE)。这其中，B 指的是行为，P 指的是人，E 指的是环境，而 f 为函数关系符号。公式表明，行为是人的主观能动性与环境的函数。也就是说，行为是环境与人的主观能动性的共同产物，可见环境对人的行为的重要性。

美国堪萨斯大学的社会心理学家巴克与赖特的研究证实了这一点：形体环境与行为的过程是双向的，环境所具备的物质特征支持着某些固定的行为模式，尽管其中的使用者在不断更换，但固定的模式在一段时间内却不断重复。环境犹如舞台，处在环境中的人犹如演员，特定的舞台决定了演员特定的表演①。

丹麦建筑师扬·盖尔在《交往与空间》一书中，分析了居民日常户外活动的 3 种类型，一是必要性活动，如上学、上班、候车等，在各种情况下都能发生。二是自发性活动，如散步、观望、娱乐等，只有在适宜的空间才能发生。三是社会性活动。如儿童游戏、相互打招呼、交谈等等。居民的户外活动与物质条件的好坏有着密切的关系(表 5-1)。

表 5-1　户外活动频率与建筑环境质量的关系②

活动类型	环境差	环境好
必要性活动	10	12
自发性活动	1	100
社会性活动	2	10

---

① 黄承元、周振明《城市社会心理学》，同济大学出版社，1988

② ［丹麦］扬·盖尔著，何人可译《交往与空间》，中国建筑工业出版社，2002

不少研究城市与环境的人也认为，田野、森林与群山包含着变化无穷的视觉刺激，而现代城市是高负荷的人工环境，高楼大厦目不暇接，人流车流穿梭不息，丰富的商品琳琅满目，再加上远离自然，容易使人信息超载。同时城市的每一条街道重复同一模式，特别是许多住宅开发区建筑彼此相似，沿街的摩天大楼以及现代化建筑给人造成了封闭感觉，城市制造了令人厌烦、单调与缺乏刺激的环境，无聊和寻求刺激的心态在一定程度上是造成青少年犯罪和破坏行为的原因。

四、景观环境具有一定教育作用

城市景观作为一种空间与物质实体，对置身于其中的人具有潜移默化的教育功能。有学者指出："在人格的形成过程中，初始阶段家庭环境教育以及随后的社会环境教育，在很大程度上起着决定作用。但在城市的各种职能中，最受忽视的莫过于城市的教育职能。这里所说的教育职能主要不是指学校教育与政治宣传教育，而是人们在城市环境中通过生产、生活与人际交往，不仅在人和人之间，而且在人和物之间相互传递着人类文化的各种信息和感情，潜移默化地对生产者与消费者的人格所产生的影响。这种教育可以说比任何学校教育与政治宣传教育更深刻，因为，在家庭环境与城市环境的共同作用下，业已形成的人格决定着人的价值观。对于大多数来说，倘若城市的物质环境暖洋洋地体现着对人的关怀，人们怎能不满腔热情地去关心集体，关心社会？倘若城市的物质环境只是为了炫耀少数人的权势与奢侈，对大多数人漠不关心，又怎能不引起群众的反感？倘若城市的物质环境充满了赌博、色情与暴力，又怎能培养出人的高尚情操"①。美国建筑师路易斯·康也认为，"在一个儿童的成长过程中，优秀的城市环境将会告诉他应该做的事和如何去做"②。

① 金经元《近现代西方人本主义城市规划思想家》，中国城市出版社，1998

② Lobell, John. Between Silence And Light. Boulder, Colorado: Shambhala Publications, Inc, 1979

五、景观环境有预防犯罪功能

城市景观与城市犯罪之间也存在关联，合理的空间设置有利于预防犯罪，而不合理的空间设置效果恰恰相反。美国“去中心化”就是典型的例证。美国20世纪六七十年代大规模的郊区化引发了城市中心的“空心化”，在夜晚，当在城市中心工作的市民撤离城市，回到郊区之后，城市中心地区就出现了明显的“时间死角”，成为了犯罪丛生的地区，甚至被人称为“鬼城”。雅各布斯曾经用社会学的方法研究街道空间的安全性，论证了城市时间、空间利用与减少城市犯罪之间的关系。她认为时间与空间连续利用的城市，经常保持流动的人潮，等于在不同的时段都在对有犯罪动机的人实施监控，使他们必定会有所顾忌[①]。雅各布斯据此发展了所谓“街道眼”的概念，主张保持小尺度的街区和街道上的各种小店铺，同时在时间上保持活动的连续性，用以增加街道生活中人们相互见面的机会，从而增强街道的安全感。

第二节 城市公共空间的社会效应

城市景观包括建筑空间和城市公共空间。建筑空间指的是内部生存空间，如住宅空间，它满足人的生存需要。而城市公共空间才是城市的根本所在，如果说建筑空间是生活的容器，那么城市公共空间则是历史的舞台，是不同的生活方式与文化传统交流沟通、彼此共存的场所。城市公共空间的重要意义就在于：促进人际交流。

一、人性与空间设计

城市空间的设计必须与人性相契合，而人性是人际交往性与私密性的辨证统一。人际交往是人类的天性，正如美国社会学家查尔斯·霍顿·库利所说的那样，“人的生理生命起源于

---

① Jane. Jacobs“The Death and Life of Great American Cities”, Random House, NewYork, 1961

他体内的细胞合成，人的社会生命起源于与他人的交流”①。交往性是人类的天性，保持私密性同样是人的需要，交往性与私密性是人类需求中既矛盾又统一且不可分割的两个方面。

私密性意味着，人必须对接近自己或自己的群体能够有选择地控制，在什么时间，什么地点，是独处还是交往，与什么人交往，以什么方式交往，必须由自己的主观意愿进行控制。成功的控制有两个方面的意义。其一，这种控制可以使人们按照自己的意愿、关系的密切程度和处境情况，来处理好与他人的社会联系，这种人际关系的成功处理对社会层面来说是必不可少的；其二，这种控制对个体层面也具有相当重要的意义，个人的生理与心理状态与控制的成功与否息息相关。也就是说，私密性与交往性处理的好坏，直接关系到个体的自我认同、自尊感与自我价值感，或是对个体的幸福与生存能力，有着相当大的影响。

很多社会学家抨击了现代社会，尤其是城市中人际关系的冷淡，论述了“通体社会”、“机械团结”比“联组社会”、“有机团结”具有的种种优点，但不可否认的一个事实是，许多人都自愿从“通体社会”中解脱出来。究其原因，传统社会也有不可克服的弊端，例如对人的私密性的忽略，对人个性的抹杀，对人独立性的压抑等等。

一个良好的城市景观必然是私密性与公共性的统一，这样的空间必须结构合理，进行良好的划分。公共性要求公共空间支撑，而私密性要求私密空间保证。一个良好的景观空间能够作到公共空间——半公共空间——半私密空间——私密空间的合理过渡(图 5-1)。

---

① ［美］查尔斯·霍顿·库利著，王源译《人类本性与社会秩序》，华夏出版社，1999

图 5-1 私密性与公共性的统一

二、城市公共空间与人际交流

人有交流的需要。恩格斯认为，人是一切动物中最爱群居的动物。人之所以有交流的需要，主要因为交流有诸多功能。前苏联心理学家洛莫夫认为，人际交往有 3 大功能，一是信息沟通，二是思想沟通，三是情感沟通[①]。美国社会心理学家费斯汀格提出人际交往的两种功能，一是传递信息的功能，二是满足个人心理需要的功能[②]。

人的交流最直接的就是语言上的交流，这是非常容易理解的。但人际交流并非全部来自语言，同样存在着其他形式，如人看人交流。美国建筑师约翰·波特曼曾经在《波特曼的建筑理论和事业》有过对“人看人”精彩的论述：“显然，人们喜欢观看不断变化的景物。我曾游览了哥本哈根伏里公园，公园是个最大吸引人的地方，即人们有机会观看他人，这就是行人道边上的小吃店。……在小吃店观看其他人或自己在人行道上来回走动都有一种魔力。有些人喜欢观看他人，不喜欢别人看他。又有些人喜欢让别人看，参加来来往往的人流(图 5-2)……。我不愿意模仿具有历史意义的欧洲城市(或类似这种东西)，但我想

---

① 纪晓岚《论城市本质》，中国社会科学出版社，2003

② 纪晓岚《论城市本质》，中国社会科学出版社，2003

图 5-2 公共空间与人际交流

我们可以为同样的经验创造机会”①。看人也为人所看，反映了人们对信息交流、社会交往以及社会认同的需要。

在此基础上，波特曼提出了“共享空间”理论，认为人们必须从建筑空间的封闭性中解放出来，而置身于既能意识到独立，又与其他空间具有信息交流（视线、声音、语言等）的空间中，这使人们在精神上可以获得自由感与满足感②。亚历山大补充认为：每一种文化都需要公共生活中心，在其中，人们可以看人也为人所看。其主要目的是“希望共享相互接触带来的、有价值的益处”③，而观察行为的本身就是对行为的鼓励。可见，人类的交流是多种形式的。

城市就是人际交流的场所。城市的市，意指“市场”，也就是说城市是人们交换的场所，交换，是一种物与物的关系。但同时，城市也是人们交流的场所，而交流，则是情感和精神层面的需要，这是城市更高级的功能，也是城市存在的最伟大意义。刘易斯·芒福德曾有一句经典名言：“城市是一个专门

① [美]约翰·波特曼著，赵玲译《波特曼的建筑理论和事业》，中国建筑工业出版社，1982

② [美]约翰·波特曼著，赵玲译《波特曼的建筑理论和事业》，中国建筑工业出版社，1982

③ [美]亚历山大著，周序鸿译《建筑模式语言》，专利文献出版社，2002

用来进行有意义谈话的最广泛场所。对话是城市生活的最高表现形式之一”①。这句话直观地道出了城市的生命力所在。

城市促进人际交流需要城市公共空间支撑。城市景观中的公共空间，广场、步行街、公园以及小区的户外活动空间，不仅是人与自然进行物质、能量、信息交流的重要场所，满足人们生物性、社会性的需求，而且是居民进行公共交流不可缺少的开放性场所，能激励与引导人际交往，是人与人、人与整个城市最频繁的接触点。正因为如此，公共空间被称为“城市的起居室”。公共空间首先应该敏感——即它的设计与管理应服务于使用者的需求，其次民主——所有人群都可使用，保证行动自由；再次富有意义——允许人们将场所与切身生活甚至更广阔的世界，建立起深厚的联系纽带。

我们在理解城市公共空间时，不能只从物质技术的角度出发，还要认识到，公共空间的内涵是公共生活，它是公共活动与公众交往的物化凝结。一个良好的城市公共空间，是一个有利于人们交流的空间，其本质在于公共生活与人际交往。否则，即使它被设计的再舒适豪华，也难以具备生命力。

三、城市公共空间与邻里关系

公共空间能够促进人际交流，其中一个重要方面就是能够促进邻里关系。在传统的居住区中，由于公用设施多，公用部位多，决定了邻里之间交往的频繁。即使在环境非常恶劣的棚户区，由于居住面积小，设施简陋，居民经常到户外公共空间进行必要的活动，因此也就有助于形成良好的邻里关系。我国传统建筑四合院就是良好邻里关系的一个典型，中间设院，四周建房，对外相对封闭，而内部院落公共空间则方便邻里交往。在此基础上良好的邻里关系得以形成与强化，甚至孤寡老人的生活也能得到邻里较好的照应。国外也是如此，雅各布斯在《美国大城市的生与死》一书中指出，“传统居住区的街道充满了生活情趣，因为这样的街道充满了公共空间，而且和私有

---

① ［美］刘易斯·芒福德著，倪文彦、宋峻岭译《城市发展史——起源．演变和前景》，中国建筑工业出版社，1989

领域进行了明确的划分，并且街道免于交通的干扰，人们乐于进行邻里交往”①。

现代住宅封闭性较强，人际交往与邻里关系逐渐走向淡化。北京零点公司 1996 年的调查分析证实了这一点，该调查显示：住在楼房区的居民邻里相识度比平房区居民低得多。34.1%的平房居民表示认识所有的邻居，而同一指标在楼房区只有 15%；对邻居只隐隐有些面熟的市民在平房区只有 7.7%，楼房区则为 19.8%；均为点头之交的平房居民为 16.5%，而楼房区居民为 21.6%②。

促进和谐的邻里关系，是建设良好人际关系的必然要求。采取多种形式，开辟公共空间，促进邻里交往与邻里关系，国际上具有很多成功经验。如瑞典勃鲁开脱小区，社区空间采用与我国四合院相仿的形式，每个居住组团围合出一个公共空间，供成年人交往与儿童活动之用。此外，每 20 户 ~40 户组团就设一个公共活动室，方便人们之间的娱乐与交流。日本兵库县芦屋海滩的高层公寓小区，为促进邻里交流，从第 7 层开始，每隔 5 层就设一个公共层，作为空中庭院，供居民活动与交往。这一举措，很好的克服了高层建筑邻里“老死不相往来”的弊端。新加坡为了促进种族杂居，防止社会隔离，很多社区高层公寓的底层，一般都不住人，而是作为这座楼房的公共活动中心，为不同的阶层、不同的种族提供相遇、相识与交往的机会，以促进种族关系与社会融合。许多中小学生放学后在这里和邻舍孩子结伴温课或游戏，消除了独门独户带来的孤独处境。不少居民在业余时间来这里从事娱乐活动，在活动中实现了邻里交往、人际交流，有利于人的身心两方面的满足。

公共空间的开辟，形式可以不拘一格，因地制宜，例如公寓顶层空间就可以加以利用。我国很多地区夏季较为炎热，顶层空间既可以用来乘凉、休闲，又可以促进邻里交往，可谓一

---

① Jane. Jacobs“The Death and Life of Great American Cities”, Random House, NewYork, 1961

② 宋言奇《邻里关系的空间效应》,《城市问题》, 2004(5)

举多得，这方面有着较大的潜力。

第三节　城市居住空间分异

城市居住分异现象，自从人类社会产生以来即已有之。作为城市景观的有机组成，居住空间分异的现象，极大地影响了城市的总体景观面貌。

一、城市居住空间分异现象的历史回顾

城市空间分异是城市的一种特殊社会景观，它伴随着城市的出现而出现。我国春秋时期，《管子·大匡》中就有过描述，“凡仕者近宫，不仕与耕者近门，工贾近市”①，也就是说有明显的居住分化。古埃及12王朝建造的卡宏城，城市用厚墙划分为东西两部分：东部偏北是贵族区，有11个宽阔的院落。其余的为中产者住区，房屋零散的分布。西部为贫民与奴隶区，有1条南北向大道从东侧城门贯穿，两边密密排列着11行住房。它的面积几乎与贵族区相等，却挤满了250个用棕榈枝、芦苇及粘土建造的小屋。贵族的住宅朝向北来凉风的位置，而西部贫民与奴隶居住区却迎着沙漠吹来的热风。贫民的住宅不过7～10平方米，贵族的院落竟占地2700平方米，差别相当悬殊(图5-3)。

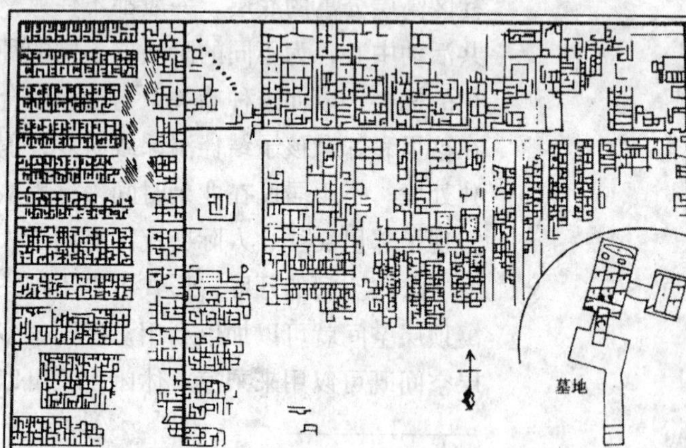

图5-3　城市空间分异

① 王云路《管子译注》，广西人民出版社，1995

西方国家在工业化以后，空间居住分异也十分严重。在城市中，一面是装饰富丽堂皇的低密度的别墅群，而另一面是破旧不堪的高密度的贫民窟，从而形成了反差鲜明的“二元社会”。另外，西方国家的福利政策也在一定程度上起了推波助澜的作用。为解决城市贫困人口的住房问题，不少西方国家实行了公共房屋政策，通过政府专项资金、社会投入资金以及政府优惠开发政策结合，解决低收入家庭的住房问题。尽管这些政策解决了不少贫困家庭的住房问题，一定程度上缓和了社会矛盾，但不可否认的是，由于资金有限，加上集中开发，在一定程度上促进了低收入家庭的相对集中。近年来，这些国家的空间居住分异现象有所缓解。

我国在计划经济体制下，住房是福利分配形式，是以单位为主体的居住模式。这样，在同一单位中，无论工人、干部都是在同一区位，人与人之间的差异主要体现在居住面积、朝向、楼层等等，空间分异现象不明显。随着市场经济取代计划经济，人与人之间的收入差距逐渐拉大，加上住房商品化改革，城市居住空间分异已经成为我国不少城市中的一种普遍现象。就目前的一些大城市而言，富人一般位于市中心与市郊环境优美的地段，近年来，随着大城市郊区化的不断发展，在郊区环境良好地段建设郊区别墅住宅群已经成为一种趋势。中等收入阶层一般位于城市郊区的公寓，低收入阶层一般位于城市旧城区的简陋住宅。

二、城市居住空间分异模型

关于居住空间分异，20世纪20年代出现的芝加哥人类生态学派作了系统的阐释。该学派对整个空间格局分异进行了研究，其中包括居住空间分异，其提出的空间分异模型被认为是居住空间分异方面的经典模型。该学派认为，“与其他生物一样，人类也存在着对空间资源的争夺。对空间的不断争夺，造成了城市景观永恒变动，不断调整：工厂迁移，商业中心建立，以及特定地区人员构成不断变化……”①。引起这种变化的现实条件就属于生态过程，生态过程主要有以下几种情况：

其一，浓缩与离散：浓缩是一种在既定区域内安置的同类人口和机构数量增长的趋势。各种生态单位（人、公司等）浓缩的程度可以由密度来衡量。离散与浓缩正好相反，它是既定区域内安置的同类人口和机构的数量减少的趋势，也可以由密度来衡量。

其二，集中与分散：集中是人口与机构奔向城市中枢位置的趋势。分散是人口与机构离开城市中枢位置的趋势，它与集中正好相反。集中与分散是浓缩与离散的特例。浓缩是相同的人口和机构聚集到一起，而集中则是它们聚集到中枢位置，区别仅仅在于是否是中枢位置。

其三，隔离与重组：空间争夺的结果，使相似的人与机构聚集到一个特定的区域，区域具有较高的同质性，与其他区域分离开来。在美国，更多的表现在某一人种或民族与其他人种与民族的分离。重组与隔离正好相反，就是打破区域的均质性，实现区域异质性的混合。

其四，侵入与接替：侵入与接替不同于以上三个过程。以上三个过程都是对立的，而侵入与接替是时间上相继的过程。如果另外的群体移入某一隔离区之中，这种过程就是侵入，如果这个群体取代前一群体在区域内占优势，就构成了接替。

经过以上四个生态过程，城市中形成了一种居住空间的社会景观格局。美国著名学者伯吉斯提出了“同心圆”理论，他根据所在城市芝加哥的现状，提出城市是一个同心圆状的结构。城市的中心环是商业区，在那里分布着大量的官方大厦、百货商店、高层建筑。第二环是过渡区，贫民窟、仓库、工厂、破旧住宅等都集中到这里。繁华的商业区与破落的过渡区为邻，看似不尽合理。其实这正是侵入与接替过程所致。随着城市的发展，商业区必然向外扩张，处于过渡区的房主预期房

---

① [美]帕克等著、宋俊岭等译《城市社会学——芝加哥学派城市研究文集》，华夏出版社，1987

屋终究要被拆毁，于是也就失去了投资维修的兴趣。失去维修的房屋正好成为下层人的居住地。第三环是工人居住区。这里的房屋也属于旧建筑，较第二环要好，但是比第四环与第五环要差，这里的优势是离商业区与工业区都比较近。第四环是高级住宅区。这里分布着一些独门独院的住宅、高级公寓以及一些旅馆，生活着一些中间阶层人士，白领工人、职员以及小商人等。第五环是富人的住宅区，有大片的别墅。这五环有一个特点：越到外环，人口密度越低(图5-4)。

伯吉斯的"同心圆"理论提出后，在得到高度评价的同时，也遭到了众多的批评。大量的批评认为，这一模式过于理想化，不仅难以符合其他文化的状况，即使在美国范围也难有代表性，对芝加哥以外的城市没有普遍性。

针对这种情况，美国学者霍伊特提出了"扇形"理论，美国学者哈里斯和厄尔曼提出多核心理论，对伯吉斯的"同心圆"理论做了修正。"扇形"理论认为，城市的空间呈扇形分布，而不是围绕中心商业区形成同心圆结构。工厂一般沿水源或铁路线分布。富人追求环境的舒适性，远离工业区，住在城市边缘。中产阶级效法富人一般住在城市边缘，而工人阶级往往沿工业区居住或入住富人迁移出去后的市中心的旧房之中。这样，整个城市呈现出类似章鱼的形状，从市中心向外散射出许多触须(图5-4)。

哈里斯和厄尔曼提出的"多核心"理论认为，城市是一个多核心的结构。因为影响城市结构有四个标准。

其一，某些设施需位于城市中为数不多的具有某种条件的地区，如中心商业区需要便利的交通，工厂需要大量的水源。

其二，某些设施以彼此位置接近为宜，如工厂和工人住宅区。

其三，某些设施相互之间容易产生对抗或消极影响，这样的设施应避免在一起。如景色优美的公园和一个浓烟滚滚的工厂。

其四，某些设施因买不起理想的地基而设置在不适当的地点，如仓库设置在冷清的城市边际。

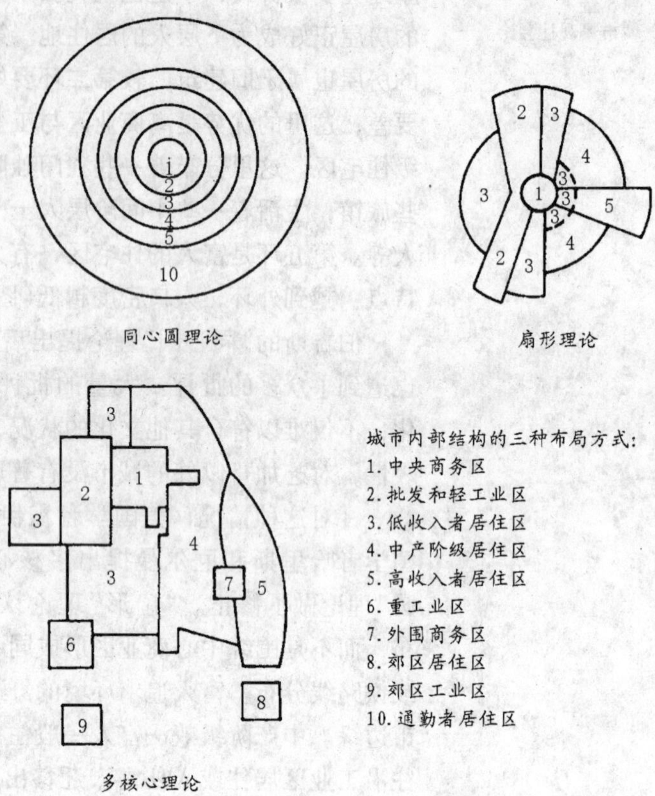

图 5-4　城市内部结构的三种分布方式

基于以上，城市是由多个中心组成，每个中心的功能最适合该地区的需要(图 5-4)。

以上三种理论是对城市空间分异的抽象概括，但是其适用范围仍然有限，比如，在一些发展中国家，反同心圆的情况是真实的。即富人居住在市中心，而穷人居住在郊外。另外，在现实中的城市，有的呈“同心圆”结构，有的呈“扇形”结构，而有的呈“多核心”结构，有的兼有两种以上的特征，不一而足。

三、城市居住空间分异的消极影响

居住空间分异对城市社会具有一定消极影响，表现在：

首先，造成城市文化交流的减少。城市文化是一种多元融合，在融合中城市得以茁壮成长。城市居住空间分异使城市不同文化之间难以得到交流，人为地割裂了异质文化之间的对话与沟通，造成对立与冲突。在这种环境下生活的人，必然潜移默化地带有狭隘的偏见，尤其对儿童成长不利，不利于他们将来以客观公正的态度处理问题。

其次，引发城市问题。在市场经济条件下，由于房价的过滤作用，不同阶层与不同收入的人有聚居的倾向。而最下层的人往往经过过滤而形成贫民窟，容易成为犯罪滋生的场所。

再次，造成城市公共资源使用上的不平等。城市的公共资源是为城市大众服务的，在使用城市公共资源方面人与人之间是平等的。住高等档次房屋的阶层，拥有良好的设施，完善的服务，具有明显的区位优势，造成了公共资源使用方面事实上的不平等，这种局面不利于城市公平。如城市中优美的自然景观，人与人之间有共享的权利，但由于区位的差异，事实上富人总是享用得更多。

克服居住空间分异，实现居住空间混合居住，就是将不同收入、不同种族与不同阶层的居民结合起来，形成相互互补的社区，将有一定的益处：

首先，环境对人的行为有着潜移默化的影响，通过混合居住，一些不良的行为模式将会得到纠正。上层人有较为符合社会标准的行为规范，这对规范下层人的行为是有帮助的。

其次，混合居住使下层人也同样得到良好的公共服务，有助于社会公平原则的体现。

再次，下层人就业机会的缺少主要是由于难以获得有效的信息。在混合居住的环境中，获得信息的途径将大大增多。同时，混合居住的模式，导致人们需求的多样化，这本身就可以为他们带来较多的就业机会。

第四节　城市景观中的人文关怀

一个好的城市景观必须是一个充满了人文关怀的城市景观，这种人文关怀体现在两个方面，一个方面是景观尺度体现出的人文关怀，另一个方面就是景观设施中体现出来的人文关怀。

一、城市景观尺度中的人文关怀

1. 景观尺度对人的影响

城市是人创造的，同时也是为人创造的，人的尺度应当是城市建设的指南针。空间尺度与人的心理息息相关，例如塑像为真人的1.5倍时，畏感效应和实感效应都很弱，塑像是真人体积的4倍以上，才会有中等程度的畏感效应，塑像的体积达到真人的6倍以上，就会有较高的畏感效应。城市景观也是如此。关于这一点，我们不妨引用美国建筑师莫什·萨夫迪的一段话："一个关于建筑尺度更为微妙的问题与个人的识别性有关：当我们将自己的身体与周围建筑的尺寸相比较时，我们的心理感受如何？考虑一下生活在农村的一所住宅中，较小的居住组合——尽管紧凑——通过直接与我们的住宅和身体比较给了我们一种空间定位感：我们因而能够自动地将自我投射到环境中。这与一位居住在60层的公寓大楼中的第15层的居民的感受是有本质区别的。一个5英尺高的人行走在比自己高100倍的人造结构之间，而他或她的居所在一种重复立面环绕的广场之后——他必然感到被缩小了或丧失了的自我"①。

他的另外一段论述也十分精彩：

> 今天，任何去医院的行程都将揭示医疗实践在规模上的变化已为我们所有的人带来全新的经验。一个小镇中40张床位的小医院与今天拥有若干建筑以及

---

① ［美］莫什·萨夫迪著，吴越译《后汽车时代的城市》，人民文学出版社，2001

几千张床位的超级医院的差别并不是规模的问题，而是本质上的。技术改善了食物与药品的准备与分布、医疗支持体系、甚至包括医疗的设备。电脑化使得控制信息流成为可能：如病人注册、医院“菜单”和医疗记录。每天处理数千病人的巨型医院成了一种完全忽视了病人以及家庭成员的舒适、隐私，只关心效率的流水线。为了运作，这样的机构必须从根本上发展出一种适应人们移动、聚集、运作以及协调的新方法。尽管我们对复杂的组织与技术十分熟悉，却极少考虑这种变化带来的心理上与环境上的巨大影响，或者对那些能够反映这一影响的建筑的紧急需要[①]。

因此，城市景观尺度与人的心理是密切相关的，一个良好的景观在尺度安排上必须亲和人的心理。现代城市流行大空间尺度，这种大空间尺度对人有较多的负面影响，除了上面提及的对人造成的心理影响外，还有许多其他方面的影响。

首先，大尺度空间造成人的不方便。现代城市的大尺度，很大程度上是为汽车设计的。大量的立交桥和高架路、众多的宽马路，极大地破坏了城市原有的步行环境和宜人尺度，造成“行路难、过街难”。按照人的心理需要，人行过街天桥或者地下通道的最佳间距是300米，也就是说，行人所能忍受最大的步行间距是150米，但我们有的城市已经远远超出了这一界限，给行人造成极大的不方便。

其次，大尺度空间丧失生活情趣性。巴西利亚非常现代化，但过分拉长的交通线增加了居民上班与外出的成本。美国一位建筑学家在参加该城市的落成典礼后写道：“激动了一阵之后，转而又十分失望。这是一个毫无人情味的地方！除了庞大的类似军队站排行列式的建筑外，什么也没有了。有些建筑也确实很吸引人，但合在一起就成了呆板排列的、只有二度空

---

① ［美］莫什·萨夫迪著，吴越译《后汽车时代的城市》，人民文学出版社，2001

间式样的物体，表现在不理解人的尺度和人们在环境中的要求”①。

再次，大尺度的城市设施容易引起城市犯罪。雅各布斯认为大尺度的空间破坏了城市的传统生活，并引发了犯罪。在其名著《美国大城市的生与死》中曾经描述：美国的巴尔的摩，该市根据现代化的规划，在居民区的街道两侧建设了大面积的公共绿地，尺度极大，但是一到晚间，大尺度街道也变的恐怖，极易滋生犯罪②。

高层建筑是一个典型的大尺度景观。今天，许多学者都揭示了高层建筑的危害性，它对人的负面影响主要有：一是恐惧感，二是孤独感，三是烦躁感。许多城市问题专家认为，高层建筑严重影响儿童的心理发育，给儿童自主意识的发展设置障碍。尤其 2～7 岁儿童是需要玩耍的时期，在玩耍的过程中，儿童逐渐养成了独立的意识，而高层住宅中的儿童在这方面发展缓慢。另外，高层建筑中人际交往较少，这对儿童的心理发展非常不利，在这种环境下生长的儿童容易出现很强的孤独感。他们认为，就儿童的心理健康角度而言，楼层越高越不利于儿童的生长发育，一层的儿童是最好的③。

一些西方国家已经意识到这一点，正在逐步削减高层建筑的数量，以减少负面影响。在这方面，瑞士是一个典型。瑞士的大多数城镇都是以亲切动人的田园风光吸引人，其一个显著的特点就是，楼房大多数在 6 层以下。

2. 景观尺度建立的依据

城市尺度主要涉及人与实体相对的两维或三维的数量关系，尺度和比例是空间形态特征的重要决定因素，城市空间的尺度与人的尺度是息息相关的。在这方面，著名建筑师日本的卢原信义的外部空间原理，以及吉伯德在《市镇设计》中空间尺度规律，都进行了总结，归纳了人的六种距离，并提出一些

---

① 王长升、傅崇兰著《城市个性》，社会科学文献出版社，1998

② Jane. Jacobs“The Death and Life of Great American Cities”，Random House，NewYork，1961

③ 王旭辉《高层建筑：几分欣喜几分忧》，《医药与保健》，1997(5)

空间的具体量化，如“雅的空间”应不大于139米等等①。

在这方面，最有名的论断就是美国人类学家霍尔的“人际距离”。他的人际距离共分五个层次。第一个层次是亲密圈，范围为0~18英寸。“在这一距离上，另一个人的存在是不会有差错的，有时候由于大大增强了的感觉输入是非常明显的。视觉(常常会失真)，嗅觉，另一个人身上出来的热量、声音、气味以及感觉到的呼吸共同发出存在着另一人体的明白无误的信号”②。尽管随文化不同而有所差异，亲密圈一般适合关系非常亲密者之间的距离。第二个层次是个人圈，距离从1.5英尺到4英尺。这个距离是“始终如一的分隔非接触物种成员的距离，这个距离可以看作一个生物在它自身与其他生物之间保持的一个‘小保护区’”③。个人圈适用的范围较广，从关系比较亲密的人之间到比较正式的场合交往之间都可以运用。它也是人们在公共场合经常使用的一种距离。第三个层次是社会圈，距离是4英尺到12英尺。这个距离是人际交往的底限。超过了这一距离，人际交往就没有什么意义了。这一般运用在正式的公共场合。

城市空间尺度必须与人的尺度相契合。霍尔的“人际距离”为空间尺度提供了参考。根据霍尔的论述，我们可以得知，城市的公共空间尺度设计，应以亲密圈为上限，而以社会圈为底限参考，再根据实际情况，予以确定。根据霍尔的“人际距离”，我们就可以大致估算出活动面积与活动人数比值的上限。当人际距离与身高之比大于4时，除了旁观与招呼之外，人际间几乎没有什么相互影响。这一比值小于2时，相互之间有了更多的感觉、表情、语言与动作方面的联系，气氛趋于活跃。比值小于1时，熟人之间会产生密切感，而陌生人之间会产生逼迫感，甚至拥挤感。以此推论，以我国男子身高平均1.67米计算，要使公共空间具有生气感，空间活动面积与

---

① [美]霍尔《隐藏的一面》，纽约州花园城，双日出版社，1966

② [美]霍尔《隐藏的一面》，纽约州花园城，双日出版社，1966

③ [美]霍尔《隐藏的一面》，纽约州花园城，双日出版社，1966

活动人数的上限不宜大于40平方米/人，比值小于10平方米/人时空间气氛趋于活跃，而比值小于3平方米/人时就会产生拥挤感①。

当然，尺度还要取决于活动的性质、活动的内容与特定的情境，在不同的情况下有不同的要求。如一间卧室，高3米就足够了，而一个剧院，这种高度是远远不够的。按照心理学家费希纳的理论，使人置身于其中感到舒适的高度，与房屋平面大小的关系是 $H=\log(S.a+1)$。其中 H 为室内的舒适的高度，S 为房间平面的面积，a 为平面形状系数。如果房屋过高，人就容易产生渺小的感觉，这对于教堂来说，是适合的，但对于居住来说，就是不适合的。住宅建筑的设计，小尺度是适宜的。小巧、宁静的尺度给人带来心灵的慰籍，而一些公共建筑与纪念建筑，尺度需要适当大一些。

二、城市景观设施中的人文关怀

城市吸引人的地方，并不仅仅在于其华丽的外观，而更在于一种人文关怀，这种人文关怀一方面体现在城市的尺度方面，另一方面，体现在城市景观设施方面。景观设施的人文关怀主要体现在：

其一，方便人们的使用。城市景观中的设施不仅是装饰，更是为了方便人们的使用。但在现实中，城市建设往往背离了这一根本目的。在我国不少城市中，一些景观设计得巧夺天工，但人们却很少有机会参与到其中。在一些城市，拥有精心修饰的草坪，但人们却不能在其上休息。国外通常的做法是，将一块大草坪分为若干小块，有的小块对行人开放，而有一些是不开放的，而不是我们一刀切的“禁止践踏”。

其二，注重一些细节。人文关怀的空间注重一些细节问题，如城市的标识齐全，城市的设施考虑到各种需要等。曾有学者设想，沿着北京的主要干道全线设置大棚，为那些骑自行车的人避风挡雨，就是这方面的例证。

其三，关心一些特殊群体。这些特殊群体主要是老人、儿

---

① 林玉莲、胡正凡著《环境心理学》，中国建筑工业出版社，2000

童以及残疾人等等。仅以老年人为例，我国目前已经迈入老年社会行列。据联合国统计，1950～2000年间世界老年人增长为176%，而我国则为217%。美国有关统计表明，65岁及以上人口比例从7%上升到14%需要的时间分别为，法国是115年，瑞典是85年，美国为66年，而我国只需25年①。截止1999年底，我国60岁以上的老年人已经达到1.28亿，超过了国际上规定的10%标准，已经加入了老龄型国家的行列②。更为严峻的是，我国的老年人口正以每年3.2%的速度攀升，“银发浪潮”不可逆转。就地区而论，城市的老龄化趋势要比农村严重的多，这在大城市中体现得尤为明显。首都北京市早在1990年就已经步入老年型城市，2000年老龄人口多达188万人，占其总人口的14.6%。上海市2003年老龄人口达255万，占其总人口的19%③。老年社会要求我们的景观设施应有的放矢的进行设计，真正体现对老年人的关怀。

第五节　城市景观构建与公众参与

城市景观具有重要的社会意义，就其构建过程而言，也是一个社会利益的互动过程，这一过程的好坏，关系到市民的切身利益，因此，城市景观塑造离不开公众参与。

一、公众参与对城市景观构建的意义

1. 维护市民自身利益

城市景观塑造不仅是一个空间塑造与重构的过程，而且是一个各方面利益互动的过程。景观塑造涉及到城市中各方面的切身利益，往往受到各方面的广泛关注，政府、开发商、规划师以及公众等四股力量交织在其中。在四种力量中，政府拥有行政上的权力，开发商拥有资金上的优势，规划师拥有技术上的权威，市民则处于相对被动的地位。

---

① 佟新《人口社会学》，北京大学出版社，2000

② 佟新《人口社会学》，北京大学出版社，2000

③ 《上海老龄化远远超出发展预期》，《东方早报》，2004年4月30日

市场经济条件下我国的城市景观塑造，政府与开发商的优势地位明显。开发商在开发中，往往只注重经济利益，而忽视其他因素。政府相关部门为了“寻租”，对开发商的行为采取迁就的态度。另外一种常见的情况是，政府一手操办，拒绝其他部门介入，也就是我们常说的“墙上挂挂，纸上画画，不如领导一句话。”在这两种情况中，规划师虽然很少具有决策方面的权力，但在具体的规划设计过程中也能将自己的好恶带入规划设计方案，从而产生一定的影响。而作为“当事人”的市民却很少有机会影响景观塑造过程。

由于缺乏公众参与，往往造成城市景观被大规模塑造，而不是小规模的“有机塑造”。在这个过程中，规划师的价值观取代了民众的价值观；经济利益强的阶层利益得到了满足，经济实力弱的阶层利益被忽视；人的情感需要、邻里关系、社会网络等非物质因素被冷落。西方国家在这方面已经有过不少教训，雅各布斯指出这种方式摧毁了许多有特性、有色彩、有活力的建筑物、城市空间以及赖以存在的城市文化、资源和财产，以及人们之间良好的社会网络。她认为大规模只能使建筑师们热血沸腾，使政客地产商们热血沸腾，而广大人民群众却往往是利益的受害者①，其批评可谓一针见血。

为避免这种情况的发生，最好的办法就是让公众参与到景观塑造的过程之中。只有参与其中，公众的意愿才能得以表达，公众的需要才能得以满足，公众的利益才能得以维护，这是不可替代的。

2. 塑造良好的城市景观

良好城市景观的塑造不仅仅体现在物质实体层面，还有着深刻的经济、社会、文化、生态、美学等内涵，必须兼顾各方面的因素。从系统论出发，城市空间的塑造是一个复杂的巨系统，涉及的变量与参数数以亿万计。城市景观塑造要考虑经济效益、社会效益、文化效益、生态效益以及审美效益等，而不

---

① Jane. Jacobs“The Death and Life of Great American Cities”, Random House, NewYork, 1961

能有所偏废。面对如此复杂的巨系统，仅仅依靠少数决策者与规划师的智慧是远远不够的，必须发挥方方面面的才智，尤其是作为“当事人”的市民的才智。

正如前面提到的1954年美国圣路易斯中心的普鲁伊特——艾格尔住宅区事件，空间设置与社会文化因素严重脱节。在低收入者聚居的邻里单位中，社会网络起着关键的作用。美国下层居民尤其喜欢非正规的空间，在住宅的户外街道、低层住宅的门前、狭窄巷道的交叉口以及杂货店的空地上，进行无拘无束的聚集与交往，然而，新住宅区尽管齐整、秩序性强和设施卫生条件较好，但却没有产生社会网络的空间基础，悲剧就在所难免。由此可见，良好的城市景观是多因素的、综合的，其塑造不能仅仅依靠规划师，还必须发动公众广泛参与。

近些年来，我国的城市景观塑造，出现了许多不尽如人意的情况。在许多城市中出现了不少“败笔”，造成了一些不可逆的损失。还有的大肆破坏生态环境，造成了资源的巨大浪费。这些情况的出现，与缺乏公众参与有着不可分割的关系。因此，只有广大公众的积极性与创造性被调动起来，参与到城市景观塑造的实践中去，良好的城市景观才能塑造起来。

3. 实现文化资源可持续发展

我国大多数城市都保留一些历史遗迹，它是人类文化遗留给我们的一笔宝贵财富，必须予以一定的保护。如果任由经济利益的驱使，往往使这部分遗产遭受“灭顶之灾”，不利于城市文化资源的可持续发展。但同时，我们还要注重发展、改善人们的居住环境。只强调发展意味着无知，只强调保护意味着僵化，二者都是不可取的，正确的做法是保护与更新的有机结合。

要实现保护与更新的有机结合，就必须将历史遗迹妥善地整合到城市空间中。国际上不少历史建筑“旧瓶装新酒”——外部形式保持原样，而内部设施焕然一新，就是一例。当然，如何将历史遗产整合到更新之中，形式上可以多种多样，这其中离不开公众参与。公众是城市的主人，生于斯，长于斯，对城市的文脉极为熟悉。他们能够真正解读"旧城文本"，因此也就能够帮助规划师们将历史遗迹更好地整合到现实城市中，实现文化保护与更新的有机结合。

二、国内公众参与城市景观构建现状

1. 参与中自发性的较多，制度性的较少

公众参与到城市景观塑造之中，最重要的环节是必须有法律法规的保证，使参与行为有法可依。公众参与是现代西方发达国家城市公共管理方面的一项重要制度，指导原则是"凡生活受到某项决策影响的人，就应当参与那些决策的制定过程。"同时有相关的法律法规给予保证。例如，英国早在1968年的《城乡规划法案》中就已经明确了公众参与制度，后来，在几次规划法规的修订中都分别强调：结构规划在作为正式的法律性文件公布之前，必须按照法例的要求完成全部的法定程序，其中最重要的一个环节是公众参与规划评议。立法甚至认为"公众参与规划的制定是英国规划法规体系的骨架"。而且，英国编制规划中还有一条不成文的规定，那就是，规划如果被公众反对，规划就必须修改，被公众反对而规划又不修改的条目内容是无效的。而我国目前缺乏公众参与的制度性渠道与法律依据，自发的参与也多是"事后性"的。即规划方案与公众利益发生冲突后，居民为维护自己的权益，自发地组织起来同有关部门交涉，还经常演化为围坐拆迁现场，堵塞城市交通等过激行为。这种"事后性"的参与，不仅不利于问题的解决，而且还可能干扰有关部门的正常工作，造成更大的问题。

2. 参与中低层次的多，高层次的少

公民参与的范围应当遍及城市景观塑造所有的步骤，每个步骤都应当给公众以参与的空间。但目前，我国公众参与的范围较窄，在景观塑造过程中，参与的范围仅仅限于调研与论证这两个低层次，即便是这两个层次，也往往是"象征性"的。调研很大程度上是在走过场，调研的问题带有较强的主观性且范围较窄。论证也多是流于形式，因为论证虽体现民主原则，但论证的参与者中往往"当事人"的比例过小。而且长期以来，由于规划设计部门与广大群众的隔离，公众对城市规划设计的认识水平也不高，知识也较缺乏，因此参与的范围往往局限于一房一地的范围上，多是涉及自身利益，而对一些城市景观塑造中涉及到公共利益的部分缺乏参与，因此总体参与效果不佳。

3. 参与过程封闭性的多，开放性的少

景观塑造涉及到居民住所的拆迁、安置、补偿以及生活环境改善、邻里关系的重组等问题，直接关系到居民的物质利益与精神情感利益，因此公众对其参与热情较高。但现状是公众虽有热情，但苦于无门。长期以来，所有城市建设与更新活动都是在封闭系统下进行的，是政府与城市规划建设管理部门“内部的”事情。近些年来，开发商的介入，虽然一定程度上改变了这种封闭状态，但就广大市民而言，仍是鲜有渠道介入其中，最后往往只能以上访的形式来解决问题。

三、加强公众参与的途径

1. 健全法律法规

为改进景观塑造中公众参与的现状，首要问题是健全相关法律法规，使公众参与成为城市规划体系中一个不可或缺的重要环节。因此，完善的法律法规是必需的。

我国这方面较为欠缺，唯一的相关法律是《中华人民共和国城市规划法》，其内容也比较笼统，基本上都是指导性质的意见，缺乏较为详细的、具有操作意义上的条文，其修正势在必行。除重新修订《规划法》外，在城市层面，今后可以考虑将公众参与纳入城市规划设计法规之中，从而保证公民的参与权。在当前，应当解决的一个重点是，有关规划方案出台后，在一个时间段内，应从法律上允许公民对其审议，提出意见，反馈给城市有关部门，以便修正完善。我国不少城市已经出台了这方面的法规，但其中不少法规缺乏具体规定性，还比较含糊，尚需改进。

2. 完善参与程序

在法律保证的前提下，要发挥公众参与在景观塑造中的作用，还必须有一个科学的程序，这个科学的程序如图5-5所示。

项目 — 调研 — 目标竞标准备 — 提出方案 — 论证 — 定案 — 实施

{宣传、采纳公民建议}　{公民听证会}　{公民监督}

图 5-5　公众参与景观塑造的程序

这个科学程序把景观塑造作为一个开放的系统，公民可以全方位、多层次地参与其中，深入到每一个环节中。在这样的系统中，公民的才智才能得到充分发挥，媒体、专家、公众、职能部门才能通力合作，景观塑造才能取得理想的效果，真正做到以人为本。

我们的设计师应当向英国的建筑师哈克尼学习。一段时期，英国政府决定对"衰退地区"进行改造，但居民并不愿意离开环境破旧的老住宅，搬进设施更好的新住宅，原因是这些新住宅缺乏"人情味"。哈克尼千方百计为居民着想，深入到群众之中，和市民齐心协力，设计出传统的建筑。"哈克尼现象"是值得我们每一位规划师学习的。

3. 构建组织体系

真正把公众动员起来参与景观塑造，还必须有相应的组织保障。而我国目前在这方面比较薄弱，在景观塑造中，公众不是自发参与，就是临时组织起来，难以保证参与效果，也难以形成合力。

在一些发达国家，公众参与的组织保障十分健全。以美国为例，在小区层面上，一般都设有"小区规划办公室"，作为政府与公众之间的沟通桥梁。市民可以通过它向政府表达意愿，而政府通过它向公众发布信息，这个机构方便政府与公众之间的联系与沟通。另外还有"市民咨询委员会"、"市民规划委员会"等形形色色的机构，各有一定的权限，行使权利也有一定的法律依据。

借鉴国外的经验，结合我国的实际情况，在动员与整合公众参与力量的组织建设方面，可以从以下几个层次着手：一是在城市中成立一个协会性组织，在政府与公众之间负责沟通协调与信息交流。一方面，它负责接受公众的意见与投诉，并向政府部门反映与交涉，还可以为公众提供法律援助；另一方面，它负责接纳政府的信息与决策，并向公众传达。二是以街道与居委会为主体，作为协会的分支机构，也是最基层的公众参与组织，它可以直接贴近公众的生活层面。通过这两种组织的建设，形成公众参与网络体系，将公众参与力量整合，更好地发挥公众在城市景观规划与设计中的作用。

第六节　城市无障碍空间的塑造

在城市景观环境中，还有一个特殊的组成部分，就是城市的无障碍空间。所谓城市无障碍空间，主要针对城市无障碍设施而言的。城市无障碍设施，就是主要为保障残疾人等弱势人群的安全通行和使用便利，在城市公共建筑、住宅建筑、居住小区、城市道路、地铁车站、城市铁路车站、城市旅游景点等城市建设工程中配套建设的服务设施。如城市应有供盲人使用的盲道；在有高低差与台阶时，必须设置适合轮椅的坡道，在坡道的两侧必须设置扶手(图5-6)；公共设施必须有符合残疾人使用的特殊部分，如厕所、售票窗口；在无障碍设施显著的地方设置标志，告知残疾人可以使用等等。无障碍设施比较完善健全的城市空间，可以称之为城市无障碍空间。

图5-6　城市无障碍空间

一、城市无障碍空间的意义

城市无障碍空间的塑造，并不是仅仅为了一小部分人利益，也并不是付出很大成本而收益甚微，事实上，它的社会效益是无法用金钱来衡量的。不仅如此，城市无障碍空间反映了一种空间理念：即以人为本的城市空间，是一种"雪中送炭"的空间，而并不仅仅是"锦上添花"的空间。

1. 城市无障碍设施不是只为少数人修建的

城市构建无障碍设施，在有些人眼中是一笔不必要的投资，因为与偌大的城市相比，残疾人只是微不足道的一个小部分。为了区区一小部分利益而大兴土木，似乎没有这个必要。这个观点是一种误解。首先，从残疾人绝对数量角度看，世界上目前共有超过5亿的残疾人，约占世界总人口的10%，而且每年还要新增1500万，也就是说每天世界要新增残疾人约4万人①，这是一个触目惊心的数字。我国约有残疾人6000万，平均每5个家庭中就有1位残疾人或一个残疾人家庭②，按每一个残疾人牵动5个至亲亲属利益计算，这些残疾人的生存状况总共牵动3亿多人的利益，这就不是一个关于极少数人利益的问题了。其次，从现代社会的风险性来看，现代社会科技发展日新月异，但科技的发展带给人们的并不都是福利，也意味着风险性的增加，高科技的社会同时也是一个高风险性的社会。据统计，全球每年有3亿人发生伤害，其中死亡700万人，1500万人遗留功能障碍，800万人终生残疾。仅车祸每年就死亡120万人(每天3000多人)，受伤5000万人，其中的一部分变成残疾人。我国的伤害发生情况也不容乐观。每年有7000万人遭受伤害，其中死亡80万人，200万人遗留功能障碍，190万人终生残疾。仅西安一个市每年因车祸就造成3000人伤残③。从这个层面上讲，每一个健全人都潜伏着成为残疾

---

① 王珍吾《积极推进无障碍环境设计》，《中国房地产报》，2003年5月21日

② 杜伟《残疾人依法维权不容易》，《工人日报》，2003年12月20日

③ 《中国每年有7000万人发生伤害》，《南方日报》，2004年10月10日

人的危险。为残疾人修建无障碍设施，对健全人来说，并非事不关己。再次，无障碍空间不独为残疾人所独享，还为儿童、老年人以及伤病人员享用。就一个人的生命周期而言，每个人都从儿童时期经过，而且还将经历老年时期，这两个时期在人的一生中占据了较大比重，这些时期人们或多或少的会涉及无障碍设施。另外，人还会有伤病的时候，这样的特殊时候也离不开无障碍空间。基于以上，可以这样说，无障碍设施与我们每一个健全人是息息相关的，并不只是为少数人所建。

2. 城市无障碍空间收益是巨大的

关于城市无障碍空间，还有另外一种误解，那就是从经济学角度来讲，成本太大，而收益太小，是一笔沉重的经济负担。其实，这种观点十分片面。无障碍设施的成本并不是十分昂贵，同动辄上千万、动辄上亿的城市建设大手笔相比，无障碍设施的支出只是杯水车薪，美国全国城市联盟都市研究部在1967年所作的一项研究报告显示：三座符合美国无障碍建筑设计国家标准的建筑物，每座额外付出的经费不超过总工程造价的0.1%。我国的一部分调查也显示了这一点，1998年6月竣工的南宁市图书馆，总投资近3000万元，其中无障碍设计额外付出的不过15万元①。由此可见，无障碍设施并不是十分昂贵。

城市无障碍设施的收益却是十分明显的，如果缺乏无障碍设施，替代成本也是要付出的，要从许多方面支出成本来支撑残疾人相关活动，由于是分散支付的，实际上这些成本之和要远远大于城市无障碍设施的成本，这是得不偿失的。另外，对城市无障碍设施的成本与收益，不应仅仅只算经济账，作为一项公共事业，它的社会效益是巨大的，以至于难以用单纯的经济数字来衡量，它对维护社会的稳定、维护经济社会的可持续发展有着不可替代的重要意义。

3. 城市无障碍空间反映了以人为本的空间理念

城市无障碍空间的塑造，还牵涉到一个实质性的问题，那

---

① 王珍吾《积极推进无障碍环境设计》，《中国房地产报》，2003年5月21日

就是我们究竟要建设一个什么样的城市空间。一个城市的空间是一个城市精神内涵的体现，正如伊利尔·沙里宁所说的那样，“让我看看你的城市，我就知道这个城市的人在追求什么”①。城市空间的建设实际上具有深刻的内涵。

一个好的城市空间应当是以人为本的。以人为本的城市空间是一种关心人、尊重人、陶冶人的城市空间，这其中有一个重要前提条件是人人都有享受城市空间的公平使用权，不分种族、不分贫富，不分职业，这是一个基本的理念问题。缺乏这一前提，以人为本也就难以实现，因为没有公平，关心人、尊重人实际上就成为一句空话，更不用说陶冶人了。公平的城市空间是“雪中送炭”的城市空间，让那些弱势群体有同样的机会参与与享受，而不是一味的“锦上添花”，使城市的“马太效应”无止境的延续下去。只有这样，这个空间才能充满尊重、充满关心，才能真正陶冶人们的心灵。

城市无障碍空间的塑造，就是给予了残疾人公平使用空间的权利，就是一个“雪中送炭”的空间，就是建设以人为本的城市空间的具体体现。国际上早已有“以健全人为中心的社会是不健全的社会”这样的理念。江泽民同志也曾指出：“人权保障是国家的责任。对残疾人这个社会群体给予帮助，是社会文明进步的标志。”②同样道理，城市空间给予诸如残疾人等弱势群体以平等机会，同样是一个城市文明的重要标志。以人为本是一种至高无上的价值理念，为了维护这一基本理念，美国斯坦福大学校园曾经做出了一个至今感人至深的举措。为了一位高位截瘫的学生的方便，校方不惜花巨资对学校的图书馆与教学楼等设施进行了改建，这不能不对我们有所启示。

---

① ［美］伊利尔·沙里宁著，顾启源译《城市：它的发展、衰败与未来》，中国建筑工业出版社，1986

② 王珍吾《建筑环境呼唤人文关怀，积极推进无障碍环境设计》，《中国房地产报》，2003 年 5 月 21 日

二、我国城市无障碍空间的现状

我国大多数城市已经兴建或正在兴建无障碍设施，一些城市还取得了不错的效果。如上海市2004年共安排无障碍设施改建项目5046个，投入改建资金1.44亿元，有关部门也正在积极研制无障碍出租车。大连市政府每年都投入专项资金对城市无障碍设施予以扶持。但就大多数城市而言，无障碍空间的建设仍存在很多问题。

1. 无障碍空间缺乏

目前，我国不少城市缺乏无障碍空间。许多城市道路没有设立盲道，许多公共建筑物出入没有坡道、阶梯没有扶手、厕所没有残疾人专用的厕位……，给残疾人带来诸多不便。

由于缺乏无障碍设施，在生活中，我们经常看到这样的情景：一些好心人帮助残疾人把轮椅抬上台阶。但我们不妨变换角度想一下：万一遇不到好心人怎么办？我们为什么不能从设施上更完善一些，以省去这些不必要的环节？就像残疾人自己所说的那样，“我们为什么一定要成为别人‘兴师动众’的对象呢，我们为什么不能像健全人一样，自由地安静地出入呢”。

在一些发达国家，城市的无障碍空间比较完善，甚至到了十分细致的地步。如在一些城市中，当行人需要穿越马路时，有专门的触摸式按钮，行人按下按钮，信号灯就会改变指示，车辆等待而行人通过，充分体现城市空间的“人本位”而不是“车本位”。不仅如此，这种按纽还有专门为残疾人设置的，高1米左右，方便轮椅使用者以及儿童。为照顾盲人，按纽在按下的同时，信号灯还会发出一种声音，供盲人判断方向。在一些大商场、交通中枢站、一些娱乐场所都配套残疾人专用的设施。残疾人在设施的帮助下，能够自立、自理，从而平等地参与到城市事务之中，而不是以弱者的身份等待别人的施舍与帮助。因此，对残疾人的关怀不能仅仅局限在“人为”的帮助上，更要注重设施的建设，这才是解决问题的关键所在。

2. 无障碍设施配套性差

近些年来，不少城市加强了无障碍设施的建设力度，如大量修建了盲道等相关设施。但由于缺乏整体规划，无障碍空间体系还没有形成。如有的盲道缺乏连续性与彼此对接，使残疾人无所适从；有的建筑物入口处修建了无障碍坡道，但建筑物内又缺乏无障碍设施，残疾人只能“登堂”而无法“入室”；有的设施轮椅者能够使用，但盲人却难以使用，有的盲人能够利用，轮椅者却望尘莫及。这是我们的无障碍空间有待改进之处。

3. 无障碍空间被占用严重

我国有不少城市无障碍设施相对较为完善，但是无障碍设施事实上也很难起到应有的作用，主要原因是无障碍空间被人为的侵占。我国正处于城市化加速发展时期，城市空间成为一种稀缺资源，于是弱势群体——残疾人的空间往往成为首当其冲的被侵害对象。在一些城市中，无障碍空间被侵占的现象较为普遍，其中一部分无障碍空间被一些电线杆等设施挤占，另外的一部分被行人与车辆挤占。

三、城市无障碍空间塑造对策

城市无障碍空间的塑造是一项复杂的系统工程，需要方方面面的努力，以下几个方面尤其值得重视。

1. 健全法律法规

无障碍空间的塑造，必须有相关的法律法规作为保证。作为弱势群体，残疾人的利益最容易受到侵犯，因此严格完善的法律是必须的，这也是发达国家通常的做法。美国在无障碍空间方面已经构建起一套完整的法律体系，对各种建筑与设施都做了无障碍的要求，而且附有一定的指标体系作为参考，使其更加具有操作性。对违反规定者，政府或者对方案不予批准，或者予以重罚并限期整改。另外，为保护残疾人的利益，法律法规还予以高度倾斜，充分体现了人道主义精神。如对待停车违规者，侵占残疾人车位空间的情况要比一般违规的情况，罚款高出 3 ~ 7 倍①。除联邦政府的法律法规，各州结合本州实

---

① 金磊《无障碍设计：城市现代文明的重要标志》，《建筑设计管理》，2002 (4)

际情况也有许多相关规定，法律法规甚至深入到每一个细节问题。

我国政府也比较重视城市无障碍空间的塑造，从 20 世纪 80 年代末开始，一些法律法规，如《方便残疾人使用的城市道路和建筑物设计规范》、《中华人民共和国残疾人保障法》等相继出台，对城市无障碍空间的塑造起到了很大的推动作用。但同时必须看到，我们的法律法规尚未形成体系，也缺乏较具操作性的指标，尤其细微环节缺乏相应的法律法规支撑。另外，执法力度有待加强，没有严格的执法，保障残疾人的利益只能沦为一句空话。

2. 加强规划设计

无障碍空间的塑造，还必须在规划设计层面下工夫。其一，应致力无障碍空间的系统化。无障碍空间的塑造是一个系统工程，大到一个整体城市空间，小到一个洗手台、一个标志牌，都是这个系统工程的组成部分，因此规划设计要从残疾人的特点出发，兼顾方方面面，任何一个环节的疏忽，都将给残疾人带来极大的不便。其二，应致力无障碍设施的整合问题，就是更好地将无障碍设施合理地整合于城市空间中。对于一些新建的项目而言，及早地构建无障碍设施是最省成本的，如果建成后再进行改建附加无障碍设施，成本将大大增加。另外，城市无障碍设施是城市空间体系的一个重要组成部分，应当探索用较为科学、较为艺术的方法将其整合于空间之中，这样，非但城市空间的整体艺术性得到保证，城市无障碍空间又在一定程度上免受侵占与干扰。

3. 保证残疾人参与

城市空间的创造，离不开公众的参与。公众是城市的真正主人，对城市空间的创造最有发言权。同样道理，城市无障碍空间的塑造，离不开残疾人的参与。因为他们是无障碍空间的主要收益者，他们的需要是无障碍空间建设的起点。因此，城市无障碍空间的建设，应当建立一套完善的程序。在设计方案阶段，有关部门应切实听取残疾人的建议与要求；在建成实施阶段，有关部门应切实保障残疾人行使监督的权利，保证他们的空间权利不受侵犯。同时，保障残疾人参与也是推动城市政治民主建设的重要手段，就残疾人个体而言，参与到公共事务中也有助于培养他们的自信心与责任心，对其克服心理障碍是大有裨益的。

第6章 城市景观文化论

城市景观不仅仅是空间与实体，更是一种文化，空间与实体背后渗透着一种精神上的底蕴。本章着重从文化角度论述城市景观。先提出城市景观的文化解释，之后论述城市景观的文化体现。

第一节 城市景观的文化解释

关于城市景观，不少思想家与学者从文化角度进行了阐释，其中比较著名的有挪威建筑师诺伯尔·舒尔茨的“场所精神”理论、日本建筑师黑川纪章“新陈代谢城市”理论与“共生城市”理论、美国凯文·林奇的“城市意象”理论以及美国克里斯托弗·亚历山大的“模式语言”理论。

一、诺伯尔·舒尔茨的“场所精神”理论

“场所精神”理论是由挪威著名建筑师诺伯尔·舒尔茨提出的。1980年他在出版的名著《场所精神——走向建筑的现象学》一书中正式提出了这一名词。其实，在他前后相关的一些著作中，如《建筑中的意象》、《存在·建筑·空间》中，诺伯尔·舒尔茨也作过相关的论述。舒尔茨认为，每一个建筑就是一个场所，城市和城镇则由一系列的场所集合而成，每一个场所都应包含两部分，一部分是场所的结构，第二部分是场所的精神，二者是统一的。即任何场所都是场所结构与场所精神，

主观与客观的统一体①。

关于场所结构，舒尔茨认为应从景观和聚落两面去描述，而景观和聚落又可以用“空间”和“特征”两个概念加以论述。关于“空间”这一概念，建筑界有不少说法，经常使用的是三维的几何空间以及知觉空间，舒尔茨对此并不满意。他定义的空间是具体空间，即容纳人们日常生活和经历的三维整体。他认为，几何空间与知觉空间是从具体空间中抽象而来的，真实的、具体的人类行为不会发生在抽象的的空间中，而是发生在具体的有特性的空间中。

关于特征，一方面意味着普遍、全面、综合、整体的气氛，另一方面是具体的、实在的形式和限定空间元素的实质。从历史发展的角度上看，场所的结构既具有稳定性，又会发展变化。

场所精神与场所结构是密切相关的，但它比空间和特征有着更加广泛和深刻的内容与意义。如果说空间和特征与人的感觉有关，那么场所精神则与意义有关。意义也就是其存在的意义，并不是强加在人们生活上的附属品，而是人们日常生活内部的，包含空间和时间过程中不变的、可以认知的成分。它使身在场所中的人能理解具体的空间与特征，并且产生一种归属感与认同感。

按舒尔茨的说法，场所精神早在古罗马时代就已存在，它源自古罗马人对场所守护神的信仰。在罗马，场所不分大小，均有自己的守护神，是守护神赋予场所以及生活在场所里的人们以生命和活力，伴随他们从生到死并决定他们的特征和本质。在我国，古人曾云：“凡人之出生也，天出其精，地出其形，以此以为人”②，也是这个道理。

场所精神与场所的外显结构是一个统一整体。一方面，场所的内涵精神决定了场所的外显形态空间和特征。建筑就是场

---

① ［挪威］诺伯尔·舒尔茨著，君培桐译《存在·空间·建筑》，中国建筑工业出版社，1990

② 滕新才、荣挺进《管子白话今译》，中国书店，1994

所精神的具体化，不同的建筑要适合不同的生活方式、行为模式与社会文化价值观，而成为不同的“人类活动所在地”，使家、学校、广场以及街道各自具有不同的品格。而另一方面，场所的外显特征也在一定程度上影响着场所的精神内涵，正像美国建筑师文丘里所说的那样，“建筑的基本目的是去围合空间，形成‘场所’，而并非仅仅去追求空间的导向。设计离不开艺术活动，艺术形式总是为一定的精神活动服务的，如果离开了意义表达，那么一切都流于空谈”①。

人们生活在一定的场所之中，对场所的需求是多方面的，而场所精神能带给人们一种精神满足。正如舒尔茨所说“对场所的需求有不同的特质，以符合不同的文化传统与环境条件”②。他认为建筑的目的就是使其从场址变为场所，即从给定的环境中提示其潜在意义，这种潜在意义应当从社会文化、历史事件、地域条件或人的活动中去寻找。

舒尔茨指出，场所精神与历史文化传统关联极大。一些历史文化名城中饱含着场所精神，因而能够使居留者产生心理上的安定感与满足感。场所在历史中形成，又在历史中发展。新的历史条件可能引起场所结构发生变化，但并不意味着场所精神的丧失，场所精神的变化是一个相对缓慢的过程，而场所结构的变化相对而言较快，这一组矛盾，是每一个城市设计者都必须考虑的因素，必须加以平衡。“如果事物变化太快了，历史就变得难以定形，因此，人们为了发展自身，发展他们的社会生活和变化，就需要一种相对稳定的场所体系”③。

保持一个建筑与城市的场所精神，可以用设计的手段来实现。舒尔茨认为，场所与功能的变化不矛盾，一方面，任何场所都具有接受“异质”内容的能力，一种仅能适合一种特殊目

---

① ［美］文丘里著，周卜颐译《建筑的复杂性和矛盾性》，中国建筑工业出版社，1997

② ［挪威］诺伯尔·舒尔茨著，君培桐译《存在．空间．建筑》，中国建筑工业出版社，1990

③ ［挪威］诺伯尔·舒尔茨著，君培桐译《存在．空间．建筑》，中国建筑工业出版社，1990

的的场所很快就将成为无用的场所。另一方面，一个场所可以用多种方式来解释，保护和保存精神意味着在某种新的历史阶段内将场所和本质具体化①。这也就意味着，尊重场所精神并不一定要墨守成规，一成不变，变化与保持是辩证统一的过程。尊重场所精神不只是抄袭旧有模式或形式，将场所冻结，而是要找出场所精神的内涵，加以继承，把这种内涵与现代生活结合起来，用新的方式加以阐释。变异是一个肯定的过程，关键是找出新旧二者的关联，这样场所精神才不至于丧失。

二、日本的“新陈代谢城市”理论与“共生城市”理论

日本的“新陈代谢城市”理论与“共生城市”理论是相继出现的，是相辅相承、相互涵盖的建筑与城市设计理论，也是对城市景观的一种文化阐释。

1.“新陈代谢城市”理论

1960 年在东京设计会议上，日本建筑师黑川纪章、菊竹清训等提出了“新陈代谢城市论”。新陈代谢城市的出发点是基于对现代建筑理论尤其是对功能主义的反叛，它的目的，就是想在建筑和设计领域内，在以西欧文化为唯一标准而发展起来的现代建筑中，引入多元的文化价值观，把当代的科技发展与日本的传统结合起来。这几位建筑师认为，建筑和城市有如生物有机体一样，不是静止的，而是一个新陈代谢的过程，一切事物经过内部的新旧斗争，必然导致新事物取代旧事物的过程，这是不可抗拒的规律。人类不仅可以自然地承受新陈代谢过程，而且还可以积极地去促进它。正如其宣言中所说的那样：“我们将人类社会视为一种强而有力的演变过程，所以我们采取生物上的名词新陈代谢，是我们相信改良与科技，更想有助于维护人类的活力。我们认为，代谢主义不仅主张自然的、历史的社会演变，我们也主张透过我们的改良刺激一个积极变化而发展的社会”②。

---

① ［挪威］诺伯尔·舒尔茨著，君培桐译《存在. 空间. 建筑》，中国建筑工业出版社，1990

② 林丽成《当代世界建筑经典精选（10）——黑川纪章》，上海世界图书出版公司，1997

但这种新陈代谢并不是一个完全以新代旧的过程，他们主张在城市中引入时间因素，明确各个要素的周期，在周期长的因素上加上可动的、周期短的因素，这样的城市才是真正意义上的“新陈代谢城市”。“新陈代谢”的第一原则是历时性，即不同时期的共生与生命经历的过程与发展，建筑物在建造时并不是完全固定的，而是作为从过去到现在，再向未来发展的实体表现。如果过去、现在、未来变化的过程用另一种方式表现出来的话，就是使过去时间、现在时间和未来时间共生，因此“新陈代谢”理论中包涵有“共生”理论。

2.“共生城市”理论

“共生城市”理论的代表人是日本的建筑师黑川纪章，他也是“新陈代谢”理论的倡导人之一。如上所述，其实在“新陈代谢”理论中就含有“共生”思想。针对城市建设中时常发生矛盾的技术与文化问题，黑川纪章积极倡导先进技术的使用，但他认为，技术一旦与文化、与传统割裂就不再有意义，技术的转换需要一定的前提条件，需要与地区相适应，与习俗相适应，如果将属于某种特定文化的技术引进具有截然不同的生活方式的文化之中，往往难以保证这种技术有牢固的基础。他以生物界中物种多样为出发点，指出物种多样性是自然界进化之路，而文化多元性是人类社会进化之路[①]。21 世纪的城市空间是一种多层次、多角度的共生空间，其中有不同层次的共生（图 6-1）。

共生城市

城市的部分与城市整体
建筑的内部与外部
建筑与环境
不同文化　走向共生
历史与现在
技术与人
建筑的感性与理性

图 6-1　黑川的“共生城市”理论

① 林丽成《当代世界建筑经典精选（10）——黑川纪章》，上海世界图书出版公司，1997

黑川“共生城市”理论的一个最重要组成部分，是历史与现在的共生。要实现历史与现实的共生，必须处理好城市部分与整体、建筑外部与内部、建筑与环境、技术与人之间、建筑感性与理性之间以及城市不同文化之间的关系。而且，历史与现实的共生，必须在城市的“新陈代谢”过程中实现，即首先要承认城市是一个不断发展，不断更新的过程。在这种前提下，把时间周期短的因素与时间周期长的因素相结合，即将现代科技与日本的传统文化相结合。这不仅仅反映在理论认识上，在实践中黑川也是这样做的。在建筑方面，黑川先生采取多种手法使现代科技与日本传统文化相结合，他采用传统的外观，结合新的技术与新的材料；或者将传统的符号加以提炼，如柱、天花板、墙壁、窗户等，把它们配置于现代建筑之中。

总之，这两个理论是相辅相承的。一方面，“新陈代谢”理论认为城市是一个不断更新的发展过程，但这个过程不是一个新旧绝对对立的过程，而是一个新旧共生的循序渐进的过程；另一方面，“共生”理论认为城市是一个共生的空间。但这个空间绝不是静态空间，而是时时刻刻不断地在进行“新陈代谢”，在这个过程中，城市的新旧元素实现着共生与协调。这两个理论，对城市文化的精髓——历史遗迹的保护起到了很重要的指导意义，城市历史遗迹的保护过程，实际就是“新陈代谢”过程与“共生”状态的辩证统一。因此，在历史遗迹的保护与设计中，必须分析出周期长的因素与周期短的因素，把这二者相结合，从而创造出一个新旧和谐的城市形体环境与景观。

三、凯文·林奇的“城市意象”理论

凯文·林奇，美国建筑师，1960 年出版了《城市的印象》（又名《城市意象》），这本书被认为是战后最重要建筑理论书籍之一。在这本书中，他提出了“城市意象”理论，开辟了从居民的心理学角度与环境体验角度来探索城市设计的新思路。

“意象”是人们对所处的环境根据过去的感受式体验而产生的心理形象。心理学家的研究表明，人类对外部环境所产生的心理形象是根据感应、经验、回忆而获得的，是居民头脑中的主观环境空间。这种心理形象对于人类对其所在环境产生安全感、空间感以及认同感极为重要。“城市意象”是居民头脑中对城市的主观形象，它是城市公众对城市环境主观形象的叠加，林奇认为“虽然每个城市中的居民对城市感应不同，但任何一个城市几乎都有一个共同的印象，它是由许多个别的意象重叠而成”①。为了证明其理论，凯文·林奇选择了波士顿、纽约以及洛杉矶作为实验对象。在采访以及收集资料的基础上，凯文·林奇着重研究以下细节：每个城市对居民的象征性意义；人们从家到工作地点的方向，以及对这一段路程上有什么感觉；该城市有什么特色的要素。另外，林奇还从市民中找出一群人，要求他们从照片上识明这些地方，他还探问他们所在的位置和看到的东西。

采用这种方法，凯文·林奇得出了著名的城市空间形象“五要素理论”：

一是通道。按林奇的说法，“通道是观察者经常、偶然或可能沿着它走动的途径”②。通道是每个人所熟知的，包括街道、公路、河流以及运河，它们是城市布局的基本因素，城市中的其它因素主要通过它们而组织布局。

二是界线（边缘）。“界线是不用作或不视为通道的线条部分……它们是界面之间的分界线，连续线条的中断点：海岸、铁路交叉点、开发区的界线、墙壁……这种界线也许是把一个地区和另一个地区隔开的、在某种程度上可以超越的障碍；也许是两个相互连接在一起的地区的结合处或界线”③。界线的作用是把城市划分成不同的区域，同时也帮助居民形成对城市的整体观念。

---

① ［美］凯文·林奇著，项秉仁译《城市的印象》，中国建筑工业出版社，1990

② ［美］凯文·林奇著，项秉仁译《城市的印象》，中国建筑工业出版社，1990

③ ［美］凯文·林奇著，项秉仁译《城市的印象》，中国建筑工业出版社，1990

三是区域。“区域是城市中一片中型到大型的地段……观察者心理上可以进入的，具有某种共同和一致特征的‘二度空间’”①。区域的划分有多种方法，有物理意义上的，如建筑物的不同风格；有社会学意义上的，如土地的不同使用功能；有心理学意义上的，如所在居民的不同类型。区域是城市中的控制性因素。

四是节点。林奇给节点下的定义是“一些点，观察者可以进入的城市的战略要地，是他往返走动的集结点。它们可能主要是接合点、运输的暂停处、通道的交叉点或会聚点。或者说，节点可能是事情、活动和场所集中的地方，象征着一个场所的一种核心”②。

五是标志物。标志物是这样被林奇所定义的：“它们的主要物理特性……是单一性，某一方面是独特的或在上下关系中容易记忆的。标志物会变得更易于识别，更可能被选作有影响的标志，如果它们有清晰的形式；如果它们与背景形成对照；以及有突出的空间位置。形体上的对照几乎是主要因素”③。对于一些明显的标志物如华盛顿纪念碑、比萨斜塔，人们可能都已经熟知，但标志物也有一些地方性的与小型的，如城市广场上一座雕塑等等。

林奇认为，虽然分散定义，但实际上这五种要素是作为一个整体而有助于人们形成对城市的意象的。它们并入一个整体，合在一起，提供一种对环境的统一感觉。而且，这五个要素是可以相互转换的，如一个环形交叉口既可以作为一个标志物，也可以是一个节点，还可以作为一个通道；一个节点同时也可以是一个区域，关键是我们树立如何的图底关系④。

---

① ［美］凯文·林奇著，项秉仁译《城市的印象》，中国建筑工业出版社，1990

② ［美］凯文·林奇著，项秉仁译《城市的印象》，中国建筑工业出版社，1990

③ ［美］凯文·林奇著，项秉仁译《城市的印象》，中国建筑工业出版社，1990

④ ［美］凯文·林奇著，项秉仁译《城市的印象》，中国建筑工业出版社，1990

林奇的城市空间形象五要素的理论，为城市景观形象设计提供了理论基础。城市空间形象的设计，实际上就是处理通道、界线、区域、节点、标志物关系的综合过程，这个过程与文化是息息相关的。因为城市意象是主观方面的东西，取决于个人的观念以及对城市的理解，自然与历史和文化因素密不可分。芬兰的萨里南所作的一次实验就充分说明了这一点。他让来自美国、加拿大、芬兰和塞拉里昂的学生都画世界地图，结果他发现，每个学生都把自己的祖国画在了地图的中央①。此试验说明了文化因素对城市意象的影响较大。尤其是历史文化，对居民形成城市意象的作用是比较突出的。一般来说，具有历史感的城市的意象性都较强，如有关部门所调研的北京城市意象图（图6-2），因此，凯文·林奇认为“保护特征鲜明和充满历史联想的区域是变化城市景观的良机”②。

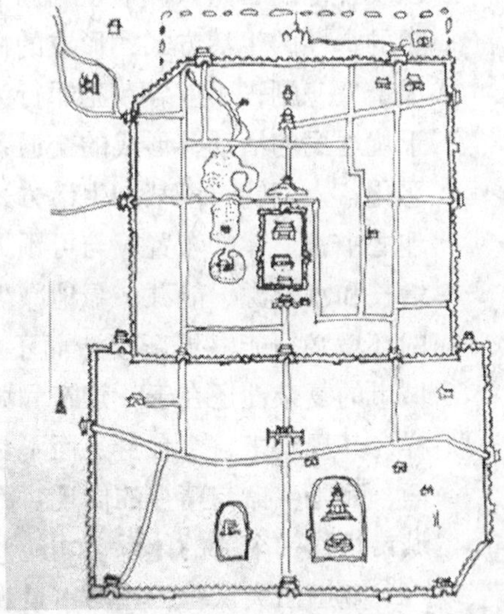

图6-2　北京城市意象图

① ［美］欧·奥尔特曼、马·切默斯著，骆林生译《文化与环境》，东方出版社，1991

② ［美］凯文·林奇著，项秉仁译《城市的印象》，中国建筑工业出版社，1990

我国不少城市中，文化，尤其是历史文化在城市意象中占据了重要地位，如北京市的城市意象中，天坛、鼓楼等历史环境的认同率是较高的[①]；武汉的城市意象中，历史建筑黄鹤楼，在象征与值得自豪的地点、推荐参观的地点等的统计中，其统计数字都是最高的[②]，这些都与文化因素有着不可分割的关系。

四、克里斯托弗·亚历山大的“模式语言”理论

克里斯托弗·亚历山大，美国著名建筑师，一生著作很多，在《形式合成纲要》（1964 年）、《建筑的永恒之路》（1979 年）、《城市并非树形》以及《模式语言》（1977 年）等著述中，亚历山大阐述了他的模式语言理论。

亚历山大认为，城市是一个系统，这个系统是复杂的，而且随时间推移，会日益复杂。“我们来研究一个 100 万人的环境设计问题：人类、动物界和植物界的生态平衡，必须在内部以及外部的自然条件下正确调节；人们必须能够选择他们有希望的个性的生活方式；形成的社会条件不应严重危害健康或造成个人悲剧；不应导致犯罪行为；食品和货物的循环运输不能干扰居民的活动；形成的交通系统不能使本身的拥挤状况更加恶化；人们能够以某种生活方式生活在密切合作和追求各种乐趣之中；形体的布置应与可预见的未来区域发展相协调；人口增长和水资源、能源、绿地减少之间的矛盾应有所关注；形成的环境必须能够更新改造而不破坏它的功能……”[③]。建筑与城市的复杂性还在于，建筑和城市的产生就像是生命的过程一样，其规则来自于自身，而不是别的，场所不只是几何学的东西，而是生命与精神的体现。因此必须以系统论看待城市，把城市当作一个活的体系，才能取得良好的设计效果。

亚历山大认为，在城市景观规划设计中，文化因素十分重要，文化因素限定了空间，也限定了空间事件的模式，他认

---

① 顾朝林、宋国臣《北京城市意象空间调查与分析》，《规划师》，2001 (2)

② 林玉莲《武汉市城市意象的研究》，《新建筑》，1999 (1)

③ ［美］亚历山大著，严小婴译《城市并非树形》，《建筑师》(24)

为，同一空间元素在不同的文化背景下所容纳的事件模式不同，即意义不同。事件的模式（意义）与空间中的几何模式是关联的，共同组成建筑的模式语言。建筑和城市的模式语言是由事件的模式决定的，它们是形成一座建筑或城市的原子与分子。建筑物或城市，可能是死气沉沉，也可能是充满活力，关键是事件模式。亚历山大认为，模式语言的建立与使用，有赖于对人的行为、活动和场所的调查，有赖于对传统文化的观察分析，也有赖于公众的参与。

亚历山大还以历史作参照，他将文化分成两种，把原始朴素的文化称为自然文化，而把现代文化称为人为文化。在自然文化中，人直接参与建筑的建造，可以将自己的意愿表达在建筑物之中，人与建筑形式之间有密切的关系，建筑语言模式是有活力的。而且人与建筑的直接联系，可以使人对不尽如人意的环节，不断地加以改进，人与建筑之间总是可以保持动态的平衡。而在人为文化之中，这种平衡消失了，建筑师设计房屋，而建筑师与民众之间的模式语言是不同的，人与建筑形式之间的联系变成间接的了，而且现代社会的发展日新月异，在自然过程中发生的那种稳定性消失了。他认为，在我们的文明当中，这种在自然文化中曾见到的择优和调整过程已经严重消失了，昔日允许有充分时间改变缓慢的文化，现在发展得如此迅速以致于调整不能与之并驾齐驱。当一个调整刚刚开始，文化已经先行一步了，并且使调整又朝着一个新的方向，没有一个调整是曾经完结的。因此，他认为，人造城市中总缺少一些必不可少的成份，同那些充满情趣的古城（自然城市）相比，我们现代人为创造城市的尝试，从人性的角度讲是完全失败的①。

针对现代城市单调乏味的状况，亚历山大认为单纯从形式变化去设计建筑将导致失败，建筑设计应当满足人们的活动与心理需要。他主张增加一点特色来达到这个目的，而这种特色来自于公众。特色建筑不是盲目去建，而是按照一定的模式，

---

① 布正伟《建筑语言概念的由来与发展》，《新建筑》，2000（2）

即模式语言去建。模式语言与人们的行为相对应，是自然关系的抽象，每个模式都是为了解决在设计中反复出现的某个社会、心理或技术问题。亚历山大的模式是用语言来描写与活动一致的场所形态，它并没有给出具体答案，而只是提供了一种结构关系。每个模式由三个明确定义的部分组成：一是联系，用来说明一组环境状态，如一个居住环境；二是问题，用以表明客观需求的复杂性，它出现在一给定的环境中；三是解决，用以表明该部分的空间安排，这种安排可以解决存在的问题。

亚历山大在《模式语言》一书中，一共提出了 235 条模式。这些模式按顺序排列，先是区域、城市、邻里、住宅群较大的模式，然后是住宅、房间等较小的模式，最后是细部构造最小的模式。模式有大有小，亚历山大将之分成三组，分别是城镇模式、建筑物模式和建造模式。每一模式都有助于完善它前面更大的模式，同时被它后面较小的模式所充实。没有一种模式是孤立存在的，形成了一个有机的整体，构成了一个网络。描写建筑元素如"主要入口"、"花园座椅"；建筑特征如"正室外房间"、"安静的环境"；人的活动如"自由群组"、"公共进餐"等等。每一个模式就是一个场，是一组不固定的关系。每个人运用这些模式进行设计的情况不一样，可以产生无数不同的形式。以语言学类比，这 235 条模式其实是建筑创作中的常用词汇。他提出这些模式，并不是要求人们怎么去做，而是告诉人们怎么去思考问题，怎么去创作。

这些模式是对传统建筑创造过程的总结，既符合人类文化共性，同时也为文化的个性创作提供了条件。尽管这些模式没有涉及到经济问题，因此多多少少带有"乌托邦"的嫌疑，但仍然具有极高的理论与实践应用价值。

第二节　城市景观的文化体现

城市是一个有生命力的有机组织，是一个以人类活动为中心的生态系统。城市承载着人们社会文化生活和日常工作的功能，满足着人们日益增长的物质和精神文化的需求。人们对景观有一种精神上的追求，借助景观造型、色彩、肌理、材料以及空间表述某种特定的精神含义和文化寓意，渲染某种特定的气氛，如历史文化感、积极向上的精神、民族文化的表现、宗教气氛的渲染①。城市文化是城市景观的内涵，城市景观是城市文化的外在显现。城市景观的设计是物质和精神的统一体，优秀的城市景观必然会反映出以人为本、尊重人性的人文思想，充分肯定人的行为及价值。

有什么样的世界观、价值观、伦理道德观，就有什么样的城市景观。在我国以君权为核心的封建时代，便有了中轴线结构的帝王故都；西方以神权为核心的中世纪社会里，教堂大行其道；以科技为核心的工业时代，方格子建筑充斥着人们的眼球。可以说城市景观是人类的爱与恨、欲望与梦想在自然中的投影，是人们实现梦想的途径。

城市景观属于人工自然，从来就是文化载体，它要求一种贯穿历史、体现时代文化、具有较高审美价值的精神产品，而不是独立于人之外的自然。在城市景观设计中，无论是区域景观、广场景观、街区，还是园林的规划和改造中，都要考虑城市整体的环境构架，研究城市的历史文化，地域风俗，依据实际情况，尊重当地习俗文化，要把城市作为一个整体景观来进行设计。城市景观的设计，大到高楼大厦、城市广场，小到雕塑、喷泉、路灯、花圃，无不体现了设计者的文化追求和艺术修养，以及整个城市的文化品位和认知水平。动人的城市景观应是自然美感和人文蕴涵的结合。从不同时期不同人文背景下城市景观的变化，可以发现设计理念的不断演变，而体现在城市景观中的不同文化类型，正说明了城市景观的设计应尊重文化。惟有如此，景观才能与周围的环境相互协调，形成统一的集合体，起到美化城市、树立城市形象的重要作用。

城市景观象征着丰富的文化和社会意义，是构成城市文化的一个必要条件，也是决定城市外在品位的显性标识。从古代城市建筑到现代城市景观积淀下来的城市文化十分丰富，特别

---

① 陈六汀，梁梅《景观设计教程》，中国纺织出版社，2004

是那些标志性景观建筑和堪称“文物古迹”的历史遗迹，如城市中的一段古城墙、一座古桥、一个古寺庙等等，都是城市的记忆，无不具有极其丰富的历史文化内涵，给人以教育、启迪或享受。城市景观的每一个特征，无论突出与否，都已经和这样、那样的文化发生了关联。当人们在欣赏评价城市景观时，有形的景观外表可以给人以视觉享受和美感，但深层次的文化解读，更能使人领会到设计者的匠心独具和城市景观的本质意义。解读城市景观就是要求观察者去发现甚至赋予城市景观以意义，比如城市里来来往往的人群，一种流动的形态，反映出了一个整体而特别的城市景观。人文思想的体现已成为时代文化的核心。因此，评价一项城市景观设计的优劣，体察蕴涵其中的文化特性是必不可少的一个方面。

城市景观的文化属性主要体现在：

一、城市景观的文化差异性

文化差异性是指不同民族、不同国家、不同地域之间文化上的差异。由于历史、地理、语言、传统、宗教等因素，致使人类在风俗、信仰和行为上彼此分歧，从而形成了各自独特的文化，不同文化体系下的价值体系决定了人们对于社会、自然的不同看法，人类按照各自不同的价值观去改造世界，赋予自然以文化意义，因此形成了千姿百态的大地景观。

不同的城市具有不同的文化特征，城市景观因其地域特征、时代特点、民族精神的不同而体现出不同的文化属性。

1. 地域性

由于地理位置和自然环境等空间特征的不同，使得城市形成了与生俱来、与众不同的地域特色，在人类长期的社会发展活动中产生了具有区域特征的文化现象。每个城市都有其特殊的性格、形象和风貌，景观的设计始终应在地区性的文脉关系中进行，许多地区具有明确的经济、社会、文化和环境的功能，只有了解这些与当地生活相关的功能，才能设计出符合地域特征的城市景观，这也是景观构思，规划设计的依据。

案例：阿雅拉三角地带

阿雅拉三角地带位于菲律宾马尼拉金融区的中心，由美国SOM建筑事务所及里恩德诺·V·劳森建筑事务所负责建筑设计，美国人皮特·沃克及威廉姆·约翰逊合作完成景观设计。规划范围内保留了旧马尼拉的跑道形式，并包括三个结实高耸的工作塔楼，具有菲律宾的殖民时代风格特色。三条构成三角的街道成为表界，热带雨林为整个街道及宽阔的人行道覆盖上连续不断的华盖。景观体系提供了阴影、水和强烈的视觉效果，以应对该地区酷热的天气。该项目的核心"棕榈树室"，象征着菲律宾政府现行的民主形式，其中以六米的网格间距种棕榈、布置反光的水池和碎石小路。与规则形式的棕榈树园网格相对照，丛林园的道路不规则且园中枝叶繁茂。作为设计的有机组成部分，其道路蜿蜒如蛇，空间随机灵活。该花园为鸟类提供栖息之所，为居民和旅游者创造了亲切、分散、充满奇花异草的空间。阿雅拉三角地带的环境设计为人们提供了散步和聊天场所，使人们认识了马尼拉生动的街市生活，及其体现的形形色色的社会文化①。

2. 历史性

在城市漫长的历史演变和发展过程中，城市和人类共同造就了反映城市特征的城市历史文化，每个历史时代都在城市中留下了自己的痕迹，由此人们按照各自不同的历史背景和人文传统建造城市景观，城市景观便成了直观而立体的突现城市形象和气质的显性标志及感性认知对象。城市景观的这一特性体现了时间和空间的跨度。

每一个国家和民族、每一种文化都有自身深远的历史渊源，在不同的历史时期，在继承传统文化的同时，每一种文化

---

① 冯炜、李开然《现代景观设计教程》，中国美术学院出版社，2002

都可能遭受现实文化的影响和渗透，形成新的文化集合形式，表现出新的文化内容，因而景观设计应该体现历史的传承性和时代的更新性。

案例：加州圣·何塞市（San Jose）
市中心广场公园（Plaza Park）

广场公园面积约 1.4 平方公里，这里不仅是一个大的交通岛，而且是周围艺术博物馆、会议中心、旅馆等一些重要建筑环绕的中心。场地是一个狭长的长方形，在西边有一个三角形的交通岛。建筑师哈格里夫斯的设计满足了不同的功能，同时蕴涵着深刻的寓意。道路的走向是沿着人们在公园两侧的公共建筑间穿越的路线来设置的。一条宽的园路构成公园东西向的长轴，沿路边设置了许多维多利亚风格的双灯灯柱和木质座椅，这些旧式的园灯和座椅隐喻着城市 300 年的历史。在公园的东端，分成两叉的园路中间夹着一块三角形的硬质场地，是一个公共演出的平台。在公园的中部，新月形的花坛将场地切开，形成一个有限但生动的高差变化，台阶的下面，是一个四分之一圆的方格铺装的喷泉广场。每一天，广场上 22 个喷头随时间的推移喷出逐渐成长的水的形态，以此隐喻着历史上曾带来这个地区繁荣的水资源。晨曦中飘渺的雾泉呼应了旧金山湾区的晨雾，白天不断升高的水柱象征着 19 世纪早期印地安人在此地区挖出自流井，夜晚被喷头下投光灯照亮的透明铺装暗示着附近硅谷的高新科技。喷泉不仅是公园的视觉中心，还是人们嬉戏的地方。公园的西部沿一系列同心弧种植了果树，作为周围地区多产的果园的回忆。这个花园广场为各种功能提供了场所，如穿越、休息、演出、聚会和周末市场，同时寓意着圣·何塞市的自然环境、文化和历史[1]。

3. 民族性

人们在长期的与自然斗争的过程中，逐步形成共同的语言、共同的生活习俗。民族是早期人类在长期的生存斗争中出于对集体力量凝集的需要，以血缘、亲缘、宗教、地域等各种复杂因素为基础，构成较为固定的、随血脉时代相传的人群集合体。各族血缘的归属感、维护感、认知感等形成了各个民族特有的风俗习惯，体现在景观设计中便是民居建筑、庆典和祭礼场所等的不同风格特征。民风民俗是民族文化的重要组成部分，一方水土养一方人，也造就一方景观[2]。当你看到毡包，你就会想到逐水草而居的蒙古人民，当你看到吊脚楼时，你就会想到西南的傣族人民，正如著名景观设计专家俞孔坚教授所说："城市景观是一个民族及其文化的身份证"[3]。

案例：北京中华民族博物院（中华民族园）

中华民族园座落在北京亚运村西南，位于京城"龙脉"北中轴线上，与中国国家奥林匹克体育中心毗邻，占地约40余公顷，是集中国少数民族的传统建筑、民俗风情、歌舞表演、工艺制作以及民族美食为一体的大型民族文化基地。民族园是通过在一块原为稻田的平坦基地上造山引水、开路植树，营建景观而人为造就的。由于是在都市中建造村庄，因此要做到藏而微露，村野感受和地窄景宽。因为有一些详图、大样、节点等是设计人员不熟悉不了解的，只有民族技工才能做出原汁原味的东西来。因此，规划与设计邀请内行的专家，而施工则邀请了各有关民族的

① 王向荣，林箐《西方现代景观设计的理论与实践》，中国建筑工业出版社，2002

② 俞孔坚，李迪华《城市景观之路：和市长们交流》，中国建筑工业出版社，2003

③ 俞孔坚《论当代中国设计创新的大视野》，《上海美术》，2004（3）

施工队伍及技工，保证建成的建筑民族风貌品味纯正。现已开放的北园内建有民族景区16个，包括藏族、苗族、彝族、侗族、台湾原住族、布依族、朝鲜族、哈尼族、傣族、佤族、羌族、达斡尔族、景颇族、鄂温克族、鄂伦春族、赫哲族景区。园内建有国内最大的铸铁雕塑以及仿真的热带榕林、水中溶洞、土林以及盘龙瀑布、阿里山神木、沧源岩画等（图6-3）。南园正在建设新疆、内蒙古、云南等少数民族景区23个以及民族博物馆主馆，全部建筑均采用1∶1的比例。园内各民族村寨均陈列少数民族服饰用品，蜡染、摄影等专题展览20余个。目前已收藏少数民族文物、用品达6万余件。

图6-3　北京中华民族园

游人在参观民族村寨的同时，还可以欣赏和参与各民族歌舞、节庆、生产、竞技和技艺等表演活动。中华民族园是展示民族大团结，展示56个民族生活、文化及风情的观赏性园林，同时又是一座展示中华民族特征的露天人文博物馆。因此在各景点的布置上注重源于生活，在建筑与环境上突出各自民族特色的生活氛围，强调建筑群体与环境整体关系而不仅是单幢房屋自身效果，真实地再现出各个民族的文化遗存。

每年夏季晚间的民族博物馆，是北京的一大亮点，更带给游人独特的艺术享受。全部建成后将成为全国最大的民族园①。

4. 宗教性

宗教使人们相信并崇敬超自然的神灵，它是信仰者的思想寄托和精神支柱。不同的民族、地域群体有各自不同的宗教信仰。人们通常把宗教资源分为宗教物质景观和宗教礼仪两大部分。宗教物质景观主要是各类宗教建筑。各种宗教的场所建筑、经典内涵、教义、教规、庆典仪式、服饰道具，甚至色彩、形式都有严格规定。撇开建筑的空间艺术之美不论，宗教建筑之所以美，诚如意大利基督教神学家圣·托马斯·阿奎纳所说："是由于神住在里面"②。

宗教是人类文化的重要组成部分，是历史文化的重要媒介或载体之一。因此宗教景观的吸引力一定程度上也就是历史文化的吸引力，宗教景观能激发起人们的宗教情感，满足人们精神上的需要。宗教在不同的历史时期和不同的国家或地区有着不同的形式和内容，宗教景观，如宗教建筑、雕刻、绘画、音乐和宗教仪式等，可谓千姿百态、光怪陆离，能使人产生耳目一新的感觉。

欧洲中世纪的哥特式教堂高大雄伟，高高的廊柱和圆形的拱门给人以天国的遐想，直冲云霄的尖尖的塔顶，让人感觉上帝并不遥远，教堂就像是天国，人们看到教堂就会感受到上帝的存在。在法国，教堂遍及各大城镇，其中最为著名的是"巴黎圣母院"，被称为"年高德重"的巴黎皇后。巴黎圣母院自建成以来一直是法国宗教、政治和民众生活中的重大事件和节庆典礼举行的重要场所，是古老巴黎的象征。

泰国被誉为佛教之国，全国有3万多座古老的寺庙和宫殿，被称为"千佛之国"。首都曼谷，其意为"天使之城"。

---

① 游乐城市网：www. yoolo. com/beijing/view_ jd. asp

② 马波《现代旅游文化学》，青岛出版社，2002

市内有大小佛寺300多座，亦称“佛庙之都”。著名的有玉佛寺、金佛寺。国内西安的大雁塔、小雁塔，洛阳的白马寺，云南大理的崇圣寺三塔，拉萨的布达拉宫、大小昭寺，新疆喀什的艾提卡清真寺，敦煌的莫高窟等历史景观，无不带着浓郁的宗教色彩，体现着神秘的宗教文化，对人们有着不可低估的吸引力。

综上所述，由于民族、地域、历史、宗教等特征的不同，产生了城市景观的文化差异，正是因为这些差异的存在，才塑造了城市独特的气质和与众不同的文化品位。所以优秀城市景观的设计，除了要涉及到自然因素外，还要考虑城市的历史文化背景、地区传统、宗教信仰、民俗民风等诸多隐性的文化因素，关注和尊重文化，更重要的是要关注平常的文化、日常的生活、当代人的文化，围绕着人的需要来营造城市景观，做到雅俗共赏。这样的景观设计才能找到一种认同和归宿[①]。

二、城市景观的文化多元性

当今社会已经进入了一个文化多元主义的时代，这既是一种语境，又是一种氛围。在这一语境下，人与人之间的接触日益增多，仿佛身处在一个硕大无垠的“地球村”，在地球村里，有众多的民族、众多的文化和文明，大家都意识到各自的以及对方文化的优劣长短及差异，取长补短，使得文化呈现出多元的特性。也正是因为有多种文化的存在，才能使世界变得丰富多彩而不至于变成一个乏味、单调的世界。

文化多元性在现实物质世界里有许多表现形式,城市景观便是其中之一。城市景观文化的多元性形成因素有很多,例如族性的差异,对立意识形态的并存,宗教的多样化等等。表现在当代社会,由于经济的全球一体化导致的各国联系的日益加强,推动了本国与它国间的文化交流,城市在原有传统文化基础上不断吸收、融合外来文化,不断积淀和发展形成了新的多元文化集合形式。作为城市物质载体的城市景观也体现出多元文化的特征,成为了城市发展中重要的时间和文化坐标,有些城市景观

① 陈六汀，梁梅《景观设计教程》，中国纺织出版社，2004

还是多种文化交流的历史见证。除了这些以外,城市景观本身多元性还包括与设计相关的自然和社会因素、设计目的和主要方法的多样以及设计实施技术方面的多样。城市景观的文化多元性主要表现在:①本土文化与外来文化的并存。②主流文化与个性文化的并存。③传统文化与时尚文化的并存。

社会因素也是造成景观多元性的主要原因之一。为什么社会群体服务是景观设计中需要考虑的重要因素。人们对景观开发空间、使用目的、文化内涵的需要的不同会影响景观设计形式中诸多元素的改变。考虑到满足不同年龄、不同受教育程度和从事不同职业的人们对景观环境的感受,景观设计必然会呈现多元性的特点。

案例：巴黎雪铁龙公园

巴黎雪铁龙公园带有明显的后现代主义的一些特征。位于巴黎市西南角的雪铁龙公园原址是雪铁龙汽车厂的厂房,70 年代工厂迁至巴黎市郊后,市政府决定在这块地段上建造公园,并于 1985 年组织了国际设计竞赛。公园是根据竞赛的两个一等综合方案来建造的。法国建筑师 P. Berger 负责公园北部的设计,它包括白色园、2 个大温室、7 个小温室、运动园和 6 个系列花园;景观设计师 A. Provost 和建筑师 J. P. iguier 和 J. F. Jodry 负责公园的南部设计,它包括黑色园、中心草坪、大水渠和水渠边 7 个小建筑。

雪铁龙公园的设计体现了严谨的集合对位关系,它们共同限定了公园中心部分的空间,同时又构成了一些小的系列主题花园。第一组建筑是位于中心南部的 7 个混凝土立方体,设计者称之为“岩洞”,它们等距离沿水渠布置。与这些岩洞相对应的是在公园中的第二组建筑,在雨天也可以成为游客避雨的场所。岩洞与小温室一实一虚,相互对应。第三组建筑是公园东部的两个形象一致的玻璃大温室,尽管它们体量高大,但是材料轻盈通透,比例优雅,所以并不显得特别突出。

公园中主要游览路线是对角线方向的轴线，它把园子分为两个部分，又把园中各个景点，如黑色园、中心草坪、喷泉广场、系列园中的蓝色园、运动园等联结起来。这条游览路线虽然是笔直的，但是在高差和空间上却变化多端，所以并不感觉单调。两个大温室，作为公园中的主体建筑，如同法国巴洛克园林中的宫殿；温室前下倾的大草坪又似巴洛克园林中宫殿前下沉式的大花坛的简化；大草坪与塞纳河之间的关系让人联想起巴黎塞纳河边很多传统园林的处理方法；大水渠边的6个小建筑是文艺复兴和巴洛克园林中岩洞的抽象；系列园的跌水如同意大利文艺复兴园林中的水链；林荫路与大水渠更是直接引用了巴洛克园林造园的要素；运动园体现了英国风景园的精神；而黑色园则明显地受到日本枯山水园林的影响；6个系列花园面积一致，均为长方形。每个小园都通过一定的设计手法及植物材料的选择来体现一种金属和它的象征性的对应物：一颗行星、一星期中的某一天、一种色彩、一种特定的水的状态和一种感觉器官[①]（图6-4）。

图6-4　巴黎雪铁龙公园

① 王向荣，林箐《西方现代景观设计的理论与实践》，中国建筑工业出版社，2002

三、城市景观的文化生态性

人类的一切创造活动都是以自然界为基础，以自然界为对象。因此包括人类所有创造活动的文化，都与自然界有着千丝万缕的联系。人类对环境的利用和影响是通过文化的作用而实现的。人与自然之间，通过物质、能量、信息的流通、转换进行文化创造活动，人类的活动和自然界形成了一个和谐的文化生态系统。所以文化生态性指的是自然环境与人类文化之间相互作用的关系和性质。

在城市中通常可以看到建筑的周围有抽象的人工雕塑，挺拔的树木，潺潺的流水，开阔的草坪，草坪上奔跑的孩子在嬉戏，整个景观给人的感觉是人与自然的和谐共处。其实城市景观就是自然资源与人文特色结合的产物。城市景观的建造要依赖于众多的自然条件，如大地、水、气候等自然环境；同样自然景观在转变为文化景观过程中，不仅有物质文明的渗透，也有人类精神文明的进步。自然资源表现了城市景观的生态现状，增加了景观自身的美感和可欣赏性；人文特色反映了景观设计的依据和深层次的文化内涵，城市景观的发展方向既受制于自然规律，又受制于各种社会制度下人类对自然界利用、改造的程度和方式。自然资源和人文特色的有效融合体现了城市景观的最终表现力。因此对这类城市景观的设计必须建立在两者相互关联和相互借重的基础之上。

案例：自然景观中赋予文化主题——德国斯克劳斯公园

德国斯克劳斯公园的景观设计很好地结合了自然景观与文学主题，成为一个充满“场所与诗对话”的景观空间。在这里，人们既可以享受到自然的优美景色和舒适环境，还可以结合这些环境欣赏具有“点题”作用的诗词文句，诗文和景色相结合的这种做法很像中国古典园林的手法，例如“留得残荷听雨声”的文字能够进一步激发观赏者的景观联想，使景观的现实感觉、景观经验与意向相叠加，而荷塘小院凉亭的实物在景观联想过程也得到了意境上的升华。

斯克劳斯公园在原有的白杨树林中进行景观设计，试图创造场所与诗的对话。由苏格兰艺术家及诗人伊恩·汉密尔顿·芬利（Ian Hamilton Finlay）与景观艺术家乔治·彭克（Georg Penker）合作设计。他们清理公园中的河道，适当地砍伐杨树，使橡树和榉木更好地生长，引进野花和灌木品种，使原来单调的杨树林成为各类树种共生的景观树群。在原有14世纪的城堡及新改造成游客中心的消防站之间，设计师设计了一条笔直的通道斜穿树林，跨越小湖并沿路开辟楔形草坪，以混凝土矮墙分割草地与树林。树林中的通道以自然形态的枝干搭成连续的门架棚廊。树林中散布刻着诗的碑石，其中诗意与环境相吻合。跨越小湖的道路路基侧面刻着描写天鹅的诗篇，使观赏者对湖面的景色增添优美的联想。在这里景观的作用犹如这句诗所描述的那样：A seat is not a “sitting area”, but become a place of contemplation。在现实与联想的交织下，观赏者达到了这样的境界：The ocean roar is heard，on the meadow of the land①.

案例：工业遗迹改造——杜伊斯伯格公园

占地200公顷的杜伊斯伯格公园在景观物质上和审美上都有很大的突破，其审美上的革新使人们重新认识到“公园”式样的可能性。它通过简单的语义学符号就将巨大的钢铁厂转变为公园，人们可以爬到五、六十米高的溶铁炉顶，眺望整个生态公园。矿渣堆积山被改建为露天的剧场，重金属乐队可以在这里演出，登山俱乐部可以攀爬以前工厂的高大混凝土构

① 冯炜，李开然《现代景观设计教程》，中国美术学院出版，2002

建筑物。

这个古老的钢铁厂位于杜伊斯伯格市北边，改造成景观公园耗时很长，且耗资巨大，合计200万英镑，1994年该公园正式向公众开放。

该公园的开发遵循两条基本生态原则：第一个生态观念是物质的循环观念，它既包括将废弃物作为植物生长的环境的概念，如焦碳和矿砂，煤仓的示范园以煤、矿砂和金属作为植物的生长环境；也包括建筑材料的循环使用概念，废砖聚集起来用以制作红色混凝土等。第二个生态观念是水的循环，公园原有的受到污染的老废水渠得到很好整治，来自屋面、道路和铺装地面的地表水经由明沟排水渠被引入缓留盆和沉淀槽，旧溶渣场栽种10～50厘米高的植被并铺设2.5米深的碎石和砂层，以保证自然流入渠内的水得到天然筛滤。

设计基于对工业遗存物的保留和美学欣赏：旧铁路堤被看作是一种大地艺术并被处理为绿地。以前这块地方非常幽闭恐惧，公众只能走在铁路路堤下的低地，现在游客可以从铁路路堤上观赏周围景色，产生一种摆脱束缚的感觉。工厂的构筑以保持工业遗物景观的美学价值为目的。工厂的铸造区生产生铁的巨大铁盘组合设计成金属广场，共用了47快嵌板，每块板2.5米见方，重7.5～8.5吨，放于沙地上。铁盘由压缩空气通过高压管清洗，使已锈蚀的熔铸钢形成冰一样的表面。

该公园具有全新的思路，有效地利用工业遗存物而不是破坏或隐藏，展现出工业时代的真实历史①（图6-5）。

---

① 冯炜，李开然《现代景观设计教程》，中国美术学院出版，2002

图 6-5 杜伊斯伯格公园

四、城市景观的文化融合性

18 世纪 70 年代以后，欧洲的技术文明向其它地区传播。技术不再像工业时代以前各文明社会中那样作为一种工具发挥作用，而是成了组织一切活动的方式。这种方式竭力把一切活动技术化、条理化，把技术扩散到整个文化中去。欧洲的兴起将整个地球变成了人类的资源和一个相互联系的系统，促进了 19 世纪文化融合的趋势的出现，这种趋势在 20 世纪后大大加强[①]。纵观各大城市在这一时期的演变，人类开始着力构建一个结构复杂、规模宏大的工业化和城市化社会，导致的结果是人们在诸多方面的共同之处比差异性要多，这种趋同的态势变得极为普遍。文化融合的另外一个原因是由于全球联系的建立。虽然殖民时代仅是人类漫长历史中的一段插曲，但它却使世界范围的文化扩散得到前所未有的发展。由于文化接触的结果，一个地区的文化在与其它地区的文化接触中，必然会受到

---

① 王星、孙慧民、田克勤《人类文化的空间组合》，上海人民出版社，1990

它们的影响，从而接受它们的一部分文化，与本土文化相互融合形成一种新的文化，整个世界便成了文化的综合体。

城市景观也是如此。由于技术的传播和全球联系的建立，各个民族在继承本族文化的同时，又借用和吸收其它民族的文化，按照时间序列在特定的区域不断地融合沉积，形成多层文化叠置的、具有多重文化属性和特征的文化景观。人们看到的城市景观中，既有鲜明的地方特色，又有外来文化的烙印。如许多的殖民地和半殖民地国家的城市景观，往往既带有当地文化的特色，又带有帝国主义国家文化的色彩。在新时期，人们设计城市景观在考虑地区文脉的同时，兼取外来文化的精华，将两者加以有机结合，从而建造出具有文化融合特征的城市景观。

案例：贝莱姆塔

16 世纪，葡萄牙的海军政策及航海事业的发展使得利斯博恩成为一个不可缺少的港口。贝莱姆海滨是去往非洲和东方等地的出发点。那些新世界的财富和文化都被带到了葡萄牙，并且对当地主要建筑物的建造起到了决定性的影响。比如：哲罗姆派修道院和贝莱姆塔的建造就受到了它们的影响。

1455 ~ 1495 年间在位的国王进行了一项卓有成效的革新计划，其中包括建立一个三角防线。这个三角是指已经存在的卡斯凯什湾要塞和对岸的托雷韦尔哈以及第三角的新建城堡，其中新建城堡是由国王的儿子曼努埃尔一世完成的。为了纪念利斯博恩崇高的守护神 – 圣维森特，人们建造了贝莱姆塔，它是在原来的“格兰德诺”遗址基础上建立起来的。原来的“格兰德诺”遗址曾经遭受过火灾，因而，这次用石头代替了木制结构。弗朗西斯科 · 德 · 阿鲁达在从北非返回时，被任命为贝莱姆塔要塞的总工程师。1514 年，贝莱姆塔的建设开始了。

当时是在王国的建筑大师迪奥古 · 德 · 博伊泰克

的指导下开始的，后来该建筑师还掌管了哲罗姆派修道院的建设。贝莱姆塔于1520年完工。弗朗西斯科·德·阿鲁达的贡献体现在塔的建筑形式、塔的精当匀称性以及塔的装饰上，这些都受到了伊斯兰国家和东方国家的影响。而建筑中最突出的特征——拜占庭式角楼上的段状屋顶，充分说明了这一点。作为国王特权的一个象征，这些装饰包含了所有的曼努埃尔时的象征物，有丝索在建筑物周围环绕，结束着精美的彩结。还有许多环组成的球、象征基督军事命令的十字架以及自然物体，比如说犀牛，它第一次出现在石头上是在欧洲。这一点为面朝西角楼具有的特点提供了解释基础，也是葡萄牙的建筑文化与其它民族文化融合的证据。随着时间的流逝，该塔经历了无数次的改造。其中19世纪，改造达到了顶峰：塔本身保留了中世纪的风格，只不过要窄得多，且有四个拱顶的房间；而堡垒经改建，更加现代化，包括在原来放

图6-6 贝莱姆塔

置大炮的地方设置了匹配物。如今，随着新堡垒的建设，贝莱姆塔已经失去了它当初作为特茹河防护地的作用①（图 6-6）。

① 人文在线网：www.hsgj.com.cn/Article Sho

第 7 章 城市历史遗迹的保护与设计(上)

——城市单体历史遗迹的保护与设计

城市历史遗迹是城市发展过程中遗留下来珍贵的文化遗产，同时也是城市景观中珍贵的资源。城市历史遗迹共分三个层面：分别是单体历史遗迹、历史地段以及历史风貌。对待这部分历史文化遗产，我们应持有审慎的态度。不仅应当保护其中一部分历史遗迹，同时也应当采取一定的设计方法将它们整合到城市空间之中，以实现保护与发展，历史与现实，继承与创新的有机统一。

第一节 城市历史遗迹保护与设计的发展历程

一、城市历史遗迹保护与设计的意义

1. 城市历史遗迹的界定

文物保护角度的城市历史遗迹，就是指城市发展遗留下来的形体环境。1976 年，联合国教科文组织将历史遗迹界定为：历史遗迹是过去存在的表面。并将历史遗迹问题归纳成五个方面：①历史遗迹是人类生活环境中的一部分。②历史遗迹是过去存在的表面。③历史遗迹给我们的生活带来了多样性。④历史遗迹能将文化、宗教、社会活动的丰富性与多样性最准确、如实地传给后人。⑤保护保存历史遗迹与现代生活的统一，是

城市规划、国土开发方面的基本任务之一[①]。前苏联建筑学家普鲁金在他的著作《建筑与历史环境》中将城市历史遗迹也界定为城市遗存的形体环境[②]。而在我国，王瑞珠所著《国外历史环境的保护和规划》，阮仪三所著《历史环境保护的理论与实践》中，也都反映了同样的意思。

值得注意的是，历史这一定义是相对的，因此历史遗迹必须有一定时间的界限。各个国家、各个民族发展情况不同，也就没有固定的时限标准。如历史相对较短的美国，时限界定为 50 年。而在我国，由于历史较长，历史的范畴较为宽泛，可分为古代、近代等多个范畴，底线一般是 1949 年以前，但也没有硬性的规定。

城市的历史遗迹是人类在城市中遗存的形体环境。从类别范围分，一是建筑物，二是道路，三是广场，四是构筑物，如桥梁、城墙、塔、护墙等等，五是建筑小品，如亭、雕塑等等，此外也有少数的自然物，如古树等。如果按保护范围划分，可分为单体历史建筑、历史地段与城市历史风貌等范畴。本书采用按保护范围划分的标准，建筑物、广场、构筑物、建筑小品等均属于单体历史建筑。历史地段则是单体历史建筑物的集合体，它包括上述单体历史建筑的两种或多种，在历史地段中，并非每一个组成部分都是历史建筑，但其中历史建筑占一定比例，且历史地段从整体上能反映出一定的历史氛围。城市历史风貌则是一种更为宏观的历史遗迹，它包含数量不等的历史建筑与历史地段，甚至也包括旧城。

在历史遗迹的定义中，还有一种看法，认为历史遗迹仅包括历史地段与城市整体历史风貌，如张松先生在《历史城市保护学导论》中界定历史遗迹为[③]：

---

① 国家文物局法制处编《国际保护文化遗产法律文件选编》，紫禁城出版社，1993

② ［前苏联］普鲁金著，韩林飞译《建筑与历史环境》，社科文献出版社，1997

③ 张松《历史城市保护学导论》，上海科学技术出版社，2001

历史遗迹 Historic Environment	历史文化名城、历史地段历史街区(中国)
	传统的建造物保存地区、历史的市、町、村(日本)
	Conservation Area(英国)
	Historic District/Area Historic Town(美国)
	Sectrurs Sauvegardes (法国)
	Centris Storici(意大利)
	Places of Cultural Significance (澳大利亚)

这种划分的方法主要是从单体历史建筑与整体环境关系的角度出发的，因为保护单体历史建筑，不仅仅要保护其自身，还意味着要保护一个环境，历史建筑的保护是不能“独善其身”的。其实这种历史遗迹的划分，与前者是一致的。因为历史地段及城市整体中包含有大量的单体历史建筑，因此二者只是提法不同。

2. 城市历史遗迹的价值

(1)历史见证价值

城市中的建筑是人类在生产活动中克服自然改变自然的记录，同时也是人类社会各代的社会生活与政治经济制度的反映。意大利史学家克罗齐有句名言，“每一部真正的历史都是现代史”①。确实这样，因为历史是现代人所撰写的，都揉进了现代人的主观意愿，而遗存下来的历史遗迹是一种实物，它能够从各个侧面反映出某一社会、某一发展阶段的生产力和生产关系，经济基础与上层建筑相互作用的情形，是人们研究社会发展史的实物资料。人们从中可以看出每个社会的断面，了解社会的变迁，它比文献资料更加可信。正如诗人兼建筑大师林徽因在她执笔的《平郊建筑杂录》中，带着诗的激情所说的一段话：“无论哪一个巍峨的古城楼或角落的殿基的灵魂里，无形中都在诉说乃至于歌唱，时间上漫不可信的变迁，从温雅

---

① 彭刚《精神、自由与历史——克罗齐历史哲学研究》，清华大学出版社，1999

的儿女佳话，到血流成渠的杀戮”①。《威尼斯宪章》也充分肯定这一价值：“世世代代人民的历史文物建筑，饱含着从过去的岁月传下来的信息，是人民千百年传统的活见证”②。

(2)美学价值

城市是历代人民生活与工作的空间，同时也是历代人民创造美的一个场所。许多历史环境具有非常高的审美价值，充分显示人民的智慧。一些历史建筑以其巧夺天工般的设计，给人以感觉与视觉方面的美感。而另一些历史建筑对体现人们的自我认同方面有重要意义，能引起人们的联想，从而引起人们的快感直至美感。

(3)情感寄托价值

城市的历史遗迹不仅是物质性的，而且还内存着场所精神，对人来说有情感寄托的价值。第二次世界大战以后，欧洲许多被战争摧毁的城市面临重建的问题，波兰华沙当时就面临两种选择，一是完全建一座新城，二是按历史面貌重建。绝大多数的人支持后者。当恢复老城华沙消息传开后，流浪在外的华沙人一下子回来了30万，整个国家掀起了爱国建设的热潮，创造了举世瞩目的“华沙速度”，从中可见历史遗迹对人的情感的不可替代的作用与价值。现代社会的变化日新月异，对人的心理产生很大的影响，历史遗迹在这方面可以起到调节作用。“每当社会采用新技术，就必须有人的平衡反应——那就是深厚感情——不然的话，这种新技术会受排斥”③。美国后现代主义建筑学家布伦特·C·布罗林在他的《新老建筑的配合——建筑与文脉》一书中也写道：“老建筑及其周围舒适的环境，对于生活在我们的城镇及都市中的人们来说，是一个熟悉的背景，是在这个瞬息万变的世界里一个危难时的依靠”④。

---

① 梁思成、林徽因《平郊建筑杂录》，《中国营造学社汇刊》1932年第3卷，第4期

② 国家文物局法制处编《国际保护文化遗产法律文件选编》，紫禁城出版社，1993

③ 孙全文《当代建筑理论之研究》，台湾詹氏书局，1986

④ [美]布伦特·C·布罗林著，翁郅祥等译《建筑与文脉——新老建筑的配合》，中国建筑工业出版社，1988

(4)教育价值

城市的历史遗迹是教育人民，普及科学文化知识的课堂。历史遗迹内容丰富，涉及面广，而且由于其形象生动，能够起到书本教材起不到的教育作用，不仅如此，历史遗迹是人类思维、艺术、技术的积累，它也可以激发人类的思维，使人类吸收其中有用的东西，从而实现更大的创造力。那些建筑古迹、革命历史建筑还能够激发人们爱国热情与民族自信心(图 7-1)。

图 7-1 北京人民英雄纪念碑

(5)旅游价值

当人们的生活水平提高后，人们的生活需求就会由吃、穿等低层次的范围转向更高层次的方面，旅游的需求便是其中之一。当今社会，人们的闲暇时间越来越多，这也促进了旅游业的发展。旅游业的发展包括食、住、行、游、购、娱，对象是自然景观与人文景观，历史遗迹是其中的一个重要组成部分，历史遗迹的旅游价值是其历史见证价值、教育价值、美学价值、情感价值所派生的产物。

二、世界城市历史遗迹保护与设计的发展历程

世界范围内真正意义上的城市历史遗迹保护，只是近 300 年左右的事情，在范围上，它经历了一个由单体文物到周围环境再到历史地段、历史性城市不断扩大的过程；在方式上，它经历了一个由单纯的保护到保护与更新相结合的过程，这一系列的变化，反映在具有世界意义以及各国颁布的相关法律文

件中。

1. 单体历史遗迹的保护阶段（18世纪中叶～20世纪30年代）

人类从很早以前，就认识到历史文化遗物的价值，而有保护与收藏的行为，这是一种对逝去时代的纪念与追寻，以及对逝去时代文物代表作的珍视和欣赏。“古董”这个词汇，无论在我国还是在外国很早就被运用了，但一般局限于保护一些器物。而对于城市建筑物，则没有那么高的重视程度。非但如此，在我国，由于改朝换代频繁，历史建筑物经常被看作是过去统治的象征，而加以破坏与摧毁，我国古代就有项羽烧阿房宫“大火三月不灭”的故事。在国外，虽在罗马时代人们就有意识地对历史建筑加强了一些保护措施，但是中世纪对城市的摧毁也是世人皆知的。近代以来，产业革命后一段很长的时间内，人们忙于发展生产，对历史建筑与古建筑的保护也无暇顾及，而且摧毁了大批具有历史文化价值的文物建筑。

历史建筑的保护与修复工作于18世纪逐渐受到重视。但在18世纪以前，欧洲在历史建筑的保护与维修方面，还没有一定的理论与方法。至于这项工作的系统化，则是从18世纪中叶开始的。第一个提出理论的是法国人V·C杜克，他提出了“整体修复”原则，主张一座建筑及其局部的修复，应保持原有的风格，不仅在外表形式上，而且在结构上也是如此。不久以后，英国人J·拉斯金认为对古建筑不能修复，这样就会使古建筑成为“假古董”。后来，意大利人C·波依多和G·乔瓦诺尼提出了“折衷理论”，认为古建筑是历史发展活的见证，要保护建筑物所蕴涵的全部历史信息，包括它原有的环境以及在历史上一切改动与增添的部分。这之后，城市历史遗迹的保护才逐步进入正轨，但上升到法律意义上则是从19世纪末20世纪初开始的。

工业化发起较早的国家是最早保护历史遗迹的国家，如法国，在1840年成立了历史管理局，1913年颁布了《历史古迹法》，此法的应用范围仅限于文物建筑以及与所保护对象直接联系并与保护的安全与卫生条件密切相关的部分。这个法律明确规定，历史建筑作为公众利益受到保护，同时，根据历史建筑的历史、艺术价值，规定了两种不同程度的保护方式，一是非常严格的，就是要求对历史建筑从历史学的角度或者从艺术的角度来进行保护，其登录和保护的程序都比较严格，另一种是注册登记，保护要求也相对简单，主要是对历史建筑的变化进行监督和有效的管理，以保持和体现其价值。

在英国，1877 年由威廉·查理斯创建了"古建筑保护协会"，1882 年颁布了古纪念物保护法，保护的内容是宝邸、庄园、农舍、桥梁等与历史事件有联系或有历史意义的建筑物。

在日本，历史建筑保护的出发点是对神社、寺庙的保护，日本政府 1897 年颁布了《古社寺保存法》，开始了正式的依法保护建造物的时期。《古社寺保存法》所确定的保护对象，原则上为社寺所有的宝物、建造物。日本政府在 1919 年又颁布了《史迹名胜天然纪念物保存法》，该法虽然没有将建造物作为直接的保护对象，但它是以保护与土地有关的文化财产为目的的，因此实际上包括建筑物。1929 年政府又出台《国宝保存法》，保护对象从社寺建造物扩大到城郭、宫殿、住宅、茶社等国家公有、私有建造物，"国宝"扩大为"国民之宝"。《古社寺保存法》、《国宝保存法》与《史迹名胜天然物保存法》的结合，具有特殊的意义。首先，按《古社寺保存法》、《国宝保存法》指定的特别保护建造物，或已指定为国宝的建造物，它们的基地按《史迹名胜天然纪念物保存法》，可指定为史迹，这样可达到双重保护与控制的目的。其次，指定为史迹名胜的基地上的建造物，如有一定的来历，即便不是特别保护建造物，也作为保护对象予以保护，这样，事实上扩大了保护范围。

在美国，1906 年颁布了《古物保护法》，只有"高等"文化地位的建筑如教堂、市政厅或与重要人物有关的建筑(如林肯早年住过的住宅等)才予以保护。1920 年以后，这种情况有所改变，保护范围扩大了不少。美国开发初期的简单木屋、煤气站、粮库、酿酒厂、酒吧等也被列入了保护范围。

这个时期的保护主要以"静态"为主，一般建筑物都冻结封存。由于保护对象都系单体建筑，冻结封存也较容易做到。

2. 历史建筑周边地区的保护阶段(20世纪30～60年代)

在历史建筑的保护过程中，人们逐渐认识到，一个重要历史建筑物是不能“独善其身”的，没有周围环境的烘托，它的历史文化意义将会大打折扣，这种意识推动了人们的保护行动，于是历史建筑物的保护范围进一步扩大，由其本身开始扩展到周围地区。

1930年，法国通过《景观保护法》。尽管这里的景观主要是指一些自然物，如瀑布、泉水、岩石、树林等。但也包括人们创造的田园景观以及城市中的特色景观，如埃菲尔铁塔所在的区域即被列为重要的景观而被加以保护。景观保护也分两种，一种是列级登记，而另一种是注册登记。列级登记范畴的景观被严格控制，除非有特别的准许，禁止任何破坏，改变其面貌状况。这说明历史遗迹保护的范围在扩大，已经开始注意其周边的环境。

1943年，法国通过一个《历史建筑周边环境法》，从而建立了以历史建筑物为中心、以500米为半径的历史建筑周边环境的概念和范围。其保护措施是自动的，即一旦某个“历史建筑物”被确定，在其周边便自动生成了一个500米为半径的保护范围，其内部建设受到控制。包括：在其中不能有任何未经特殊批准的建设；保护和历史建筑息息相关的自然元素(树木、草地等)；保护围绕历史建筑的建筑物；保护基地上或街道上的特征(铺地材料、照明设施等具有“珍藏首饰的首饰箱”作用的周边环境)。

保护历史建筑周边环境的第一个国际性文件是1933年8月国际现代建筑学会公布的《雅典宪章》，宪章认为应保存有价值的建筑与地区①，这一地区的概念主要是指文物建筑的周边环境。保护历史建筑周边环境一个具有重要世界性意义的法律性文件，是第二届历史古迹建筑师及技师国际会议于1964年5月25日～31日在威尼斯通过的《国际古迹保护与修复宪章》(简称《威尼斯宪章》)。《威尼斯宪章》指出“历史古迹的概

---

① 陈友华、赵民主编《城市规划概论》，上海科学技术出版社，2000

念不仅包括单个建筑物，而且包括从中可以看出一种独特的文明、一种有意义的发展或一个历史事件见证的城市或乡村环境，历史古迹包括着对一定规模环境的保护，凡传统环境存在的地方必须予以保存”。“保护一座文物建筑，意味着要适当地保护一个环境，一座文物建筑是不可以从它见证的历史和它所产生的环境中分离出来的”①。《威尼斯宪章》是第一个保护与修复古迹的宪章，它在世界城市历史遗迹保护事业上具有里程碑的意义，在它之后的一系列文件，都是以它为基础的。

3. 历史地段与历史城市的保护阶段(20世纪60年代~今)

在人们将历史遗迹保护从单体向周边环境发展时，人们进一步发现，从整体上保护历史遗迹，仅仅保护单体历史建筑物及其周边地区是不够的，这样，历史地段的保护被提上日程。

历史地段与历史建筑周围环境或周边地区的概念是有区别的。首先，二者划定的目的不同。历史地段保护是为了其自身价值，而历史建筑周围环境是为了彰显历史建筑的价值，或为了保证历史建筑价值的完整性，或是为了使历史建筑周围有一个良好的环境，保证历史建筑所携带的历史信息不受干扰。其次，二者的内容要求不同。历史地段内必须有历史遗存原物或携带真实历史信息的建筑物，尽管这些建筑物可能不足以定为文物，而历史建筑周围环境，对有无历史遗迹，并无任何硬性要求，之所以对它保护与控制，只是因为它在历史建筑的周围，对历史建筑影响较大。

首先提出历史地段保护的国家是法国，法国于1962年颁布了《马尔罗法》，该法律中提出了“保护区”的指定制度。“保护区”的设立是国家根据建筑、艺术、历史、人文等方面的标准进行鉴定后强制确定的，并且明确提出要制订一个长期的保护和实施的规划，通过这个规划对保护区进行非常细致深入的全面研究，同时，在充分考虑所有必要的美学、技术等方面的因素之后，确定具体和深入到可以实施的保护、整治的措施。

---

① 国家文物局法制处编《国际保护文化遗产法律文件选编》，紫禁城出版社，1993

在保护区的建筑物不可以任意拆除，维修、改建都要经过国家的批准，一旦批准后，可以得到国家的资助，并享受若干减免税的优惠。

英国于 1967 年颁布了《城市文明法》，规定要保护“有特殊建筑艺术和历史特征”的地区，首先考虑的是地区的“群体价值”，包括建筑群体、户外空间、街道形式等等。保护区的规模大小不等，大的例如古城，小的有广场、传统居住区甚至街道等等，比较耐人寻味的是这个法律的名称，这个法律直译名是“有关市民舒适、愉悦的法律”，他们把保护历史街区，保护历史遗迹当作居民精神愉悦，心情舒适的代名词，可见保护历史遗迹在英国人的心中占据极重的位置。

在日本，政府于 1950 年通过了《文化财[①]保护法》，将《古社寺保存法》、《国家保存法》以及《古迹名胜天然纪念物保存法》的保护对象范围大大扩大了，1975 年《文化财保护法》经过修订，增加了保护“传统建筑群”的内容。法律规定，传统建筑集中、与周围环境一体形成了历史风貌的地区应定为传统建筑群保护地区加以保护，先由地方城市规划部门通过城市规划确定保护范围，然后制定地方的保存条例，国家择其价值较高者定为“重要的传统建筑群保存地区”。1966 年日本政府颁布了《古都保存法》，把历史上古都的全貌，也加以立法保护。古都是指曾经做过全国政治、文化中心，在历史上占有重要位置的京都市、奈良市、镰仓市以及政令决定的其他市、町[②]、村。对古都的保存并不是指古都的全部，而是指在其中划定的“历史风貌保存区域”，实际上相当于面积较大的历史地段。在京都市、奈良市，这种保护区域大致占市域面积的 1/10 左右。

---

① 文化财类似中国文物概念

② 町是一个日本的概念，日本的町是从农业社会产生发展而来的，江户时代直至明治以后，一般指港口、驿站、城市等非农业的单一行业聚居地，在格局上与中国封建社会城市中的里坊、集市相似，但在社会结构与组织上有差别。町的主要类型有港町（港口城市）、驿站町（交通性城市）、门前町（以寺院神社为中心）、市场町（以集市为中心）等等。日本的城市格局和发展模式都是在町的基础上不断演化的结果

对历史地段保护具有世界意义的文件是1987年10月国际古迹遗址理事会通过的《保护历史城镇与城区宪章》（简称《华盛顿宪章》）。《华盛顿宪章》首先肯定了历史地段与历史城市的价值，“所有的城市社区，不论是长期逐渐发展起来的，还是有意创建的，都是历史上各种社会的表现”，“本宪章所涉及的历史城区，不论大小，其中包括城市、城镇以及历史中心或居住地，也包括其自然的和人造的环境，除了它们的历史文献作用之外，这些地区体现了传统城市文化的价值”①。这个文件重点所谈的是历史地段，它是对《威尼斯宪章》的补充和更正，这里的历史地段指的是“城镇中心具有历史意义的大小地区，包括城镇的古老中心区或其他保存着历史风貌的地区”②，而不是指历史建筑的周边地区。《华盛顿宪章》规定，在历史地段中，不仅要保护历史建筑的面貌，还要保护其整体的空间环境，如街道的式样，建筑与绿化、广场空地的关系，以及该地区的功能③。

除保护城市历史地段外，在这个时期，不少国家还提出了保护历史性城市。值得一提的是，国外对历史性城市的保护，有两种情况。一种情况是一些小的古城镇，其地域的规模不大，可以整体加以保护。而另一种情况是一些大的城市，保护历史性城市，并不是保护城市全部，主要是历史上的旧城或一些划定的部分，而非指城市的整体。

这个时期更加注重保护与更新相结合。其实，保护与更新相结合的思想在早先时候就已经被提出。早在19世纪中叶，法国文物建筑保护理论的奠基人维奥勒·杜克就曾经说过，“保护文物建筑的一个好办法就是给它找一个合适的用途，好

---

① 国家文物局法制处编《国际保护文化遗产法律文件选编》，紫禁城出版社，1993

② 国家文物局法制处编《国际保护文化遗产法律文件选编》，紫禁城出版社，1993

③ 国家文物局法制处编《国际保护文化遗产法律文件选编》，紫禁城出版社，1993

好地去满足这个用途的各种需要，条件是不改动它”[①]。《雅典宪章》也有过保护与更新相结合的思想，宪章认为，在所有的可能条件下，将所有干路避免穿行古建筑区。并使交通不增加拥挤，亦不使妨碍城市有机的新发展[②]。

保护与更新相结合的思想，在 60 年代后得到了高度重视。因为保护文物建筑以及周边环境为主体的阶段，保护方法是以博物馆式冻结式保护方法为主，更新在很小的范畴内应用。但当保护范围扩大到历史地段以后，这种保护方式已经不太适用。历史地段保护范围大，且是生活性的，在大多数情况下，人们还需要在其中继续生活，必须正确对待保护历史遗迹与推动城市发展中的矛盾。1967 年通过的《马丘比丘宪章》认为，“保护、恢复和重新使用现有历史遗址和古建筑必须同城市建设过程结合起来，以保证这些文物具有经济意义并继续具有生命力。在考虑再生和更新历史地区的过程中，应把一些设计优秀的当代建筑物包括在内”[③]。1976 年联合国教科文组织第 17 次全体大会上通过的《关于保护历史的或传统的建筑群及它们在现实生活中的地位的建议》(简称《内罗毕建议》)中指出：“大多数的历史或传统的建筑群里，都发生了汽车交通与城市结构和建筑艺术质量之间的矛盾。会员国应鼓励和帮助地方政府探讨解决这一矛盾的方法”[④]，“在保护和修缮的同时，要采取恢复生命力的行动。因此，要保持已有的合适的功能，尤其是商业和手工业方面的功能，并建立新的功能。为了使它们能长期存在下去，必须使它们与原有的经济的、社会的、城市的、区域的、国家的物质和文化环境相适应。必须制定一项政策来复苏历史建筑群的文化生活，要建设文化活动中心，要使

---

① 张松《历史城市保护学导论：文化遗产和历史环境保护的一种整体性方法》，上海科学技术出版社，2001

② 陈友华、赵民主编《城市规划概论》，上海科学技术出版社，2000

③ 陈占祥译《马丘比丘宪章》，《建筑师》(4)

④ 国家文物局法制处编《国际保护文化遗产法律文件选编》，紫禁城出版社，1993

它起到促进社区和周围的文化发展的作用”[①]。法国的《马尔罗法》中也对保护与更新高度重视，认为保护一个历史街区需要同时保护其外部立面和更新其室内，修复的具体实施方法包括保持街区特有的性格，并对建筑物进行整治，使得建筑物居住起来更加现代更加舒适。修复工作需要达到如下两个方面的目的：保护我们的历史文化遗产和改善法国人民的生活和工作环境。1979 年澳大利亚编制了《保护具有文化意义地方的宪章》(简称《巴拉宪章》)，针对建筑遗产的保护，明确地提出了改造性再利用的概念，即对某一场所进行调整使其容纳新的功能，保护历史遗产关键在于为建筑遗产找到恰当的用途，使该场所的重要性得以最大限度的保存与再现，对重要结构的改变降低到最低限度，并使这种改变可以得到复原。《华盛顿宪章》中也明确指出，“本宪章也寻求促进这一地区私人生活和社会生活的协调方法，并鼓励对这些文化财产的保护。保护历史城市与地区意味着这种城市的保护、保存和修复及其发展并和谐的适应现代生活的需要的各种步骤”[②]。

总之，纵观西方城市历史遗迹的保护历程，大至经历了以下过程。从保护对象上看，在过去，只有在艺术上或在历史上占据重要地位的建筑才能被保护，而随着时间的发展，一些历史文化意义一般的建筑也能得到保护；从保护范围上看，从单体历史建筑的保护逐渐扩大到单体历史建筑与其周围环境的整体保护，之后人们又将保护范围扩大到历史地段甚至城市整体层面。从保护方式上看，伴随着历史环境保护范围的扩大，过去那种冻结式的保存方式已经不能适应时代发展的需要，它已经被更新与保护相结合的方式所替代。

---

① 国家文物局法制处编《国际保护文化遗产法律文件选编》，紫禁城出版社，1993

② 国家文物局法制处编《国际保护文化遗产法律文件选编》，紫禁城出版社，1993

三、我国城市历史遗迹保护与设计的发展历程

和西方国家同样，我国的城市历史环境保护也经历了一个由单体历史文物建筑到历史地段与历史城市，静止性保护到保护更新相结合的大致历程。不过，我国属发展中国家，目前城市历史遗迹保护法律法规尚不健全，保护工作大大滞后于发达国家。

1. 单体历史建筑的保护阶段(1950～1980年)

建国前，1922年北京大学成立了考古学研究所，这是我国城市历史遗迹(包括农村)保护的开始。1930年6月，国民政府颁布了《古物保护法》，一共有14条。1931年又进行了添加，颁布了《古物法细则》，并在1932年成立了中央古物保管委员会，制定了《中央古物保管委员会组织条例》。应该说，这一时期我国在历史遗迹保护方面做了一些有意义的探索。但由于长期战乱，时局不稳，因此，还谈不上有什么实质性的保护。

1950年5月中华人民共和国发布了有关文物保护的政令，同年7月6日，又发布了《关于保护文物建筑的指示》。1961年3月14日，国务院颁布了《文物保护暂行条例》，同时公布了180个第一批全国重点文物保护单位，建立了重点文物保护单位制度。当时，建筑大师梁思成先生已经意识到保护整体历史文化的重要性。他说："北京作为故都及历史名城，许多旧日的建筑已成为今日有纪念意义的文物，它们不但形体美丽，不允许伤毁，而且它们位置部署上的秩序和整个文物环境，正是这座名城壮美特点之一，必须在保护之列"①。他还论述到："北京古城的价值不仅在于个别建筑类型和个别艺术杰作，最重要的在于各个建筑物的全部配合，它们与北京的全盘计划，整个布局的关系；在于这些建筑的位置和街道系统的相辅相成；在于全部部署的庄严秩序，在于形成宏壮而又美丽的整体

① 吴良镛《北京旧城与菊儿胡同》，中国建筑工业出版社，1994

环境。我国古代的城市，有许多是按规划建设的，有些城市虽然看不出明显的规划意图，但自发形成的布局和路网系统也能反映出时代的特征和地方特征，饱含着城市的历史信息，它们有着值得保存的建筑个体和城市整体的配合关系，有着值得保护的规划格局或空间部署的秩序，有着值得保护的文物环境。对于这些，只保护一个个的文物建筑是不够的"①。应当说，梁思成先生的整体保护思想，在当时的世界上也是先进的。因为世界上公认的整体保护思想也只是在20世纪60年代。基于整体保护的思想，梁老提出了避开北京老城，开辟新城的建议，但可惜的是，由于各种原因，这个愿望没有实现。

2. 历史地段与历史名城的保护阶段(1980年~今)

1966年开始的"文化大革命"，使我国的城市历史遗迹保护工作一度中断。1978年之后，保护工作开始逐渐恢复。1982年，国务院批准公布了第二批重点文物保护单位。1982年2月8日，国务院批准了24个首批国家级历史文化名城。

1982年11月19日《中华人民共和国文物保护法》出台，与此同时，国务院的文件中规定了要保护文物古迹比较集中，或能较完整地体现某历史时期传统风貌的街区、建筑群、小镇、村落等历史地段，要求各地依据它们的价值公布为各级"历史文化保护区"。同时，规定除国家级历史名城之外，各省、自治区、直辖市可以审批公布本地的历史文化名城。1986年国务院又公布了第二批38个国家级历史文化名城。1992年1月国务院又公布了第三批历史文化名城。以上说明我国的城市历史遗迹保护已经达到了历史建筑、历史地段与整个城市层面的结合。

虽然我国目前已经形成了历史建筑、历史地段以及历史文化名城三级保护体系，但相关的法律仍很不健全，对保护的阐述也较为宽泛而缺乏具体的有指导性的硬性规定。在历史建筑、历史地段以及历史文化文化名城的保护中，只有历史建筑这一级的法律相对健全，而后二者的法律十分薄弱，历史地段

---

① 吴良镛《北京旧城与菊儿胡同》，中国建筑工业出版社，1994

这一级的法律几乎是空白。虽然提出保护历史文化名城，但历史文化名城具体保护哪些内容，保护的范围是多大，缺乏明确的规定。

第二节　城市单体历史建筑的保护与设计

城市历史遗迹的保护与设计，最基本的层面就是单体历史建筑物。城市历史遗迹的保护，就是从保护单体历史建筑开始的。单体历史建筑是城市历史遗迹中的最基本要素，也是城市历史遗迹保护与设计的最基本层面，它的保护与设计相对历史地段要简单一些，但是根据文物价值不同也要区分对待。另外，单体历史建筑周边环境的保护与设计也是以历史建筑的保护为出发点的，因此，周边环境的设计也属于单体历史建筑保护与设计的范畴。本节就单体历史遗迹的保护与设计加以论述

一、城市单体历史建筑的分类

对单体历史建筑的保护设计必须有一个界定标准，因为历史是一个相对的范畴，以现在为时间起点，那么以前所有建筑物都可以归结到历史范畴。另外，城市中历史建筑也比较多，并不一定都属于保护对象。城市是一个“新陈代谢”的过程，对一些历史建筑来说，拆除是必不可免的。因此，在对待历史建筑的保护与设计问题上，必须有一定的界定标准，最关键的是区分出文物历史建筑与非文物历史建筑，二者的设计是不同的。二者界定标准的制定，不同的国家有不同的界定方法。

英国的文物历史建筑的界定标准是：①在建筑类型、建筑艺术、规划设计或显示社会经济发展史方面有特殊价值，如工地建筑、火车站、学校、医院、监狱等等。②技术革新或工艺精湛的代表作。③与重大历史事件或重要历史人物有关的建筑。如果从年代上去分析则是：①公元 1700 年以前的所有现存建筑。②1700 ~ 1840 年间的大部分建筑。③1840 ~ 1914 年间有一定价值的建筑。④1814 ~ 1939 年间高质量的建筑，它们是此期间古典主义、现代主义和其他风格的代表作。⑤1939

年以后建筑精选少数杰出的作品，一般建成10年左右的建筑不予考虑。英国的建筑按文物价值分为Ⅰ、Ⅱ、Ⅲ三级。等级越高，管理越严。文物历史建筑必须予以登录，登录的建筑原则上不许拆迁，但可以进行修复。如果要加以大变更，必须报相应部门批准。

美国的划分标准是：①与历史重大事件有联系的建筑。②与历史上杰出人物有联系的建筑。③体现某一类型、某一时期或某种建设方法的独特个性的作品，有较高的艺术价值的作品。④从中可以找到或可能发现史前及历史上的重要信息的作品。美国由于历史较短，因此时间标准界定在50年。美国的保护管理相对比英国要宽松，所有者对文物历史建筑的扩建、改建以及色彩变化是允许的，但是有关开发项目，对文物建筑造成不良影响的，必须中止开发项目或寻求替代方案。

日本文物历史建筑的标准是：①有助于国土的历史性景观之形成的建筑。②已成为造型艺术之典范的建筑。③难以再现的建筑。日本的历史年代年限没有确切规定，但一般而言是在二战以前。

我国根据《中华人民共和国文物保护法》的规定，文物历史建筑保存的范围，在时代上不仅包括古代，还包括近代与当代，建筑符合下列特征就可以定位为历史文物建筑：

①具有历史、艺术、科学价值的古文化遗址、古墓葬、古建筑、石窟寺和石刻。②与重大历史事件、革命运动和著名人物有关的，具有纪念意义、教育意义和史料价值的建筑物、遗址、纪念物。③反映历史上各时代与各民族社会制度、社会生产、社会生活的代表性实物。我国的历史文物建筑如革命遗址、纪念建筑物、古文化遗址、古墓葬、古建筑、窟寺等分为全国重点文物保护单位、省(自治区、直辖市)级文物保护单位及市县(自治县)级文物保护单位。

除却少数历史文物建筑外，城市中还有大量的不属于文物的历史建筑，它们多以年代的界限来划分，它们尽管文化历史价值不如前者，但也是历史遗迹的组成部分，对它们的保护没有固定的界限，但它们中的一部分仍具使用价值，而且也在一定程度上能反映出城市历史文化，因此，也应当加以保护，并反映在城市设计之中。

二、城市单体历史建筑自身的保护与设计

单体历史建筑的历史文化价值有高有低，情况不同。对少数历史文化价值较高者，世界各国一般都是采取博物馆式冻结式的方法予以保存，而大多数历史建筑（其中包括一定数量的历史文物建筑）则是采取“旧瓶装新酒”的方式，即内部进行改造，而外部保留原有形式的方式加以设计保存，也就是对它们进行更新设计与再利用，在保持原有历史建筑的基本特征和尊重历史建筑的基础上，寻找一种相似或全新的功能用途进行改造性再利用，挖掘其最大潜力并通过有效的设计手段赋予历史建筑新的生命。

目前许多历史建筑的功能都无法满足现代化生活的需要，除少部分冻结式保护之外，对大多数来说，被动保护是不现实的，在这种情况下，为这些建筑找到一个新用途，便是一种极好的保护方法。功能与形式之间不是不可调和的矛盾，将原有的功能从形式中剥离出来，新功能与旧形式可以保持一定的独立性。新功能的获得往往与内部的改修联系在一起，而与外部状况无关。国内外的历史建筑的保护，许多情况下就是功能的转换，历史建筑的重新使用成为其保护的一个前提条件。另外，赋予历史建筑一个合适的功能往往使其地位更加突出。例如，在历史上，许多历史文化价值较高的历史建筑往往是公共活动的中心，为突出其地位，新的功能也应当定位于新的公共中心，这样，不仅保护其场所精神的一致性，同时也使其地位突出。

历史建筑的再利用设计没有什么标准可言，如果有，那就是不能脱离文物保护的底线，即保留其形式，除此之外，历史建筑将在空间中扮演什么角色，完全是因地制宜，因时制宜，同时也依赖于设计者对历史的理解程度。对历史建筑的再利用必须认真分析其历史文化价值、建筑空间特征等，发挥其最大潜力和利用其有利内容，然后确定其更新的设计方法。如意大利维罗纳始建于罗马帝国时代的古斗兽场，1913 年被用作露

天歌剧院；奥地利维也纳的老皇宫被用作国家图书馆，晚上举行小规模的音乐会。1965 年，美国景园大师劳伦斯．哈普林在美国旧金山吉拉德里广场的设计中，将一个意大利家族的巧克力工厂改造成多功能的购物广场，既存的砖造结构予以保留并进行改造，在提供新功能的同时，也保留了该地区的传统地标，这些都是成功的案例。

在大多数情况下，大部分历史文物建筑和一部分历史建筑是不允许改动其外观的，但由于一些不可避免的因素，如自然因素等等，其外观也需要修理。对外观的修理要坚持“修旧如旧，保持原貌”的原则。“修旧如旧，保持原貌”是文物保护的一个总的原则，不仅是一些小的器物，对历史建筑也同样如此。文物保护并非简单的技术工作，加固与恢复一座历史建筑，在科技发达的今天，已经不是什么困难的事情，难的是选择正确的观点与得当的方法，即涉及到人们的认同心理。材料是文物赖以生存的有形体。古代建筑的砖瓦木保存下来，我们看到的原料，并不仅仅是一种原料，而是代表一定的技术、艺术与意义，我们保存的并不是这种原料，而是保护这种技术、艺术与意义。历史岁月留下的痕迹，赋予历史建筑一种与其年龄相适应的面貌，表现了其固有的品格与个性。它的历史、艺术价值，就在于这种面貌、品格及个性。梁思成先生认为，把一座历史建筑修得焕然一新，犹如把一些周鼎用铜油擦得油光晶亮一样，将严重损害其历史、艺术价值，采用“整旧如旧”的原则，是为了使历史建筑“老当益壮”，而不是“返老还童”①。

在历史建筑保护与设计中，有些文化价值较高的历史文物建筑为保护需要，确实要求附加材料的，要十分注意可逆性的问题。历史建筑是不可再生资源，因此对其设计要留有余地，不可以对其造成不可逆的变化，如可以对文物历史建筑加上支撑架，但这种支撑架以后也可以撤去，可以对历史建筑加上表

---

① 《梁思成文集》（四）之《闲话文物建筑的重修与维护》，中国建筑工业出版社，2001

面覆盖，这种覆盖也可以揭去，使设计留有余地。

三、城市历史建筑周边环境的设计

历史建筑的设计，仅限于自身的范畴是远远不够的，更多的情况下是与周边环境联系在一起的。因此历史建筑要彰显历史气氛，表现历史环境，还必须从周边环境设计角度下功夫。保护历史建筑的意义，不仅在于保护其固有的景观与特征，还在于使其历史功能、地位及作用能使人理解，使它的设计意图和表现手法使人理解，这在很大程度上需要周围环境的支撑。

历史建筑与周围环境的关系非常密切。历史建筑的周围环境一般分为以下两种情况。一种是原生环境仍存的，而另外一种是原生环境已经遭到了破坏。如果原生环境仍然存在，那么一定对这种原生环境加以保存。对于一个具有重要历史意义的建筑物来说，其周围原生环境与其形成一个图底关系，起到突出主体烘托主题的作用，而且，它们合在一起，构成意义的完整性。美国规划协会国家政治部主任杰福瑞·索尔就我国的历史文化保护现状发表观点时曾指出："一座古老的建筑虽然被作为文物保护了下来，但它们孤零零地淹没在既无个性又与他们很不协调的现代钢筋水泥丛林中，完全看不出它们所代表的那种文化背景和传统。古老的建筑和它当时周围的环境一起形成一种文化和传统，把烘托它们的基础破坏了，等于使它们成了无源之水，无本之木，它们已经体现不出那种文化意味"①。北京建国门的古观象台就属于这种情况，它本为观天象所用，要求四周空旷。而如今四周已经高楼林立，历史意境被破坏了。

但是如果历史建筑周围环境已被破坏，确无可衬托物，在这种情况下，可以通过设计周围环境来烘托其主体地位，这就是要把历史建筑置于空间的主体地位。凯文·林奇认为："空间的突出能使一些构成因素成为标志。""一个标志也许是庞然大物……关键是在于它所处的位置，如果是高大的空间环

---

① ［美］杰福瑞·索尔《城市规划听谁的》，《城市规划通讯》，2000（15）

境，就应使人们能很好地看到它，如果是小的，则必须有一些区域能引起人们的感觉上更多的注意……，交通线上的某个突破点，结点，决定点，都是增强感知的地点……”①。

历史建筑空间地位的获得有多种方法：

1. 环路为岛

环路为岛就是在历史建筑周围开辟尺度适宜的道路，使其在空间上与其他建筑适当隔离，使环路成为历史建筑的保护界限，同时也在视觉上使历史建筑突出（图 7-2）。但是，这种环路必须有尺度限制。尺度太大，将使历史建筑变成视觉上的孤岛，尺度太小，不仅不利于防火、防盗，而且交通污染也容易腐蚀历史建筑，具体的情况视具体环境而定。

图 7-2 环路为岛

2. 绿化带隔离

绿化带隔离是保护历史建筑一种极好的办法，以绿色为衬托，能够突出历史建筑的视角主体地位，树木能以姿态、高度、枝叶从视觉上调和或消除其与邻近建筑的矛盾。因此，以绿化带环绕不仅可以突出历史气氛，而且还能净化生活环境，可谓一举两得。不仅如此，生态和文化本身也紧密相联，有时具有意义上的一体性，在我国的古代文化中，山水等绿色空间

① ［美］凯文·林奇著，项秉仁译《城市的印象》，中国建筑工业出版社，1990

往往具有物质与精神上的双重功效，在中国人的心目中，山水均脱离了自身的物质意义而有着强烈的象征意义，与此对应的是人的情绪“于山有穆然之思焉，于水有悠然之旨焉”，“仁者乐山，智者乐水”。绿化带隔离与环路为岛的手段经常结合在一起，就是在历史建筑周围开辟林荫环路。

3. 清理环境

清理环境的作法主要是为了突出主题，而拆除那些影响历史形象的建筑和后人任意添加的毫无历史文化价值的败笔，这些建筑与败笔直接损害了历史建筑的视觉形象。清理环境主要用拆除的方法，但确有实际困难拆除不了的建筑，可以采取一些视觉上的弱化措施来减少其损害，这些措施有色彩上的处理、绿化隔开等。

4. 引入视觉关键点

就是在视觉空间上通过布局，主要通过道路规划设计给历史建筑以突出的展现（图 7-3）。如苏州的北寺塔是宋代留传下

图 7-3　引入视觉关键点

来的古塔，规划设计时把它正面对着主干道，使它十分醒目。再如，北京市开辟三环路时，把原先并不十分起眼的大钟寺放在干道旁，因此取得了十分明显的彰显效果。吴良镛先生所引

的桂林市中心古南门设计方案也十分有代表性。古南门是宋代古城门，附近有古榕树。为了彰显古南门建筑，计划在南门附近建平房群作为公共建筑，以增强城关的气势。但由于古榕树居于马路中央，人们无法在树下逗留，城市美好的欣赏点未能得到充分利用。因此方案将榕树与古南门联成一体，从而起到突出主题的作用。该计划通过另建湖上曲桥作人行道用，使之"飘浮"于水面，这样在不减少湖面面积的情况下，将马路南移，从而使榕树与城墙联为一体。因为此城楼上曾倒长着一棵榕树，历史上有"榕楼"之称，经过这样的处理，榕树与城楼不仅在人们的视觉层面上贴近了，而且在意义层面上也联为一体，主题被大大强化了①。

5. 控制周边建筑的高度、体量与颜色

这是国际上的通常作法。一般历史文物建筑自身与其周围环境都设置区域。第一道区域就是历史建筑自身，称为绝对保护区，轻易不允许改变原有状况。第二道区域是建设控制区，就是在历史文物建筑周边划一道界限，使周边环境不对历史文物建筑造成影响。第三道区域是环境协调区，其要求较前者要宽松。如《中华人民共和国文物保护法》第十二条规定："根据保护文物的实际需要，……可以在文物保护单位周围划出一定的建筑控制地带。在这个地带内修建新建筑和构筑物，不得破坏文物保护单位的环境风貌"②。根据这一规定，我们对文物建设控制地带内新建的建筑物和构筑物的形式、高度、体量和色调必须严格控制，以保护文物历史建筑环境风貌的协调。至于控制到什么程度，要视具体情况而定，历史文化价值高的建筑周围要控制得严格一些，历史文化价值稍低一些的建筑周围可以控制得宽松一些。

6. 历史建筑的迁并

就是改变历史建筑的周边环境，使历史建筑互作环境。零散的历史建筑易被地域更新的大潮吞没，或孤立在现代建筑群

① 吴良镛《城市特色美的探求》，《城乡建设》，2002（1）
② 国家文物事业管理局编《新中国文物法规选编》，文物出版社，1987

之外，有时将它们选择合适的地方迁移，并按当地的传统或按时间排列，更容易形成序列感，更容易彰显历史气氛。例如安徽的名园，收藏了数幢易地迁移的明代徽州建筑，它们聚集一处，得到很好的保护，且形成了整体历史气氛。当然这种方法有时是在特殊的情况下运用，在城市建设中，有时对历史建筑的搬迁合并在所难免。这种搬迁有可能是解体搬迁，也有可能是整体搬迁。如前捷克斯洛伐克摩斯特市为开采褐煤，而将一座有 500 年历史的哥特式教堂整体搬迁。教堂重 1.3 万吨，人们用了 10 年时间将教堂主体架了起来，用特殊的轨道使教堂整体移动。不过这种情况投资巨大。

7. 铺地处理

铺地处理通过地面的变化起到划分空间，烘托与强调主题的作用。地面的处理对展示历史建筑的空间形象十分重要，有些情况下，它可以使历史建筑的空间形象扩大化；有些情况下，它可以起到中介作用，在视觉上使历史建筑群体统一。

第三节 城市新建筑基于历史遗迹保护的设计

一、城市新建筑设计是历史遗迹保护的组成部分

城市历史遗迹的保护，不仅仅依赖历史建筑，而且同样依赖于新建筑。新建筑在不同层面上同历史遗迹发生关系，因此也应成为城市历史遗迹保护与设计中的一个重要组成部分。

新建筑与历史建筑之间总是存在着渊源，这种历史渊源可用“文脉”来表达。文脉一词，最早来源于语言学的定义，英文是从 context 而来，意指上下文，语境，它的意义是表达我们所说所写的语言的内在联系①。后来建筑学引用了这一词汇，既是一个物质与空间的概念，又是一个运动与时间的概念。空间的概念，意指建筑的建设，必须要考虑与周围环境的

---

① Botend Bognar , Contemporary Japanese Architecture——Its Development and Challenge

协调问题，这是一种共时性的文脉；而时间的概念，意指建筑过去——现在——未来是一个动态过程，这其中必有继承与发展，也就是承前启后，继往开来，这是历时性的文脉。新建筑的设计，与这两个层面都有关系。在空间层面，新旧建筑总是存在着渊源。因为任何一座城市，在一张白纸上建成的可能性极小，即使是座新城，其地域性框架结构约束仍然存在。诗词是讲究格律的，这似乎是一种"束缚"，但却是必要的，诗人必须"戴着脚镣跳舞"，差不多没有诗人承认他们真正给格律束缚了，他们乐意"戴着脚镣跳舞"，并且要戴个别诗人的"脚镣"。吴良镛先生认为建筑与诗词一样，也是"戴着脚镣跳舞"，也要按一定的原则去设计①。前苏联著名的建筑学家M. B. 波索欣有一句名言："当代建筑师的一项主要任务，是要使自己的作品不与自然环境和历史古迹发生冲突"，② 即点破了这一原则。

在城市中，就保护历史遗迹的角度而言，在新区建设的新建筑是相对自由的，而邻近历史建筑，尤其是在具有重要历史文化价值的文物历史建筑周围的新建筑，从尊重历史文化的视觉角度出发，它的设计必须是"戴着脚镣跳舞"，追求与历史遗迹的和谐或突出历史遗迹。为达到这个目的，有很多方法。正如美国建筑学家布罗林所认为的，"历史已经证明了不同的建筑风格能够和谐共存的发展，并能保持其自身独特的审美特征；这一点仅仅要求文脉的视觉暗示有一个聪明、敏感的评价，以及有能用其灵活的技巧来创造有呼应的建筑的建筑师就可以做到。至于是通过机械地生搬硬套，还是最任性的新建筑创造来做到这一点不应是至关重要的"③。

---

① 吴良镛《广义建筑学》，清华大学出版社，1989

② 吴良镛《广义建筑学》，清华大学出版社，1989

③ ［美］布伦特·C·布罗林著，翁致祥译《建筑与文脉》，中国建筑工业出版社，1988

二、城市新建筑基于历史遗迹视觉保护的设计

新建筑基于历史遗迹的视觉保护，烘托周围的历史建筑，或是历史建筑实施扩建，通常采用的是以下的设计方法：

1. 构件贴加

就是在新建建筑中，把历史建筑的符号转移到新建筑中，构件范畴很广，包括檐口、山墙、窗等等，使新旧建筑在一定程度上和谐。如在罗马，罗马工会大厦上有一个拱券，这个拱券原是罗马大斗兽场上的。移至此，使人保持视觉乃至思想上的连续。如果历史建筑只剩下若干片断，如台基、槛栏、柱廊等，也可以把历史建筑组织到新建筑中，使之成为新建筑的一部分。如前民主德国马克思——恩格斯广场上有一栋市政府大楼，它就保留了历史建筑的门面（巴洛克风格），把它作为新建筑立面的一部分，从而实现了新旧的和谐。再如前苏联第比利斯建筑传统的符号是木制的阳台，这种符号被移植到新建筑中，从而实现了新与旧的统一。

2. 体形延续

如果说构件贴加是部分抽取历史建筑精华的话，那么体形延续是新建筑从整体体形上模仿历史建筑。如西藏拉萨的西藏宾馆，从体形上就与布达拉宫极为相似，从远处看，几乎就是一样。

3. 材料一致

如佛山梁园的扩建，在材料选择方面，大量收集旧城拆迁中旧建筑构件，分门别类运用于新扩建的部分。这样，无论在形式上，还是在用料上，新老之间产生了一致与共鸣。

4. 颜色统一

这是在材料一致或体形一致的情况下进一步锦上添花的做法。华盛顿国立美术馆采用了与旧馆一致的外墙石材，颜色一致使个性鲜明的现代建筑融入了历史建筑群中。莫斯科的列宁墓也是同样，由于颜色与克里姆林宫一样，因此烘托了历史气氛。

5. 同一装饰母题

即在新建筑中反复使用历史建筑的装饰图案，这种图案可以是原形的，也可以是简化的或变异的，以取得新老建筑之间统一的韵律感，从而起到彰显历史建筑的效果。

6. 对立的方法

古希腊的毕达哥拉斯认为“和谐起源于差异的对立”。建筑新建与扩建的部分采取全新的形式，在造型、材料、技术以及整体风格上都与历史建筑产生强烈的对比。这种对比和不和谐的区别造成一种强烈的反差，也是彰显历史建筑的一种手法。新旧对比的方式是另一层面建筑景观的“协调”。

7. 隐新与旧

这是指历史建筑在扩建时，为了完整地保存历史建筑的环境不被破坏，将历史建筑的新建部分隐藏起来，表现出一种谦和的态度，向地下空间发展是解决这个问题的一个好对策。

8. 围合空间

在新建筑与历史建筑容易发生冲突的部分设置一些由新、旧建筑共同围合的室外空间（或称为小广场），使各种新、旧要素在此空间内融合，既可缓解新老建筑之间的冲突，又为人们提供了富有情趣的活动场所，实际上也就是在新旧之间寻求一个过渡空间。

9. 以简衬繁

将历史建筑新建的部分或历史建筑周围的建筑设置成简单的几何体形象，形成历史建筑的背景，以衬托历史建筑。例如在美国华盛顿桑姆纳中心的改建中，建筑师在著名的历史性建筑——玛吉鲁德校舍的扩建部分设计中就采用这种方法。结果新部分较浅的色调反衬着老建筑绚丽的色彩，新部分均匀简洁的立面烘托了老建筑精美的细部，起到了极好的背景效果。

10. 对称添加

当一座高层建筑已经破坏了历史建筑的视觉中心地位时，为了减轻这种破坏感，可以考虑在其对称的位置上再建一座高层建筑，从而形成构图上的平衡，在一定程度上恢复了历史建筑的视觉中心地位。

三、城市新建筑基于历史遗迹"抽象保护"的设计

上一部分所论述的新建筑设计，一般情况是指历史建筑周边的新建筑而言，因为它与历史建筑直接发生视觉对话，因此它的设计对体现历史建筑的历史气氛非常重要，但如果不与历史建筑发生视觉对话的新建筑，就不宜盲目在形式上复古。对此梁思成先生在1964年所作的《为什么研究中国建筑》中指出这一点，"最近建筑工程的进步，在最清醒的建筑理论立场上看来，'宫殿式'的结构已不合乎近代科学又艺术的理想……'宫殿式'的尝试，在艺术上的失败，可拿文章作比喻，它们犯的堆砌文学，抄袭章句，整篇结构不出于自然，辞藻也欠雅驯……"①。刘致平先生在《中国建筑类型及结构》中亦讲到："仿制因袭复古则是倒退的行为，不是以言创作……过去的古老的建筑必须批判地接受"②。

但不与历史建筑发生视觉作用的新建筑有的也与历史遗迹发生关系，它们也与历史遗迹保护有关。它们对历史遗迹的保护是一种抽象保护，即对历史遗迹的一种继承性保护，即继承历史建筑中合理的、精髓的成份，为现代所用。

保护与继承是辩证的统一。传统代表过去，但从发展眼光看，传统又是过去的现在，现代的古代。现代是古代发展过来的，又是未来的古代。过去——现代——未来，城市文化像一条时间的长河，不断地流动。文化本身是发展的，建筑作为一种文化，也是如此。传统文化的发展过程中，一些不适应的淘汰掉，一批优秀的保留，成为新文化发展的起点。这一"新陈代谢"的过程循环乃至无穷，是人类社会的规律所在。因此，在对传统的继承中，应着眼于向后看而不只是向前看，邓小平同志曾经说过，"总结历史是为了开辟未来"③，便是对继

---

① 刘致平《中国建筑类型及结构》，中国建筑工业出版社，2000
② 刘致平《中国建筑类型及结构》，中国建筑工业出版社，2000
③《邓小平文选》第3卷，人民出版社，1993

承传统的一种表达。美国诗人惠特曼在其《草叶集》序中写到："过去、现在与未来不是脱节的，而是相联的，最伟大的诗人总是根据过去与现在构成将来的一致"①，相同的态度也可以引用到建筑文化中。向前看，便是继承传统文化中的精华，运用到现今建筑之中。对于传统文化的重新审视，出发点是寻找新文化的逻辑起点。传统是一种催化剂，继承传统在很大程度上是为了创新。强调文脉绝不只是复古与怀旧，研究传统并非只是目的也是手段。我们不必将历史建筑只当作摆设来欣赏，我们还要利用它们，要从传统中挖掘出一些有益的文化因素，为今所用。吉伯德有句名言："一切伟大的设计者都有一种传统的意识，一种不只是为了过去而过去，而是为了现在而过去的历史意识"②，就是这种态度的反映。

继承传统，也就是继承历史遗迹中一些合理的、能古为今用的东西，这也是对历史遗迹的一种抽象保护。这种继承也分有形的继承与无形的继承。有形的继承指继承建筑物质形态本身的造型、装饰以及材料等。无形的继承是继承建筑的传统文化精神，如传统建筑的空间观、环境观、审美观、哲学观等合理之处，这是高于建筑物质形态本身的造型、装饰以及材料的一种继承。日本的黑川纪章认为，不要只把有形看得见的东西作为传统搬到现代建筑上，同时还要注意看不到的东西③。而无论是有形的继承还是无形的继承，都必须与现实的发展结合起来。我们有必要将历史遗迹融入广义的文脉中，寻求历史与现代的对话。这种文脉，不仅包括历史，而且包括气候等自然条件以及时代精神等人文条件。因此在对传统的继承时，必须找到适当的途径，力戒盲目照搬，简单行事，运用时要结合现实条件加以合理分析。

例如，对我国传统民居的继承就属于对历史遗迹的抽象继

---

① ［美］惠特曼著，楚图南译《草叶集选》，人民文学出版社，1955

② ［英］F·吉伯德等著，程里尧译《市镇设计》，中国建筑工业出版社，1985

③ 林丽成《当代世界建筑经典精选（10）——黑川纪章》，上海世界图书出版公司，1997

承保护。我国自古以来就有“天人合一”的思想，讲求人与自然环境的契合。我国传统的风水学说，在城市建设乃至建筑布局中、选址中、建设中，对自然环境条件，地势、地质、水文、日照、风向、气候、景观等都有研究，集中体现“天人合一”这一思想，并反映在我国不少传统的民居之中。我国传统民居有一个优点是节能。我国土地辽阔，气候类型繁多，民居很有特点，它们巧妙地适应不同自然地理条件，创造了丰富的生活环境，灵活地运用各种营造手段，塑造了生动优美的形态。从总体上来讲，北方的民居多偏重于御寒保温而南方侧重隔热通风，但总而言之，民居的设计起到了节约能源的作用。如福建土楼利用1.5～2.5米的厚土墙，在夏天时有效地阻挡了室外的热量，中间还设天井，有效地解决了采光和通风的问题。同时，它是以生土为原料，掺入细沙、石灰、红糖与糯米，提高了粘化度，同时以竹片、木条为筋骨，十分坚固。于1371年建成的“齐云楼”，距今已有600多年仍未毁坏。

当今世界能源问题十分突出。1977年联合国召开的维也纳科学技术促进发展会议上，能源、粮食、人口与环境问题被列为人类面临的四大问题。能源问题非常关键，通俗地讲，能源是使地球上生命之钟嘀哒摆动的主发条，建筑能源耗费是人类能源使用上的一个主要部分。减少建筑能源耗费，已经成为21世纪人类发展的重要趋势之一。意大利有机建筑学派的理论权威赛维在《现代建筑语言》一书中曾经说过：“当我们对工业社会未来的幻想破坏之后，我们越来越多地把注意力转向了史前社会。因为我们已醒悟到困扰我们星球的生态灾难的严重程度，已觉察出庞大的社会使人和人与周围的环境越来越疏远”①。在这方面，我们传统的民居有许多地方是值得继承的。

目前世界上流行的是生态建筑——即与自然环境密切结合的建筑。它的特点是“房屋应象植物一样，是地面上一个基

① ［意大利］赛维《现代建筑语言》，中国建筑工业出版社，1980

本的和谐的要素，从属于自然环境，从地里长出来，迎着太阳”[①]。民居中的很大部分就是这种生态建筑。我们可以从民居这样的历史遗迹中吸取合理成分，为现实所用，这就是对历史遗迹的一种抽象保护。

当然，传统民居毕竟是时代的产物，其功用已经不能符合当代的发展，因此对他的继承必须分清情况，必须符合时代的需要，进行不仅是外形而且是内涵方面的选择。我们继承的是它那种顺应自然、因地制宜、就地取材、节约能源的生态意识与做法，在具体设计过程中，要和现实条件相结合，不应盲目地模仿其形态。不应停留在“传统”原点上，而应当在借鉴“传统”的基础上，再设计、再创作。

① 伊利尔·沙里宁著，顾启源译《城市：它的发展、衰败与未来》，中国建筑工业出版社，1986

第8章

城市历史遗迹的保护与设计(下)

——城市历史地段与历史风貌的保护与设计

从单体历史建筑的保护到对历史地段以及历史风貌的保护，是人类社会的一个进步，它说明了人们开始重视历史遗迹的整体性，以整体的视野去保护历史遗迹。但历史地段以及历史风貌与单体历史建筑相比较，又具有自身的特点，因此保护与设计的方法都与单体历史建筑有所不同。

第一节　城市历史地段的保护与设计

与单体建筑相比较，历史地段拥有前者所无法比拟的整体性与复杂性，因此对它的保护设计，应坚持小规模渐进式的设计方式。只有这样，历史地段的历史环境才不至于丧失，才能在发展中得到保护。

一、城市历史地段的特点

历史地段的概念，最初是由《雅典宪章》所提出的。宪章认为应保存有价值的建筑与地区，但这一地段的概念主要是指文物建筑的周边环境而言。《威尼斯宪章》也曾提出这一概念。但它们都不是真正意义上的历史地段的概念。《威尼斯宪章》提出的概念，指的是“文物建筑周围的地区”，不是真正意义上的历史地段。有鉴于此，1987年10月发表的《华盛顿宪章》又作了更正和补充，它指出：历史地段是城镇中具有历史意义的大小地区，包括城市的古老中心区以及其他保存着历史风貌的地区，它们不仅可以作为历史的见证，而且体现了城镇传统文化的价值[①]。文件还列举了"历史地段"应当保护的五项内容。①地段和街道的格局和空间形式；②建筑物和绿化、旷地的空间关系；③历史性建筑的内外面貌，包括体量形式、建筑风格、材料、色彩、建筑装饰等；④地段与周围环境的关系；⑤地段的历史功能与作用。这一概念是国际公认的历史地段概念，至于各国自身提出的一些概念，都是以此为基础的或与此内容基本一致的。

在我国，历史地段与历史街区，历史文化保护区等几个概念十分相似。我国于1982年公布了首批24个国家级历史文化名城，在它们的保护内容中曾提出要保护历史名城的传统风貌。应当说，能够体现出一个城市传统风貌的重要组成部分是历史地段。但在当时，历史地段的概念尚未被明确提出。1986年国务院公布了第二批国家级历史文化名城，正式提出了"历史地段"这一概念。指出"对文物古迹比较集中，或能完整地体现出某一历史时期传统风貌和民族地方特色的街区、建筑群、小镇、村落等也应予以保护。可根据它们的历史、科学、艺术价值核定公布为地方各级'历史文化保护区'"[②]。从上面概念可以看出，历史地段包含街区、建筑群、小镇与村落。这其中，村落不属于城市范畴，小镇属于一种特殊的历史地段，因其面积较小，整个城镇都属于历史地段，它是城市历史地段的特例。从一般意义上而言，历史地段实际上等同城市中传统街区与历史建筑群的范畴。历史文化保护区是历史地段中价值较高者，这是二者的区别。

历史地段作为一种历史遗迹，具有自身的特点：

一是真实性。一个历史地段之所以称为历史地段，首先必须含有一定比例的真实的历史遗存，或携带着真实的历史信

---

① 国家文物局法制处编《国际保护文化遗产法律文件选编》，紫禁城出版社，1993

② 国家文物事业管理局编《新中国文物法规选编》，文物出版社，1987

息。正如前面所提及的意大利史学家克罗指出的那样："每一部真正的历史都是现代史"。因为历史总是现代人撰写的，都揉进了现代人的主观意愿。而历史建筑不同，它的可贵之处，在于它是一个最真实而珍贵的"历史"，是一部具体的、真实的人类文化教育记录簿。历史地段组合了许多真实性的单体历史建筑，因此是一种真实性的整体反映。

二是整体性。和单体文物建筑不同的最大特点，历史地段具有整体性。整体性之一反映在历史文化价值方面。历史地段并不排除其中单体历史建筑的价值，但作为一个整体，它有更强烈的组合的整体价值，即所谓的整体效果大于部分之和。对于一些单体历史建筑来说，只有组合起来才能彰显价值，而单独分离出来则将失去意义。一种可能的情况是，在历史地段中，每一个历史建筑可能具有的历史文化价值都不是很高，但是组合在一起，则具备了较高的历史文化价值。整体性之二反映在视觉环境方面。即历史地段从整体的视觉角度能体现出历史气氛来，地段内有一种整体的历史氛围。地段内不是不允许新建建筑物，事实上传统历史地段也一直在进行新陈代谢。但是如果新建筑超过一定的比例，整体地段的历史氛围就会被破坏，这对历史地段来说往往是致命的。

三是独特性。一般来说，历史地段是一个城市一定时期或一段时间的历史遗留，具有历史的典型性与鲜明的特点。如果说，城市是一个地区文明史的缩写，从中可以看出政治、经济、文化、社会的历史变迁，它的作用在于保存、流传与发展文化的话，那么历史地段保护的就是具有典型性的文化。而且，因为它是连片的建筑，更能反映出一个城市的历史特色与风貌。单个历史建筑虽然也起这方面的作用，但作用显然不如历史地段全面。如苏州平江历史地段，它反映了明清两代苏州古城的特点，地段内仍存在明清时的街道格局，其中有大量的明清风貌的民居，反映出典型的明清水乡文化特征。而烟台市商埠区的历史地段，则保留了大量的欧美建筑，其中有大量的各国银行、领事公所、邮政局等商业建筑。烟台市是鸦片战争后我国最早被迫开放的通商口岸之一，这一商埠区是我国鸦片战争后沦为半殖民地半封建社会的历史见证。

二、城市历史地段保护与设计方式——渐进式小规模保护设计方式

历史地段具有较高的历史文化价值，但它面临的情况也比较复杂。这种复杂性决定它的设计应以渐进式小规模方式为主。

历史地段设计面临的局面较为复杂，这种复杂性表现在：

首先，历史地段是与生活结合在一起的。单体文物历史建筑由于价值高，涉及面小，往往可以采取博物馆式冻结式保存，或采取整修内部，保留历史外部形式的设计方法，这些相对难度都较小。周围地区多是衬托环境，只要在形式、高度、体量等方面加以设计就可以了。而历史地段由于涉及面广，采取冻结式保存一般不现实。从世界范围来看，历史地段的设计可分为三种类型，一是基本保持原物的类型，二是以保留为主的类型，三是以改建为主保留为辅的类型。第一种的情况只占极少一部分，大多数的历史地段需要有生活的延续。因此，在历史地段的设计中，必须要正确处理发展现代生活与保护历史遗迹之间的矛盾。尤其应当指出的是，历史地段往往是城市中综合环境较差的地区，存在着基础设施老化、安全设施不健全、居住环境恶劣等问题。因此，设计中面临的问题较多。

其次，整体性的特征要求历史地段设计必须从整体角度考虑，认真对待每一个环节，一旦一个环节失误，就会破坏整体的历史环境与历史气氛，整体效果将会大有损伤。因此，在设计中，就必须考虑因素间的相互关系，这就增加了设计的难度。

再次，与单体历史建筑相比较，历史地段包涵的隐性因素较多。历史地段中不仅包括有形文化的历史建筑，还包含一些人们在其中形成的价值观念、生活方式、人际关系、风俗习惯等一些“无形环境”，这些“无形环境”也构成了历史地段历史文化价值的重要组成部分，且与显性因素交织在一起。人们生活在该地段形成的价值观念、生活方式、风俗习惯与形体环境共同组织成为一个网络，设计中必须考虑这些隐性因素，否则容易造成“场所精神”的丧失。

综上所述，历史地段设计面临着复杂的局面，决定对它的保护设计必需要采取渐进性小规模的方式，用吴良镛先生的话就是要有机更新。在历史地段的未来问题上，一直存在着保护与发展的矛盾，只保护不发展意味着贫穷与落后，只发展不保护意味着破坏与无知。作为一个社区，环境的变动是必不可免的，历史地段必须是要更新的，否则就不能适应现代生活的发展。但不能采用大规模的改建方式，大规模的改建有很大的弊端，它具有简单化倾向，往往造成不可逆转的后果。更新是要更新地段中一些不适应现代生活需要的东西，而保留一些有价值的东西。大规模改建容易使历史地段中有认同感的场所精神、文物价值、情感价值一并抛弃。为避免这种损失，应当把城市设计与更新的尺度放在一个有限的范围之内，使其成为一个逐步增长的过程，即小规模的更新改造。

小规模渐进式的更新改造意味着与人们心理的契合，历史地段的形成，是个历史过程。通常人们的心理变化要慢于物质环境的变化，大规模的改建容易形成对人们心理上的干扰。小规模渐进式的改造，使人们的心理过程与场所的变化保持平衡。小规模渐进性的保护设计允许变动，正如凯文·林奇所说的那样："在它的总体轮廓相对稳定时，小的局部的变化从未停止……只是过程的延续，并无最后的终结"①。小规模渐进性的保护设计必须顺着历史环境的脉络进行设计，如吴良镛先生所说的那样："历史城市的形成，更像是一件生活中永远使用的绣花衣裳，破坏了需要顺其原有的纹理加以织补……这样，随着时间的推移，它即使已成了百衲衣，但还应当是一件艺术品，仍蕴着美"②。在这个过程中，我们要对历史地段的环境特征作详细的研究与判断，可以从总体上去把握其框架与精髓，使环境保持可读性与认同性。小规模渐进式的更新改造具有很大的灵活性，它是一种适应性改变，它既适应历史环境

---

① ［美］凯文·林奇著，项秉仁译《城市的印象》，中国建筑工业出版社，1990

② 吴良镛《北京旧城与菊儿胡同》，中国建筑工业出版社，1994

保护的需要，又能较好地适应生活纷繁复杂的变化。

三、城市历史地段保护与设计方法——抽象提取方法

历史地段类型众多，情况不一。每个历史地段的设计都应当因地制宜，从实际情况出发。但是，除少数外，大多数历史地段的设计都要求与人们的现实生活结合起来，既保护历史，又要改善人们的生活条件，更新短期因素，保留长期因素与场所精神，这可以通过抽象提取的方法来实现。

1. 抽象提取方法的定义与分类

历史地段本身是一个不断演变的过程，它要与现实生活紧密相连。因此，在历史地段的设计中，我们不可能什么都加以保护，况且也不必要什么都加以保护。因此，在确定了保护的范围之后，有些要素必须加以保护，而有些要素则可以与现实生活结合起来，用抽象提取的方法加以继承。

所谓抽象提取的方法，就是在历史地段整体保护的大框架下，把其中的一些因素同人们的现实生活结合起来，这些因素虽然同原有的因素相比，有一些变形，但仍然保持着场所精神的一致性，这样，既在某种程度上保护了历史，又不与现实的发展相脱节。抽象提取一方面是建筑形式上的抽象提取，这是属于建筑类型学的范畴，可以用类型学的方法加以设计，抽象出在历史中能够适应人类生活需要，又能与一定生活方式相适应的建筑形式，并去寻求生活与形式之间的关系。并对这些对象进行概括抽象，对具典型特征的类型进行整理，抽取出一定的原型，按照社会新的需要，创造出既与历史相承接，又能适应新的生活方式的类型物。这实际上类似于生物学上的物种基因，用抽象的方法把这些基因提纯出来，就能加以复制，重组，形成新的优良物种并且延续下去，历史地段的抽象也是一样的道理。

抽象提取另一方面是场所精神的抽象提取，也就是根据原有物的内涵进行抽象提取，而不一定要保持物质上的对应。文化的变化发展是永恒的，许多具有特定意义的场所，随着历史的发展，正在失去原有的功能，如果物质空间尚保存完整，其中的“场所精神”可以通过设计的方法加以延续。以节点为

例。节点，在大多数历史地段中都具有以下的场所精神：社会交往、购物以及认知。具体分析，一般节点都是人流、物流集中的地方，一般有公共参与的媒介物与开敞空间，这样，在历史地段的设计中，应当注意以上的内容，就等于抽象继承了。在原有节点的更新中，要注意充实现代生活内容，努力使其成为一个人与人交流、接触、互动的活动场所，而具体形式不局限于古代的媒介物，如过去的茶屋可以换成现在的咖啡屋，主要是继承其中的场所精神。再如我国南方不少地方居住组团的一个重要中心是井，人们在井边捣衣、洗菜、交谈，“井空间”成了人们社交的场所。随着基础设施的改进，井逐渐失去了原有的功能，相应的“场所精神”也会失去。在这种情况下，可以将“井空间”加以利用创新，利用新的设施，将其变为一个休息、社交场所，使其中的“场所精神”得以延续。

抽象提取的方法是以上两种方法的统一。两种方法都注重物质形式与场所精神的内在统一。我们不能只注重物质形式，而忽略场所精神。亚历山大就认为，今天的设计人员似乎太在意昔日老城的造型特征，过于模仿老城的外表，而没有挖掘出老城的内在本质①。对于传统空间的更新不仅仅是物质形态的延续，还在于空间生活内容的发展，不应仅仅模仿与复制，更重要的是挖掘出内在的文化内涵。

2. 抽象提取方法的步骤

(1) 确定保护主题

阿摩斯·拉普卜特认为人创造环境，但环境对人亦起十分重要的反作用，环境具有记忆功能。“环境可作为一种记忆方法，提醒人们采取其预期的行为，在时空的联系中——谁做什么，在何时与何人在一起，它从人提取记忆并提醒于环境中。如果这一过程起作用，并且是取决于文化上理解的并通过文化熏陶学到的经过，就能减少信息处理的要求，就使行为更加容

① 布正伟《建筑语言概念的由来与发展》，《新建筑》2000（2）

易。因为人不是必须从零开始去想出每一件事”[①]。而且，他认为环境对人的记忆功能需要人去译解，环境的这一记忆功能相当于集体记忆和舆论，“实际上，场面冻结了范畴和领域，或文化习俗。实际上，信息在环境中被编码，而且需要被译码”[②]。历史地段作为历史环境，它的意义也在于其场所精神，这种场所精神，是通过一定的空间载体来表达出来。因此，历史地段的空间设计，实际上是一个编码译码的过程，而这种编码译码必须与人的心理相契合，在设计历史地段之前，选出主题极为关键，它是历史地段保护的前提条件，只有主题明确了，我们才能确定哪些因素是需要保护的，而哪些因素是可以更新的，这样才能实现历史地段的有机更新。如果主题不清晰，我们就会可能把历史地段的精髓部分舍弃。

历史地段的保护主题一般而言，有以下几个方面：

1）保护地段中的历史文物建筑。地段中历史的文物建筑必须按照有关法律加以严格保护，同时也要对其周围的环境予以保护。

2）保护历史地段的整体性。仅以我国为例，我国历史地段的整体性主要表现在以下几个方面：

其一是街道。街道是我国历史地段的主要空间形式。通常而论，由于我国旧有历史地段缺乏广场，因此，不少历史地段的街道都具有综合功能，街道往往具有休息、交往、交通、娱乐、购物等多重功能。我国的古代名画《清明上河图》所描述的景象就是一个极好的例证，街道是场所精神较为集中的地方。

其二是节点。节点是我国历史地段空间枢纽重要标识物，通常是历史地段人们活动的中心，是形成场所精神的主要因素。节点通常是古代建筑物、寺院、古树、园林等，节点一般呈非均质状态分布，它和街道一样，具有多种功能，通常是居

---

① ［美］阿摩斯·拉普卜特著，黄兰谷等译《建筑理论译丛：建成环境的意义——非言语表达方法》，中国建筑工业出版社，1992

② ［美］阿摩斯·拉普卜特著，黄兰谷等译《建筑理论译丛：建成环境的意义——非言语表达方法》，中国建筑工业出版社，1992

民城市意识中最强烈的部分。

其三是肌理。肌理构成历史地段的主体部分。如在北京菊儿胡同的历史地段中，肌理是四合院建筑。

其四是空间组织。我国历史地段一般有较强的整体感，空间层次较为分明，用郑孝燮先生的话说是，我国古代城市，在空间组织上普遍地有着一种大同小异的方形根基贯穿着。表现在历史地段上就是通过各级轴线来组织，城市空间层次分明，体现了极强的秩序性①（图8-1）。

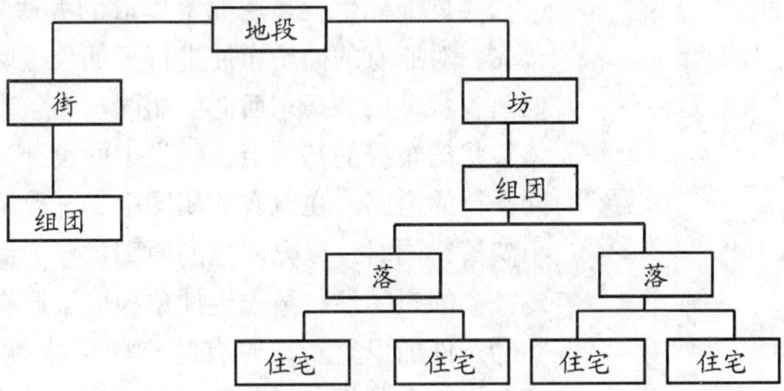

图8-1　中国古代城市空间层次

3）保护一些场所精神。我国传统历史地段具有许多场所精神，如良好的邻里关系，与大自然的亲和感，以及长幼有序的中华民族的传统美德等等。这些场所精神是以物质要素为载体的，如不少地段的空间结构承载着良好的邻里关系，一旦把它的基本结构破坏了，也就同时破坏了这种场所精神。

（2）进行抽象提取

在确定历史地段的保护主题之后，还必须看到，随着时代的发展，历史地段中的一些因素已经不能适合时代发展的需要，是需要加以更新与变异的。这些因素与保护主题因素交织在一起，抽象提取的应用，就是要提取需要保留的主题，改变这些与现代发展不相适应的因素，以达到历史保护与更新发展的辩证统一。这里结合吴良镛先生主持的菊儿胡同更新加以

① 黄亚平编著《城市空间理论与空间分析》，东南大学出版社，2002

阐释。

菊儿胡同是北京历史上早期形成的历史地段，它至今仍然保持着原先的格局。它在历史传统、地段肌理、院落空间、街坊体系上与北京旧城相契合，保护它可以彰显北京的旧城特色。而且地段包含了邻里关系以及与自然亲和的场所精神，这是应当加以继承的。但同时也必须看到，古四合院模式已经不能适应现代生活的需要了。特别是其建筑密度、人口密度以及容积率之低，很难融于现代化大都市之中，因此在继承的同时必须加以改进。

吴良镛先生就是用抽象提取的办法对菊儿胡同加以改造。首先，对原有的街坊布局进行了抽象提取。原有的街坊布局类似鱼骨状，由 9 条东西向的胡同与一条南北垂直的巷构成。在鱼骨状的布局的基础上，吴先生的设计又增添了一条与原有胡同平行的道路，在原有的胡同中又开辟了小胡同，用以沟通各个院落，同时，以方便性的原则重新开辟坊门，改变了原有封建社会的封闭性。吴先生抽象提取了原有的街巷布局，根据现实的条件加以更新，原有的空间层次性没有变化，就地段而言，由街道到胡同到院落再到居室，由公共性逐渐到私密性；就居住者而言，从室内走向院落走向胡同再走向街道，由私密性逐渐到公共性，更方便了人们的生活。

其次，对原有的居住形态进行了抽象提取，创建了新四合院（图 8-2）。新的四合院保留了原有的院落式结构，是从合

图 8-2　北京的新四合院

院建筑的原形中抽象提取的。合院建筑的基本特点是房屋以三合或四合排列，中间围合一个庭院，建筑一般面向庭院，院落用来满足通风、采光、排水、交通以及户外起居需要。新四合院仍保持合院建筑的框架结构，但使用了加层处理，2 至 3 层的建筑提高了容积率，同时也可为增加开放空间创造了条件。同时建筑之间的上下错落使上层的居户可以得到更大的户外空间，充分利用了空间资源。另外，新四合院提供了多种户型，也在一定条件下满足了各类需求。当然，整个院落系统的基础设施条件也加以改善，以适应新的条件下人们生活的需要。

再次，场所精神的抽象提取。原有地段与四合院具有亲和自然的特点（图 8-3），改造后的地段与四合院仍保留了这一场所精神。院落式的布局使一些旧有的大树得以保留，除此之外，居民还可以开辟新的绿化空间。院落仍保留了较大的开敞

图 8-3　新四合院的院落布局

空间，对通风以及形成局部的小环境有较大益处。另外，四合院从布局上模拟了人们携儿牵女的家庭序列，内涵着中国人家庭本位的场所精神与生活态度。虽然随着时代的发展，这一层面的意义有所淡化。但正如舒尔茨所指出的，任何场所都具有接受“异质”内容的能力，一种仅能适合一种特殊目的的场

所很快就将成为无用的场所。四合院其实在吴先生的设计之前，早已生成了良好邻里关系的场所精神，如何将良好的邻里关系发扬下去，是设计面临的一个重要课题。菊儿胡同的改造保留了原有的公共空间，院内外增加一些附属的建筑，如花架、平台、坐凳等，用以增进人们的生活情趣与增进人们之间的交往。另外，住户保持一定的回迁率，使人们之间形成的邻里关系不至于丧失。

菊儿胡同的成功之处在于它一方面满足了现代生活的需要，另一方面又保持了院落式的、胡同式的基本格局，同时使原有的一些好的场所精神得以保留。当然，历史地段的情况很复杂，菊儿胡同只是其中一个比较典型的案例而已。历史地段的设计，一定要按照其原有的历史脉络开展工作，把其中一些值得保留的因素加以保留，或进行抽象继承，这样的历史地段设计才是成功的。

第二节　城市历史风貌的保护与设计

城市历史遗迹的保护与设计，除了单体建筑与历史地段以外，还有更宏观的层次，即城市的整体历史风貌。当然，由于各城市的具体情况不同，要想寻求一种“万能”的解决方法，是行不通的。但是，城市之间毕竟有共同的特征，可以按共性的大小划分类别，不同类别的城市用不同的方法对待，这其中关键的是划分类别的标准如何界定。在本节中，笔者提出自己的划分标准——按城市整体历史风貌的完整程度来划分，把城市划分为城市整体历史风貌完整型城市与非完整型城市，两种城市用不同保护与设计方法来对待。

一、基于整体历史风貌城市的划分

1. 城市整体历史风貌的含义

城市整体历史风貌是城市在整体形象上所显示的一种历史气氛。它不是指一楼一房，而是一个总体性的把握。城市整体历史风貌一般是指旧城，是旧城的平面格局、空中轮廓线以及建筑风格的统一体。一般而言，历史越悠久的城市，其整体历史风貌感就越强。也有不少城市历史很长，但整体历史风貌被破坏的较严重。城市整体历史风貌的具体组成是：

一是旧城的平面格局。城市的平面格局，一般是指城市各组成要素总的分布，是城市各组成要素的平面布置形式。城市是一个有机的整体，其组成要素间相互联系又相制约，构成了城市的平面格局，每一个城市都有自身独特的地理环境与历史背景，因此每一个城市都有其独特的平面格局，它是城市成长与变迁的历史沉淀，因此有着极为重要的历史文化审美价值。旧城的平面格局尤其如此。如常熟市的古城形态酷似一把古琴，“七条琴川齐入海，十里青山半入城”。而苏州古城是方格网街道系统构成街河平行的双棋盘平面形态。成都市古城的平面格局是“古城相重，两江环抱，渠桥密布，绿荫遍地”。

二是旧城的天际轮廓线。城市轮廓线又称城市天际线，是以天空为背景，城市建筑所构成的轮廓线或剪影，是反映城市总体形象艺术的主要方面。历史上形成的旧城，往往具有很鲜明特点的轮廓线，而其轮廓线也往往成为城市的标识所在，是居民对城市具有认同感的一个重要标志。在欧洲，通常是一个城市中历史上独特而重要的公共建筑，如极具价值的大教堂，市政厅等建筑物，构成了旧城独特的天际线的主角，佛罗伦萨就是如此（图 8-4）。

图 8-4　佛罗伦萨城

三是旧城整体的建筑风格。城市是建筑的群体组合，有人说，城市是扩大了的建筑，而建筑是缩小了城市，因此，城市整体历史风貌中当然离不开建筑风格这一要素。城市建筑是城市历史形成过程中的见证，而城市建筑风格就是这一过程中定型化的东西。刘易斯·芒福德认为在环境的形成中，建筑占重要的地位，不仅因为房屋是日常生活环境中的大部分，还在于建筑反映并成为社会事业丰富变幻的焦点，而建筑风格恰恰就是这个焦点的外显①。不少旧城有着独特的建筑风格，这是时间沉淀的产物。

2. 基于整体历史风貌城市的划分

从城市历史遗迹保护的角度出发，我国把城市大致分为两类，一类是历史文化名城，一类是普通性城市，我国国务院分别于1982年，1986年及1992年公布了三批全国历史文化名城，各省、自治区、直辖市也审批公布了一批省级历史文化名城，截止1998年，全国共公布了国家级历史文化名城99个，省级历史文化名城名镇82个。这些历史文化名城从性质和特点上看，大致分为以下几类：

城市类型	城市名称	城市特点
古都类历史文化名城	北京、西安、南京等	1. 遗存较多 2. 显示出规划的成果
传统城市风貌类历史文化名城	平遥、韩城等	1. 完整地保留了一个时期或几个时期积淀下来的完整的建筑群 2. 历史气息较浓
风景名胜类历史文化名城	承德、桂林等	人文与自然景观相结合
民族及地方特色类历史文化名城	拉萨、大理等	民族性与地方性较浓

① Lewis Mumford《The Cultures of Cities》, New York. Harcourt, Brace and Company, 1938

续表

城市类型	城市名称	城市特点
近代革命纪念意义的历史文化名城	遵义、延安等	近代革命文物较多，思想政治教育意义较强
海运交通、边防、手工业等特殊历史文化名城	景德镇、泉州等	具有特殊意义，是古代科技、文化的标志
一般史迹类历史文化名城	济南、长沙	1. 年代古老 2. 特征不算十分突出

当然，以这种方法分类，一个城市往往可以兼跨几种类型，如杭州市，既属于古都类历史文化名城，又由于有西湖等多处风景，还可以列入到风景名胜类历史文化名城之中。这是传统的划分方法。从城市整体历史风貌完整程度角度出发，大致可分为两类：

一类是整体历史风貌已经不存在的城市。这类城市被列入历史文化名城，主要是因为其有较为重要的历史地段。其中少数城市中，可能连一、二处像样的历史地段也难找到，其被列入历史文化名城，主要原因是因为其拥有不少历史价值极高的单体文物历史建筑。

二类是整体历史风貌仍存的城市。这其中还可以分为两类。一类是城市历史风貌较为完整。这类城市已经较为少见，如平遥（图 8-5）、丽江等。另外一类城市风貌虽然没有第一类那么完整，但古城风貌仍存，如北京、苏州、西安等城市，因此需要从整体上加以保护与设计。

除历史文化名城之外，我国大多数城市都属于普通性城市之类。但在普通性城市中，也有的城市整体历史风貌保存得比较好，之所以未被列入历史文化名城，其原因在于整体历史风貌的文化价值相对较低，或缺乏有历史文化价值的历史地段与单体文物历史建筑，但就整体而言，历史风貌完整程度较高。因此，按整体历史风貌完整程度分类，城市可分为整体历史风貌型城市，它包括一部分历史文化名城和很少一部分普通性城市，另外一种是非整体历史风貌型城市，它包括一部分历史文化名城和大部分的普通性城市。

图 8-5 古城平遥

二、整体历史风貌型城市历史风貌的保护与设计

整体历史风貌型城市自身特点是整体性较强，仍保留着较完整的历史风貌。这种历史风貌主要体现在其平面格局、空间格局以及建筑风格上，因此，城市整体历史风貌的保护与设计也应当主要侧重于这几个方面，以取得较好的效果。

1. 城市平面格局的设计

现今，城市的内容已经不同于历史，历史上遗留下来的平面格局已经不能适应现代生活的需要，面临着保护与发展的矛盾。旧城格局的保护是一种总体上的保护，抓住一些主要的因素，设计便可以取得良好的效果。

(1) 道路格局的设计

道路格局是旧城平面格局保护的关键所在，它对城市平面格局起着骨架的作用，美国麻省理工学院城市规划教授邓尼斯·费伦赫 2000 年 7 月在北京中国文化遗产保护和城市发展会议上曾一针见血地指出：“保护悠久的文化遗产的重要秘诀之一在于：不要扩建老路，因为街道和周围的建筑是城市的公众形象，表达了它的个性。而一旦扩建老路，城市的个性就随着街道两旁的大树和建筑一并消失”①。虽然这句话可能说得有些绝对，但由此我们可以看出道路对城市平面格局的重要性。因此，西方各国在对待道路问题上一般都比较谨慎。如伦敦在 1966 年大火烧毁了老城区的 80% 与 400 多条街道，在讨论重建方案时，当时的著名建筑师胡克等几人曾分别向国王提出重新划分街道的建议，但遭到拒绝。虽然这其中原因很多，但不可否认的是，当时欧洲各国对道路系统都较为谨慎，因为其是整个城市平面格局的关键所在。

但是，城市的道路格局又是与城市的时代发展，尤其是与交通工具的发展相联系的。其作用机制如图 8-6 所示

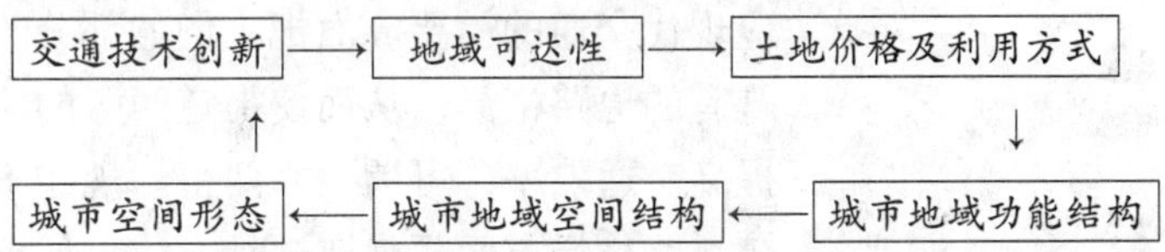

图 8-6　城市交通与城市发展

据我国学者杨荫凯的研究，城市平面结构与城市交通工具创新紧密联系，可分以下几个阶段：第一阶段：马拉有轨车时代（1832 ~ 1890 年），城市星状形态的出现以及环型结构的重现。第二阶段：电车时代（1890 ~ 1920 年），城市扇形模式的出现。第三阶段：市际和郊区铁路发展阶段（1900 ~ 1930 年），城市扇形模式的强化以及珠状郊区走廊的生长。第四阶段：汽车时代（1930 年 ~ 今），郊区化的加强与同心环状结构的再次得建。第五阶段：高速公路与环形路快速发展时期（1950 年 ~ 今），城市形态多核心模式的出现②。

因此，传统的道路系统难以适应现代城市发展的需要，必须通过设计的方法去解决这一矛盾，除却开辟新城区缓和交通压力以外，目前世界大多数城市采取以下的设计手法来保护旧城道路：

① 周岚等编著《城市空间美学》，东南大学出版社，2001

② 杨荫凯《交通技术创新与城市空间形态的相应演变》，《地理学与国土研究》，1999（1）

一是修建地铁。地铁的修建可以将巨大的交通压力从地上转到地下，从而使保护传统的城市格局成为可能。如伦敦目前就开通了9条地铁，总长度达400多公里，车站总数将近300个。巴黎的地铁长度也将近300多公里，车站也近300个，大大缓和了交通压力，因此它们的城市传统格局保护得较好。但这种方法还不能普遍运用。第一是因为其成本过高，一般城市难以承受。在我国，即使是北京、上海等大城市，地铁的数量也极为有限。第二是修建地铁必须有规模临界值，城市人口不足一定数量时，难以收回投资，够修建地铁临界值的城市毕竟只占城市总数的一小部分。

二是改建单行道。传统的城市道路一般较为狭窄，难以适应现代交通的需要。而把它们的部分改为单行道，就可以保留既有的道路格局，从而使街道两旁的建筑物得以保全，又可以提高交通效率，可谓一举两得。现在不少国家的城市在保护传统道路格局方面都采取这种方法，如巴黎市政府已经将700多公里的道路改为单行线。

三是设立步行街。这是旧城道路改造最常见的方法。把传统道路设计成步行街，不仅可以保留旧城传统街区格局，而且还可以与现代生活相结合，达到生态环境保护（可以减少汽车尾气污染）与历史遗迹保护、城市保护与更新兼顾的目的。就国、内外现状来看，把传统街道设计成步行街，主要有以下几种情况。第一是与商业活动相结合，把传统街道设为商业步行街。第二是与社会活动相结合，它不再是单一的步行街道，而成为社会文化中心。街的两端与开敞空间相连，并且在街上地下塑造地下购物中心，空中设置立交系统，不仅方便人们的购物，还可以为人们之间的交流创造条件。

四是发展公交系统。发展公交系统，减少小汽车的数量，虽然不算是城市设计方面的内容，但可以起到缓解交通拥堵的作用，在客观上有利于传统道路格局的保护。从城市发展的角度来看，公交系统也应是城市交通今后主要方向。就整个西方国家城市发展的历史与现状来看，城市道路的建设永远跟不上小汽车的发展速度。城市交通系统建设得越快，则小汽车的发展速度就越快，从而带来新一轮的恶性循环。另外，小汽车泛滥的后果是大量的汽车尾气、噪音污染以及大量的土地占用（道路系统与停车场）以及大量的能源消耗。因此，单纯以发展道路系统的方式来解决交通问题，无疑是饮鸠止渴。目前，一些西方发达国家也正在努力致力于公交事业，例如，在巴黎，市区与郊区的公共汽车线路将近 200 条，路网总长度达 2083 公里，年运量达到 8 亿人次。

当然，城市道路格局并不只是陆路交通。对于一些临水城市来说，如意大利的威尼斯、荷兰的阿姆斯特丹，以及我国的苏州等，这些城市中水网的保护构成了传统城市格局保护的一项重要内容。如苏州古城，三横四纵一环的水系遍布全城，街道依河而建，建筑邻水而造，前巷后河，水陆并行，形成河街相邻、独具一格的双棋盘状城市格局。水路必须严格加以保护，否则城市格局就被破坏了。

（2）城市中轴线的设计

我国旧城平面格局大多渊源于匠人营国制度，城市形制受以礼制为核心的封建政治制度影响特别深刻。礼的基本思想是君臣、长幼等尊卑有序，反映在城市平面格局上，表现是特别注重“辩正方位”。城市的尊位一般在中心位置，都城多“择中而立宫”，一般是宫殿为主位，背水而南，延伸轴线。其他如官衙，宅第、市坊、庙社等都尊卑有序，按礼制沿轴线各行其位，如前朝后市、左祖右社等。其他大小城市也基本仿照都城布局，只不过规格及内容不同而已。在地方城市中，处于中心位置的一般是官署、学宫等，轴线上布置着地方上的重要机构。据我国学者武进研究，我国大多数旧城都属于这种格局，只不过由于自然条件或其他历史因素等，有些城市发生了一定的变形，出现了不规范现象，但基本上属于统一中的不规范①。因而，中轴线在我国旧城格局中占据重要地位，它云集了大量的历史文物建筑，是旧城格局的中脊线。

---

① 武进《中国城市：模式与演进》，中国建筑工业出版社，1995

图 8-7　北京旧城“龙脉”

我国古代，以中轴线为代表的景观轴和以城墙合围形成的景观带或景观区往往是城市历史文化剖面的集中体现。例如北京的旧城保护，在很大程度上就是要保护从北京城永定门经前门、天安门、故宫三大殿，景山直至钟楼的这条中轴线。这条中轴线长 7.8 公里，是北京旧城的“龙脉”（图 8-7），一旦把它破坏了，北京城皇权至上的气势也就随之消失了。我国许多历史风貌较完整的城市，中轴线破坏得还不十分严重。不少城市在原有基础上，还可以加强设计工作。一方面，对中轴线上的历史文物建筑予以保护，以中轴线串联历史建筑，历史建筑的价值与地位就会得到强化，历史气氛就会得到凸现，如果中轴线能以时序排列，效果就会更加明显。如在云南昆明，城市的中轴线以五华山为制高点，从马市口到山市街，向南延伸，其中分布着众多名胜古迹，每一处名胜古迹都能代表一个历史时期。自北向南依次为拜云亭（西汉、云南名称的由来）——武侯祠（纪念三国时期诸葛亮平定边疆）——天开云端坊（宋大理国时期所建）——忠爱坊（元代赛典赤执政云南时期所建）——金马碧鸡坊（昆明的标志）——东西二寺塔（唐代南诏国时期所建）——近日楼与正义门（中轴线南端，明代为“丽正门”，“尚明门”，清代改名为“近日门”，后来为纪念护国运动，又改名为“正义门”)①，这条中轴线集中了昆明几乎所有历史遗迹中的精华，脉落完整而且清晰，历史文化价值极高，像这种中轴线应当予以严格保护。另一方面，在保护的基础上，还可以加强设计工作。中轴线上的历史文物建筑，在增加历史气氛整体感的基础上，确有必要的可以予以复原。另外，还可以延伸中轴线，新建筑具有文化价值潜力的，地位较重要的可以组织到延伸的中轴线中，使城市的历史文脉得以延续，代代相传。

（3）旧城城墙的设计

城墙是我国古代城市防御的主要构建物，从《周礼·考工记》记载筑城法则起，城墙在我国存在的历史已达 2800 多年。这使得我国不少城市中尚存在着不少古城墙的遗址，尤其是在历史风貌较完整的城市中，城墙遗存更是普遍现象。

城墙是我国旧城格局中一个重要因素，它对旧城格局起到了限定作用，可以凸现出旧城的轮廓。不仅在我国，就是在欧洲，城墙也是形成传统城市格局的重要因素。无论是依山势自由布局设置城墙的山城，还是带有棱堡形防御城墙，按严格的多星形平面布局的所谓“理想之城”，其历史上形成的城市轮廓特征，很多是通过城墙反映出来的。梁思成先生在建国初期，曾提出保留北京城墙的建议，并且以城墙形成一个世界上最特殊的“全长 39.7 公里的立体环城公园”，城墙外围疏通护城河道，蓄水通航，护城河内绿化到城墙脚下，把旧城与新市区用绿色项链隔开，河外新开快速路，或利用城墙作为高架路解决城市立体交通线路，登城可以揽胜，沿河可以休息，把生态保护与历史遗迹保护二者结合在一起，从而使北京成为令人向往之地（图 8-8）。但最终这个建议没有实现，北京的城墙也已拆除殆尽。但是对一些仍残存城墙的城市来说，还可以加以充分利用，还可以予以精心设计，使之体现出旧城轮廓。

---

① 李小波《延续历史剖面，寻求共生空间——历史文化名城规划中的文化理念》，《城市问题》，2001（5）

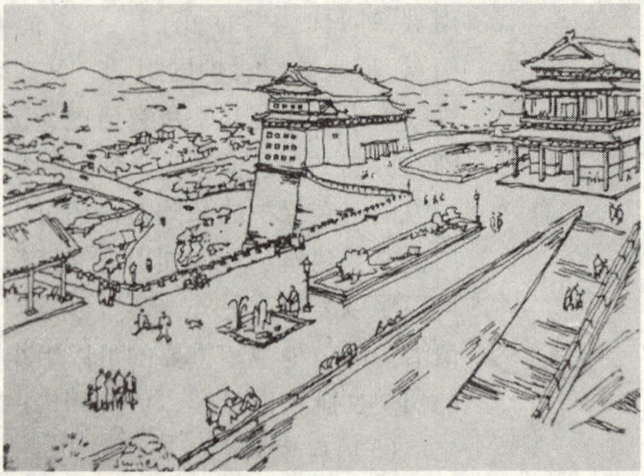

图 8-8　梁思成设计的“立体环城公园”

城墙保护设计的手法一般有以下几点：

其一，城墙与交通结合在一起。城墙基本拆除的，可结合实际情况将其开辟成林荫环路。

其二，城墙与公园结合在一起，也就是说把城墙组织到环城公园内，并成为公园的主景或借景。如朝鲜平壤大成山风景区就是以古城墙遗址为背景。在我国，这方面比较典型的是合肥市。合肥市沿古城墙营造了环城公园，并且根据历史记载修复了包公祠，重建迴澜轩、读书亭，开辟了“淮浦春融”一景，重建了包拯墓，又修建了张辽雕像，在环城公园内，自然环境与人文环境交相辉映，景观丰富，充分体现了合肥市“三国故地、包拯家乡”的历史文化特色。

其三，城墙与生态环境结合在一起，一般是以城墙为轴，整理周围与其相关联的山、水，形成有一定宽度的、连续性的绿色项链或走廊。德国的法兰克福把城墙遗址建成有高大树木的公共绿地，其中布置了良好的步行街，游人漫行过古香古色的步行街，走出旧城，便可步入这片宜人的绿地。现代化的建筑大都建在这条绿地以外，即旧城之外，旧城与老城，界限分明，相得益彰。

2. 城市平面布局的设计

城市平面布局是指新城、老区的关系。为了保护历史上形成的平面格局，不少城市选择了另辟新区的作法。新区与旧城的关系，主要有新区围绕旧城发展，新区在旧城的一侧或几侧发展以及新、旧城完全脱开等不同类型。开辟新区，可以逐步拉开城市布局，减轻由于人口增长，经济活动拓展，交通量增加而带来的压力。

在这方面，法国巴黎市是一个典型。近代巴黎市的扩展是从第二帝国时期（1852～1870 年）奥斯曼主持巴黎的大规模改建开始的。奥斯曼把梯也尔城墙以内的城市范围分为 20 个区，从市中心开始，沿螺旋形向外顺序编号。其中 12～16 区的大区和 17～20 区的全部均为这个时期的新区（图 8-9）。从 20 世纪 60 年代起，为了妥善地保护巴黎古城的传统风貌，同时又能为法国现代的建筑师提供施展现代设计手法的场所，巴黎开始在城市中轴线西北端的德方斯地区建造一个新的商务办公区，完全是现代的设计手法。因此，在巴黎"新其所新"，"旧其所旧"，新、老环境相处得较协调。

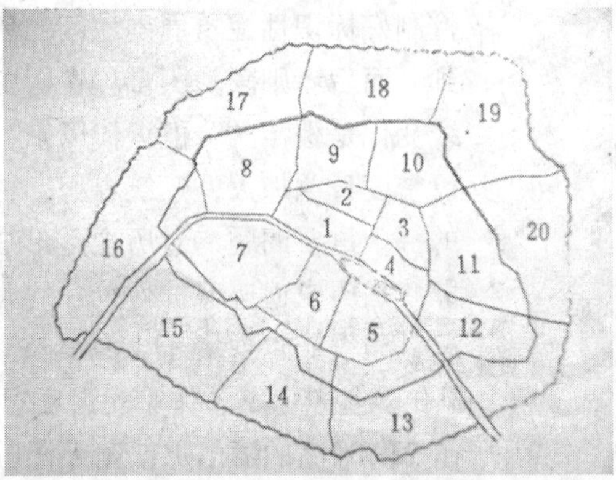

图 8-9　奥斯曼设计的巴黎城改建方案

第二次世界大战以后，更多的国家在城市发展中选择了保存旧区、开辟新区的道路，在老区中主要发展居住、商贸、文教、旅游等第三产业，而旧区的大部分功能为新区所置换，这样，旧区的历史格局便可以得到保存。在我国，早在建国初期，梁思成与陈占祥先生就向中央提出在北京旧城之外建设新的中心的建议[1]；吴良镛先生还在此基础上设想了“品字型”的多中心结构[2]。平遥古城保护也采取了设计新城的方法，平遥古城是国内保存得比较完整的古城之一，然而，随着时代的发展，古城难以适应现代化发展的需要，于是，平遥开始转向新区建设，并且使新区避开古城发展，因而古城格局保存得相对较好。

在古城与新区的发展模式中，尽管类型复杂，很难以偏概全，但从总体上看，新区在老城一侧或几侧发展或新区、老城完全脱离开的模式要好一些，这样，城市为以后的发展留出了较大的空间，无需作频繁的变动，从而有利于古城格局的保护。新区围绕古城发展，一般来说，城市用地调整较为困难，相对而言，保护古城格局的任务较为艰巨。

3. 城市轮廓线的设计

要保护好历史上形成的天际线，以下两点必须做到。一是要保护好标识性建筑（很多情况下是历史文物建筑）。二是要控制好标识性建筑周围地区的环境。对于前者，还比较容易做到，而后者则较为困难。在历史上，无论东西方，城市的轮廓线变化是缓慢的，但近代以来，随着城市化进程加快，城市建设密度日益加大，建筑容积率越来越高，已经成为城市建设中的一个重要问题，对历史上形成的城市轮廓线形成巨大威胁。即使是历史遗迹保护得较好的法国巴黎市，也面临过这样的问题，当埃菲尔铁塔于1889年建立时，曾引起广泛的争论，有300多名艺术家、作家联名反对。1973年巴黎市中心又新建起了229米高的蒙巴那斯摩天楼后，引起了更大的争议，公众纷纷谴责其破坏了优美的轮廓线，大煞风景。至此以后，巴黎新建的高层楼都建在远离市中心的郊区了。

人们开始寻找保护历史上形成的城市轮廓线的方法，分区控制方法被提上日程。这就是：在城市中，越靠近老城区，建

---

① 梁思成、陈占祥《关于中央人民政府中心位置的建议》，《梁思成文集》（四）

② 李准《“行政中心析”——旧事新议京城规划之二》，《北京规划建议》，1995（4）

筑高度控制得越严格；越远离老城区，建筑高度控制得越宽松，是一种渐变离散的过程。巴黎由于此规定，整个城市形成了一个锅底型的状态。我国也较多采用此种方法，如北京市在1985年公布了《北京市区建筑高度控制方案》，分区进行高度控制，这之后，在这方面一直在进行探索。西安市把历史遗迹划分为“绝对保护区”、“文物环境影响区”、“环境协调区”等不同层次，分区进行建筑高度控制，如在旧城以内以明朝城墙为基点，向市中心高度依次控制为平房、9～12米等六个级次，整体最高高度不能超过标志性历史建筑钟楼宝顶（36米）的高度，旧城之外，分别控制为平房、9米、18米等7个级次，这样就较好地保护了旧城的轮廓线。

另外，保护旧城轮廓线，还有一种方法是将新城、旧区以开敞空间相隔。巴黎的埃菲尔铁塔之所以对古城的轮廓线破坏程度较轻，其主要原因是由于新区、旧城之间有开阔空间相隔，从而削弱了影响程度。加拿大魁北克古城，把新建设区用绿化带和自然地貌与古城分隔开来，这样，使古城轮廓线保护有相对独立的地位。古城中的城堡、教堂等依然保持了在古城轮廓线中的优势地位。美国波士顿的贝肯山与后湾区是重要的历史区，布置着反映地方建筑风格与色调的3～4层红砖建筑，它与城市中央商务区之间通过开阔空间相隔开，新城旧区的轮廓线之间不但不发生矛盾，而且二者对照，使人产生了相辅相成，交相辉映的感觉，从而增加了城市的层次感。

4. 城市建筑风格的设计

整体历史风貌保存得较好的城市中，其建筑风格大致有以下两种情况：一种是建筑风格呈多样化，如法国巴黎市。它就像是一个巨大的建筑博览会，有罗马时期的建筑遗存，中世纪以来的建筑更是比比皆是，如哥特式的巴黎圣母院、古典主义的卢浮宫东立面、折衷主义的巴黎歌剧院和圣心教堂、帝国风格的凯旋门和马德兰教堂、奥斯曼改建时期的埃菲尔铁塔、现代主义的经典萨伏依别墅和瑞士学生公寓以及高技派的蓬皮杜文化中心等等。另一种是一种建筑风格占主体的城市，如意大利的佛罗伦萨，是文艺复兴的发源地和艺术之都，城市中的建筑大都具有这个时期风格的特征。

对于建筑风格多样化的城市，应当继续保持这种多样性，至少每种风格中要保留一些典型建筑。对于建筑风格相对单一化的城市，可以适当突出这种风格，新建筑有条件的也可以采用这种风格，即适度的“仿古”与“复古”。但这种仿古与复古必须有历史根据与文化来源，避免生硬地在一些新建筑上加一些古典建筑的符号。在一些特定情况下，建筑风格还要强调整体性，在同种风格中，有一部分建筑是作为“背景”而存在的，尽管是“背景”，但它们是不可或缺的。它们与主角一起构成一个完整的意义整体，这种“背景”一旦消失，整体的场所精神也就减弱了。例如故宫与其周围的建筑，尽管它们建筑风格是统一的，但不能因为周边胡同地区处于配角地位而就可以随便加以拆除，它们和故宫合在一起是一个整体，具有意义上的整体性，是唇齿相依的关系。周边地区若被拆除，故宫的历史意义在一定程度上也会受到影响。

三、非整体历史风貌型城市历史风貌的保护与设计

在我国，大多数城市的现状是具有一定的历史遗迹，但是大都呈分散分布。将这些碎片系统化，组织成一个网络系统，将会取得比较好的效果，这就是网络设计方法。其实，在整体历史风貌型的城市中，网络设计方法也经常被用，只不过在整体历史风貌型城市中，其“网络”是“先天”存在的。而对于非整体历史风貌型城市，没有这种先赋的“网络”，“网络”是“后天”生成的。网络设计方法对非整体历史风貌型的城市更为重要，因为它通过强化整体性，可以达到增强历史环境的连续性与整体感的目的。

1. 网络设计方法的定义与实质

网络设计方法的历史由来已久，当代著名建筑评论家瑞士人吉迪翁（1888～1968年）在他的《空间、时间和建筑》中，竭力推崇的近代第一个城市规划师——教皇西克斯图五世（1585～1590年在位）曾经有一个大规模改造罗马的规划设想。其基本想法就是通过许多大小街道把城市各主要宗教建筑联系起来，在主要交汇点立方尖碑作标志，并把城市中原来一

批规则的街道广场与古罗马时期的图拉真纪念柱、马可．奥勒利乌斯纪念柱等也组织进来，把原来孤立的各景点组织到一个统一的网络之中。19 世纪，奥地利建筑师西特也阐述了网络设计的原则，他认为设计一个城市时，首先要制订发展计划，然后确定所包含的建筑群组，通过竞赛设计广场，从而形成城市的焦点，并以主要道路来联接这些焦点，最后以有价值的不规划形式安排中间区域。美国现代城市设计师埃德蒙·培根在主持费城中心再开发计划中也提出"连接理论"，建议以空间走廊连接重要建筑及公共空间（包括主要历史文物建筑），以形成城市设计的整体结构。凯文·林奇也非常重视网络设计，他在《城市的印象》中有以下的论述："可以用紧密并列或互相可视的方式布置一连串的结点来形成一个结构……也可以用某道路、某边沿的共同联系来布置，用这些联系来构成广大的城市区域"①。"一个环境如同有力的可见的骨架，又有特征鲜明的各部分，那就易于实行新的开发并使它受人欢迎"②。

网络设计方法的实质，就是以整体的方法去显示城市的历史遗迹，因为非整体历史风貌型城市不同于整体历史风貌型城市，后者历史遗存分布较为集中，而且历史遗存基础较好，便于集中、重点地开展工作，而前者历史遗存较为分散，不借助整体空间设计，就很难显示出城市的整体历史氛围。侯仁之先生认为，城市历史遗迹的保护与规划设计，关键在于显示其发展过程，根据历史发生学的原则，主次分明地勾勒出一个个历史剖面。而网络设计通过一定的形式将单体历史建筑组织起来，可以形成一个个历史剖面③。而且网络设计能够使文物建筑置于支撑点位置，从而突出其形象，再加上单体文物之间组织在一起，人们容易从中感受城市历史环境的延续与跳跃。当

---

① ［美］凯文·林奇著，项秉仁译《城市的印象》，中国建筑工业出版社，1990

② ［美］凯文·林奇著，项秉仁译《城市的印象》，中国建筑工业出版社，1990

③ 侯仁之《历史地理学研究中的认识问题》，《北京大学院士文库．侯仁之文库》，北京大学出版社，1998

然，网络设计方法是有层次之分的。从系统论的视角，就是任何一个单体历史建筑，本身具有完整性与独立性，但它同时也是上级系统，如建筑群的组成部分，同时它也是更大系统，如历史地段或城市中的一小分子。在每一个系统中，它所处的地位是不同的，正像凯文·林奇在谈到我国传统城市时所说的那样："这种城市被逐级的网状街路分隔、再分隔、再分隔着，各个序列的宗教、政治权力代表的建筑物有其合适的地点，合适的色彩与合适的建筑材料"①。网络设计既要从自身出发，还要着眼于系统的观点，使每个单体文物建筑在各系统中都各得其所，从而达到历史遗迹设计整体效果最优化的效果。

2. 网络设计的步骤分析

网络设计是一项复杂的工程，它需要以下几个步骤，第一步是必须确立网络节点。节点就是历史建筑，它是网络形成的基础条件。节点的选择，必须建立在深谙城市历史遗迹的基础上。最好是能对历史遗迹进行评估，以确立文物建筑的不同等级，因为不同的节点决定了不同的网络等级。节点的等级愈高，则由节点所组成的网络等级就愈高。第二步是确定网络结构。节点的选择只是网络设计的第一步，选择好节点之后，节点的如何连接则成为关键问题。就理想状态而言。自然是高层次的节点之间连接成为高层次的网络系统，但现实的条件约束是多重的（自然条件、经济条件等），理想的状况一般来说很难实现，但在可能的情况下，应当尽量使高一级的节点连接次高一级的节点，从而实现次优选择。第三步是中介要素的选择。网络结构确定以后，即连接的路径已经明确，但还要选择连接方式，这就是中介要素的选择。中介要素的选择可以是多种多样的，它可以是绿地系统，也可以是新建建筑物，还可以是雕刻、标牌（通常与道路系统合用），但大多数情况下是道路系统或各种要素的混杂使用，只要是能使网络上各节点间产生关联；或使网络上的节点产生彰显效果；或者中介要素本身能对节点产生补偿作用，这种中介就达到了效果。

---

① Kevin Lynch《Good City Form》MIT press 1969（74）

新加坡牛车水街区的历史遗迹就采用了网络设计方法。据新加坡《联合早报》报道，新加坡旅游局和国家档案馆从2001 年开始，陆续在传统街区牛车水的多个地点设立叙事牌，从而让游人更加了解牛车水的历史古迹与街道。有关当局已经确认了 37 个历史性景点，包括街道、建筑与教堂庙宇。这些叙事牌，以有趣的“讲古”形式叙述牛车水的故事，既展示牛车水人家的生活与精神面貌，又方便游人阅读①。再如美国波士顿城将许多纪念独立战争的景点巧妙组织为一条旅游线路，新建的市政厅，借着银行的走廊通道，使人能看到它的前身——当年的老市政厅。若干路口的城市广场，则组织在新的高楼围合的空间中，这条旅游路线的一个端点是金黄屋顶的州议会大厦，无论从空间形式还是其所陈列的内容，州议会大厦都适合作端点。整个路程像过电影一样，使人对线路上的历史过程有一个清晰的认识。再如日本的东京将散落的文物点组织形成文化旅游步行道，也属于这方面的例子。

3. 遗产廊道设计

遗产廊道是美国兴起的一种保护历史遗迹的设计方法，它属于网络设计方法中较特殊的一种，比较适应美国的国情，对其他国家历史遗迹的保护与设计起着借鉴作用。目前，欧洲的一些国家也在进行着同样的设计，只不过没有明确地提出这一概念而已。我国的国情与美国有较大的差异，因此不能完全照搬这一设计方法，但是它其中的一些合理成分，对我国的城市历史遗迹的保护与设计有着一定的参考意义。

（1）遗产廊道的概念

遗产廊道（heritage corridors）是一个与绿色廊道相对应的概念。是拥有特殊文化资源集合的线性景观，通常也是一个明显的经济中心。廊道是景观生态学中的名词。景观由三大要素构成，即基质、斑块及廊道。基质是景观中相对统一的部分。斑块是基质中夹杂的飞地。廊道，简单地说，就是指不同于两

---

① 《到牛车水寻宝》新加坡联合早报网 www.zaobao.com/travel/singapore2000——05——08

侧基质的狭长地带，几乎所有的景观都被廊道所分割，又被廊道所连接，这说明廊道在景观中的重要地位。在城市中，廊道对城市经济、文化、环境美观起到重要作用。廊道决定着城市景观结构和人口空间分布模式，为大都市的景观结构优化提供了新的思路。城市景观廊道分为人工廊道与自然廊道两种。自然廊道以河流、植被带为主，而人工廊道以交通干线为主。绿色廊道有的是自然廊道，如河流与植被带，有的是自然廊道与人工廊道的结合物，如绿色道路廊道等等。

遗产廊道包含蓬勃发展的旅游、老建筑的适应性再利用、娱乐及环境改善的内容[①]。遗产廊道是线形的，它可以是铁路、公路，也可指运河，还包括天然的峡谷等，或其中两种与几种的集合体。这种线形的廊道可长可短，长的可达几百英里，最短的可以不到 1 英里，廊道的长短没有十分固定的标准。

（2）遗产廊道的特点

遗产廊道最大的特点在于综合性，其中包括历史遗迹保护与生态环境保护以及历史遗迹保护与经济发展之间的综合。美国自 20 世纪 60 年代起绿色廊道的概念逐步成熟。在绿色廊道的基础上，遗产廊道被逐步提出来，说明了遗产廊道与绿色廊道之间的渊源性，也说明生态环境保护与历史遗迹保护二者的结合是人类社会发展的趋势所在。如美国著名的 Cos cominos 的廊道就包括两个州立公园，三个不同的生态系统，三十多个博物馆，一个动物园，一处国家海滨公园，两个野生生物保护地以及许多历史建筑物。同时，遗产廊道的设置也是历史遗迹保护与经济发展相结合的产物。在美国，遗产廊道与旅游业与娱乐业的发展是不可分割的。而且许多廊道通常是旅游路线。不少廊道上设立有各种文字的标识系统，廊道本身配备解说手段。必须承认，遗产廊道本身在旅游业发展竞争中是具有优势的，这种优势在于：一是它集自然景观与人文景观于一体，旅

---

① Charles A Flink，Robert M. Searns. Greenways. Washton：Islandpress，1993 (167)

游资源丰富；二是由于廊道相连，其景观分布显得较为集中（尽管从绝对距离角度讲分布实际上不是很集中）。

（3）遗产廊道的选择与设计

遗产廊道的选择十分关键。它的选择标准主要注重以下两点，一是历史遗迹，二是生态环境。历史遗迹丰富与生态资源有特点，这是遗产廊道的先赋条件，先赋条件较好的地方，后来的设计就比较容易，而且成本也将大大降低。先赋条件一般的地方，即使可以开发，后来的设计就比较麻烦，而且成本将会随之大大增加。在遗产廊道中，历史遗迹资源的重要性自不待言，否则就不能称之为“遗产”。但生态环境的状况也很重要，连续的廊道有利于物种的空间流动与斑块内物种的生存与延续。而且，连续的绿地系统将会对历史遗迹形成图底关系，有利于衬托历史遗迹。斑块的存在一般是生态上有特色的区域，可以成为遗产廊道上的景观特色。在遗产廊道中，设计关键问题就是路径问题，这其中有以下几种情况，一是原来就存在历史路径，但现在已经不使用了，如历史上的公路、铁路等，在这种情况下，设计时主要重点是让其重新使用。二是廊道中原有各种路径不成一体，这种情况下，设计工作的重点就是怎样将它们联为一体。三是没有任何先赋路径，这种情况较为特殊，设计的重点就是设计出合理的路径。在一般情况下，应尽可能地运用历史上既存的路径，需要修补的部分应充分考虑周围的生态条件。

遗产廊道设立的初衷是保护历史遗迹与生态环境，但必须指出的是，旅游业的发展有时是与生态环境与历史遗迹保护的目标相矛盾的。因此，在美国，不是每一处遗产廊道都是面向公众开放的，有的特殊的遗产廊道也实行封闭管理。

（4）遗产廊道对我国的启迪

遗产廊道概念由美国提出，是有其特殊的文化背景的。美国是一个历史比较短的国家，其历史遗迹大多数只有 200 年左右的时间，且跟殖民者探险有关，而这种探险开发就是以线形状态进行的，因此其遗产廊道设计的先赋条件较好。我国与美国的国情不同，因此没有必要照搬这一模式。但是可以借鉴这一方法，在我国，已经有这方面的认识。1982 年，国务院在评定第一批国家重点风景名胜区时，曾经有意识地将川陕公路的自然遗产与古代三国时期以来的栈道文化遗产串联起来，组成“剑门蜀道”风景保护区，但直至今天，仍然没有形成统一的规划与管理机制。其实，我国有许多历史遗迹保护可参照遗产廊道模式设置，因此，今后可以加强这方面的探索与设计。当然，这一设计的运用不仅局限于城市历史遗迹的保护，而且还可以应用于乡村历史遗迹的保护或把二者结合起来。

第9章 城市特色危机及其应对

城市不仅是人们居住的场所，还是人类物质文明和精神文明的重要载体。在工业文明时代，人们注重城市的功能性，忽视了城市特色的塑造，正如前英国皇家建筑学会会长帕金森（Parkinson）在访华时说："全世界有一个很大的危险，我们的城市正在趋向同一个模样。这是很遗憾的，因为我们生活中许多情趣来自多样化和地方特色"①。随着后现代社会的到来，城市特色危机得到了人们广泛的重视。城市特色和城市景观有着密切的关系，在某种程度上，城市特色也可以称为城市景观特色。

第一节 城市特色的含义及构成

一、城市特色的含义

特色即事物所表现的独特的色彩、风格等。吴良镛先生指出："特色是生活的反映，特色有地域的分野，特色是历史的构成，特色是文化的积淀，特色是民族的凝结，特色是一定时间地点条件下典型事物的最集中最典型的表现，因此它能引起人们不同的感受，心灵上的共鸣，感情上的陶醉"②。城市作

① 何小娥，阮雷虹《试论地域文化与城市特色的创造》，《中外建筑》，2004（2）

② 何小娥，阮雷虹《试论地域文化与城市特色的创造》，《中外建筑》，2004（2）

为满足人们需求的人类聚居形式，存在于特定的区域，具有特定的时空条件和历史人文背景，也就具有了区别于其他城市的形态表征，即城市特色。

对城市特色的定义，主要有两种看法：一种认为城市特色是指一座城市的内容和形式明显区别于其它城市的个性特征，包括城市内涵及其外在表现两个方面。城市的内涵，是指城市性质、产业结构、经济特点、传统文化、民俗风情等。内涵的外在表现即城市的体型环境和形象[①]。另一种观点认为城市特色是在一定时空条件下，社会、经济和环境为了自身的生存和发展，以当时所能达到的文明手段，利用自然、改造自然所创造的有别于其它城市的物质和精神成果的综合表现[②]。

城市特色是人们对一个城市特点形象性、艺术性的概括。从城市审美特征而言，城市特色是一种能为人们的感官所感受，并能够由感性认识上升到理性认识，获得对该城市所具有的个性风貌特点认识的一种感性特征[③]。例如，一提到巴黎，人们马上就联想到"国际时装之都"、"国际艺术之都"；一讲到纽约，人们眼前就浮现出摩天大厦林立，"国际金融中心"的形象；说到东京，就会意识到这是一座"东西方文化交融"的城市；更不用说被誉为"建筑史上伟大的交响曲"的水城威尼斯了(图9-1)。

一个城市的特色，往往要经历几十年、几百年甚至上千年的积累与沉淀才能形成，巴黎的卢浮宫到新凯旋门前后建设了200年，才形成了堪称世界上最美丽的城市景观；圣马可广场是威尼斯的中心广场，起源于9世纪，经过长期改建、增建的曲折过程，直到18世纪近10个世纪的建设，才形成现在河道阡陌纵横、小桥广场水街的迷人风貌。城市特色的形成非常不

---

① 赵士修《城市特色与城市设计》，《城市规划》，1998(4)；白梅《浅谈如何塑造城市特色》，《工业建筑》，2002(1)；沈益人《城市特色与城市意象》，《城市问题》2004(3)

② 赵云鹏《试论城市特色的构成与创造》，《规划师》，1997(4)；于涛方《城市特色、竞争优势与竞争战略》，《规划师》，2004(7)

③ 马武定《"城市特色"问题再议》，《城市规划》，1991(4)

图 9-1 水城威尼斯

容易，尤其在工业文明产生并迅速发展之后，具有特色的令人赏心悦目的城市越来越少。而且成难毁易，城市特色一旦被破坏，往往难以恢复，甚至根本不能恢复，造成难以弥补的损失。所以，凯文·林奇说："美丽愉悦的城市环境非常稀少，有人甚至认为它不可能存在"①。

每个城市的特色还伴随着人们(包括市民)对它的感知、认识到认同的过程，具有不可移动和不可替代性。现在的问题是，在城市发展过程中一方面不注意城市特色的维护；另一方面又热衷于修建新的标志性建筑、城市广场等形象工程，导致城市面貌千篇一律，城市特色迅速消失。可以说世界范围内，城市普遍出现了"特色危机"(Identity Crisis)和"故乡丧失"的问题。

美国学者 H. L. Garnham 在《维护场所精神——城市特色的保护过程》一书中，阐明了构成城市识别性的主要成分为：一是形体特征和面貌(Physical Features and Appearance)；二是可观察的活动和功能(Observable Activities and Functions)；三是含义或象征(Meaning or Symbols)；并认为鲜明的特色和强烈的地方感受取决于：建筑风格、气候、独特的自然环境、记忆与隐喻、地方材料的使用、技艺、重要建筑和桥梁选址的敏感性(Sensitivity)、文化差异与历史、人的价值观、高质量的公

① [美]凯文·林奇著，方益萍，何晓军译《城市意象》，华夏出版社，2001

共环境、日常性和季节性的全城活动等方面①，可见城市特色涉及范围之广。

城市特色包含自然要素和人文要素，两大要素又可以加以细化(表9-1)。值得注意的是，自然要素当中也往往有人文的因素在起作用，两者密切相关，相互影响。

表9-1　城市特色相关要素构成②

	自然要素		人文要素	
城市特色	无形要素(包括：气温、风向、雨量、湿度、日照等)	有形要素(包括：地理区位、地形、地貌、山体河湖、植被树种等)	物化要素(包括：城市结构、布局、街道、广场、建筑群、公共设施、广告、招牌、人工绿化、历史遗迹等)	非物化要素(包括：市民意识、心理结构、气质、习俗、宗教文化、制度典章、音乐舞蹈、历史传说、语言等)

城市特色是相对的，是在比较中存在的。如上海在国内可能是前卫时尚的代名词，但将其放到国际背景中，这一特色并不明显。另外，城市特色往往反映了一个城市的发展优势，但也可能成为发展劣势。如果一个城市过分拘泥于特色的束缚，在城市发展中墨守成规，缺乏创新，失去进取的主动性，那么特色就会产生负面效应。

二、城市特色的构成

1. 自然环境

作为城市建设的自然条件，自然环境不仅影响城市发展，而且决定了城市的个性和城市的发展前途。虽然，随着科学技术的进步，人们战胜自然的技术力量日益强大，但是，自然界仍是影响城市发展的必要条件之一。要规划建设好一个城市，

① 转引自张松《历史城市保护学导论：文化遗产和历史环境保护的一种整体性方法》，上海科学技术出版社，2001

② 段进《城市空间特色的认知规律与调研分析》，《现代城市研究》，2001(1)

必须“了解自然，改造自然，保护自然”，从自然中汲取营养，形成个性。

城市特色首先体现在山、水、风景等自然特色风貌上。“桂林山水甲天下”，青山、秀水、幽洞、奇石，是桂林山水的自然基础。“碧莲峰里住人家”，田园，芳洲、村舍，与山水融为一体，构成了桂林独特的城市景观。大连、青岛则凭借倚山傍海的地理优势，形成风光秀丽的滨海城市。还有严寒地区的冰城哈尔滨，南方的春城昆明，花城广州都各异其趣，各具特色。国外也有许多这方面的例子，澳大利亚的昆士兰，由于地球的南回归线从昆士兰州中间越过，使得昆士兰州阳光明媚、气候温暖宜人，因而赢得阳光之州的美称。特别是在昆士兰州濒临南太平洋的“黄金海岸”，长年阳光璀璨明媚，连绵不断的海滩延绵 40 多公里，横跨数十个未受污染的沙滩，以南半球最炙热的太阳和最迷人的沙滩、碧波闻名，独具特色和魅力。

2. 城市规划结构和布局

城市因地区产业、地形地质、规模用地、居民文化等因素的不同，必然有不同的功能分区和空间布局，显示其不同的空间结构和特色。有的城市临海而建，有的城市跨江发展；有的城市呈放射状布局，有的是棋盘式布局。有的是多主体的，有的是单核心的。所有这些都是为了适应经济社会发展的需要，都显示其城市发展的特色。

一个规划良好的城市往往给人以深刻印象。以巴黎市为例：巴黎是一座历史悠久的世界文化名城。市中心的大道，东西向约 8 公里长，东起卢浮宫，西至拉德方斯新区，途经协和广场、香榭丽舍大街、蒂伊勒里公园、贝斯特利广场和戴高乐广场，同时这条大道也是巴黎的精华所在。卢浮宫西面大道，设计师恰如其分的立起了埃及赠送的方尖碑，如同我国园林中的对景。人们走过了狭长的林荫道，眼前豁然出现宏伟的方尖碑和凉爽的喷泉，空间在人们心中形成了一个高潮 ，心灵为之一震。再往前看，尽头隐约可见凯旋门的英姿，人们又被给予了目标和方向。经过香榭丽舍大街，映入眼帘的先是公共绿地，绿树葱葱，休闲宁静。随后一段集中着巴黎的一些著名的商店、餐馆、电影院及各国航空公司的办事处，这里游人熙熙攘攘，在宽阔的人行道上摩肩接踵，与先前的绿色宁静形成鲜明对比，给人们生活、旅游带来了许多情趣。

3. 城市文物古迹

1976 年 11 月 26 日，联合国教科文组织大会的《内罗毕建议》明确指出："历史地区是各地人类日常环境的组成部分，它们代表着形成其过去的生动见证，提供了与社会多样化相对应所需的生活背景的多样化，并且基于以上各点，它们获得了自身的价值，又得到了人性的一面"，"自古以来，历史地区为文化、宗教及社会活动的多样化和财富提供了最确切的见证"①。开封是历史上著名的宋东京城(又称汴梁)，其文物古迹所呈现的主要是宋朝的文化内容和形式。开封的铁色琉璃塔等都是宋代的文化遗产。大相国寺虽是明清时代的建筑，但使人联想到的仍然是脍炙人口的宋代轶事。安阳城内外留有各个时代的文物古迹，而最重要的，它是我国有史以来最早的都城遗址——殷商都城遗址。因此，殷墟王宫遗址、墓葬及与此相关的文物陈列，是安阳古都最明显的特色。

4. 城市轮廓与城市天际线

城市也有自己的轮廓，主要通过城市的主要入城方向、城市制高点的景观特色、代表性建筑物、建筑群体、天际线等得以体现。和谐的城市轮廓也能彰显一个城市的特色。如纽约曼哈顿天际线呈台阶型或锯齿状，显示出世界金融中心形象；莫斯科的城市天际线主要由传统的宗教式建筑创造的文化符号意义，特别是 20 世纪电视塔的高度变化，使莫斯科城市的天际线显示出一个大都市风采。土耳其首都伊斯坦布尔并没有多少盛气凌人的现代钢筋混凝土高楼，但一座接着一座的古老的清真寺或教堂，特别是蓝色清真寺和圣索菲亚大教堂，一根又一根高耸的伊斯兰尖塔，构成了这个城市最经典的城市天际线。

---

① 国家文物局法制处编《国际保护文化遗产法律文件选编》，紫禁城出版社，1993

国内如陕西榆林城，东倚驼山，西临榆溪河，城中一条贯穿南北的大街，跨街有十座牌坊和楼阁(今尚存四座)，城中多为低层瓦房，长街高踞地脊，雕楼重重，城南有凌霄塔，形成边塞古城独特的雄健轮廓①。

5. 标志性景观、绿化空间

图9-2　悉尼歌剧院

城市的特色还突出表现在其标志性景观上。威尼斯的圣马可广场被喻为“欧洲的客厅”，悉尼的歌剧院成了澳大利亚的象征(图9-2)，意大利佛罗伦萨注重城市天际轮廓线的保护，其文艺复兴时期建造的市政厅钟楼和圣母大教堂已构成视觉标志并成为城市的象征。我国城市中，大连的广场、上海的外滩及陆家嘴等也都成为城市的标志。在提倡可持续发展的今天，绿化也成为一个城市的特色，如波兰首都华沙市区面积为446平方公里，其中绿地12000余公顷，人均绿地面积在世界首都中居于首位，享有“绿色首都”的美誉。又如，伦敦的公园星罗棋布，市区人均绿地30平方米以上，其中皇家植物园、摄政公园、伦敦动物园、海德公园、肯辛顿王宫花园等均以各自

① 王景慧，阮仪三，王林《历史文化名城保护与规划》，同济大学出版社，1999

特色而举世闻名，并有泰晤士河水横贯城市。再如，在威尔士首府卡迪夫，位于中心城区边缘的城堡和河谷公园占地面积极大，与中心城区的面积相当。在历史名城巴斯，有保护良好的山峦林地、河流台地、公园、广场和绿地。在著名大学城牛津，有保护良好的泰晤士河和查韦尔河交汇处的水系及其周围的大面积树林草地，有为教学服务的植物园和大学公园等。

6. 建筑风格和城市风貌

因地理环境、气候、建筑材料及民族文化等的差异，各地城市会形成不同的建筑风格。以我国来说，北方厚重，南方明快，高原粗犷，水乡秀丽。北京传统上是由青砖灰瓦的民居和红墙黄瓦的皇家建筑组合而成，所以北京的新建筑也以灰色为主色，风格上以亭台楼阁式的古朴、稳重见长；上海的里弄房子是灰红色的，外滩一带的建筑也以灰色的花岗石为主，建筑风格上则以洋化、现代为特色。哈尔滨的建筑受欧域遗风的影响较大，包括了欧洲的各个流派、各个国家和地区的建筑风格，现存的许多建筑都是欧洲建筑风格的代表，许多建筑目前在欧洲也难以找到。由于不同时期不同风格的带有浓郁的异国风情的建筑汇集哈尔滨，使这座城市具有鲜明的区别于其它历史名城的特点。

7. 社会民族风情和文化艺术传统

城市不仅是堆满建筑物的容器，更主要的是生活于其中的人。人们按照自己长期以来的生活习俗、行为方式、道德情趣来塑造城市，同时人的活动又构成城市中一道最亮丽的风景。所以，一个城市的特色又往往体现为丰富多彩的文化艺术传统和社会民俗风情，如风味饮食、工艺美术、绘画雕塑、编织印染、音乐戏曲、衣冠装饰、民间歌舞等。对于许多人来说，提到奥斯卡，就会联想起美国的洛杉矶；提到奔牛节，就会联想到西班牙；提到慕尼黑，就会联想到盛大的啤酒节；提到戛纳，就会联想到电影节的盛典……。

在国内，大连国际服装节、中国青岛啤酒节、景德镇国际陶瓷节、杭州运河文化节、中国哈尔滨国际冰雪节、北京香山红叶节、桂林山水旅游节……我国城市，从来没有像现在这样充满活力，各个城市的节庆活动层出不穷、丰富多彩。这些城市节庆活动，既张扬了城市的个性，提高城市的知名度，也为繁荣城市经济、文化发挥了作用。

第二节　产生城市特色危机的原因

一、现代主义建筑运动的冲击

中世纪的欧洲有着统一而强大的神权，教堂常常占据城市的中心，教堂广场的周围通常是市政厅及市场，道路通常以教堂为中心放射出去。西方中世纪的典型建筑——哥特式教堂高大雄伟，高高的廊柱和圆形的拱门给人以天国的遐想，教堂的顶端是高耸入云的塔顶，人们凝望着教堂会有灵魂进入天国的感觉。伊斯兰教是世界第二大宗教，清真寺就成为许多城市的标志性建筑，大多建有宣礼塔，塔尖高耸，上悬一轮新月，象征着真主的召唤。可见，中世纪的建筑很注重艺术和形式。随着18世纪工业革命的开展，产业结构从传统农业向近代工业转型，使人口向城市转移和集中，从而导致近代工业城市的兴起和发展。

但是直到20世纪初，就整个世界范围而言，城市化进程还只是少数工业化国家的一种现象，没有成为全世界的普遍趋势。第二次世界大战后，殖民地、半殖民地国家纷纷赢得了政治、民族独立，实现工业化，改变落后的经济面貌，就成为这些国家政府所努力的方向。各个国家对工业化目标的追求，使城市吸纳的劳动力增多，大量农村人口涌向城市寻找工作。战后发展中国家城市人口剧增，大城市数量增多，是城市化最突出的表现之一(表9-2)。

与此相对应，出现了所谓“包豪斯”的现代主义建筑风格。包豪斯是德文“Bauhaus”的音译，它既是一种建筑设计理念，也是一种设计流派或运动的总称。它尽量采用简洁实用的材料和造型，强调平屋顶、大玻璃窗，追求阳台、门窗和墙面组合成的中心化空间。标准化、规则化、普及型，以及色彩的统一和谐，使经济实用的房屋在城市内占据了主导地位，成为广大

表 9-2 世界城市人口比重和城市人口总量①

年 份	城市人口总数(亿人)	城市人口所占比重(%)
1925	4.65	21
1950	7.24	29
1980	17	39
2000	31~36	51~61

职工与工人家庭的首选。它体现了现代工业文明的精神，从平民百姓住宅的功能研究进而设计街道、整个城市甚至全国性规划。但是在工业社会中，人们在充分享受到大工业生产所带来的文明成果，感受现代建筑简洁、明快、开放以及机器般效率和特殊美感的同时，又为摆脱不了高度发展的机器般的生活环境，找不到自己的情感寄托而感到困惑和苦恼(图 9-3)。在后工业文明时代，人们开始反对现代主义的机器美学，肯定建筑的复杂性与矛盾性，主要表现为：文脉主义、隐喻主义和装饰主义等②。虽然后现代主义建筑过分注重个性化，风格怪诞随意，但发达国家确已从“方格子”危机中走了出来。

图 9-3 现代主义的“包豪斯”建筑风格

① 张钟汝等编著《城市社会学》，上海大学出版社，2001

② 张鸿雁主编《城市 · 空间 · 人际：中外城市社会发展比较研究》，东南大学出版社，2003

新中国成立后，开展了大规模的战后重建和经济恢复工作，城市工业的恢复和发展，吸引了大批农村劳动力补充到城市中来。“一五”计划的顺利完成，滋长了经济发展中的盲目性，全民大炼钢铁、大办工业，使工业化和城市化进程在超越农业经济和国力所能承受范围发展。“文革”时期，国家偏离了经济建设的中心，城市工业发展缓慢，加上国家号召大批知识青年上山下乡，既阻碍了城市化进程，又加剧了农村人地矛盾。至1978年我国的城市化水平仍然较低，严重滞后于世界城市化平均水平。改革开放以来，随着国家工作重心的转移，我国经济发展速度加快，城市化进程也随之加快。同时，由于我国设镇设市标准下降，我国城镇数量迅速增长，从1978到1996年底，城市数从191个增加到666个，镇从2850个增加到16992个。其中，地级以上城市从187个增加到221个。城市化水平(非农业人口占总人口比重)达到17%。

改革开放使全方面的交流成为可能，在建筑界中西方建筑对我国的影响日趋加深。“方格子”浪潮也随之袭入我国，大批灰色、简单、造价低廉的，由水泥、钢筋、瓷砖、玻璃幕墙组合而成的多层建筑拔地而起，至今仍呈方兴未艾之势。“方格子”建筑所倡导的低造价、大批量生产、实用等观念正好契合了我国快速城市化过程中城市人口剧增和资金不足的需要，也与以经济建设为中心、大力推进现代化的中国时代精神意趣相吻合。然而，当它们成为城市建筑的主要景观时，整个城市的传统特色便荡然无存了，城市因此而失去许多值得记忆的东西。

二、全球化背景下的文化趋同

当今时代是全球信息共享的互联网时代，互联网缩短了世界各地的距离，打破了东西方之间的壁垒，它使世界之间的交流变得轻而易举：巴黎时装被各国竞相模仿；玻璃幕墙遍及无数城市；地铁和轻轨出现在世界各地；后现代主义不再属于美国建筑师文丘里一人；拉·维莱特公司不再是解构主义的唯一范本……这种方便直接带来了世界文化的互融，城市经济越来越汇入世界经济体系而成为其中不可分割的一部分。文化交流过程中的学习或仿效，势必迎来城市文化的趋同，这是文化发展的必然现象，也是业已形成的客观现实。

在城市建设中，建筑、设计者们互相学习互相借鉴，自己的作品中越来越多地融入了别人的思想。交流的加深也使人们的生活方式、工作方式等越来越接近，这种内在因素对城市形象产生了一种潜移默化的影响，是城市形象演化的动力。文化全球化增进了文化的交流与融合，但是处理不好也会削弱民族文化。要努力避免那些源于特殊生活经验而产生的不可替代的场所精神和城市性格特点遭受全球化浪潮涤荡，造成地方“文脉”的断裂。

避免“特色危机”并不杜绝文化交流和文化趋同，“闭关锁国”将不利于城市的良性发展。正确态度应该是：避免消极的文化趋同，对待文化交流须去伪存真、取精华弃糟粕，洋为中用，它为我用，同时潜心研究发展本民族、本区域、本城市的文化特征，趋它之同，存我之异，塑造自己的城市特色。

三、好大喜功与拿来主义

1. 盲目攀比、抄袭

改革开放以来，我国一座座城市拔地而起。21 世纪城市化步伐将进一步加快，然而，在城市建设中，一些城市管理者们偏重城市形象，大搞绿起来工程、亮起来工程，比楼高，比路宽，比广场大。你方唱罢我登台，在轰隆隆的推土机声中，一座座高楼被批量生产，外表看起来旧貌换新颜，实际上缺少文化底蕴。有的城市规划只注重功能性，而忽视其间应有的文化质量，把一些具有悠久历史文化的街区、胡同、建筑物拆除，以新为好，以洋为美，其实是对城市文化和传统的破坏。以至出现了“南方北方一个样，大城小城一个样”，甚至“国内国外一个样”，一些原来颇具地方特色、民族特色和历史文化特色的城市正被外观一致的新建筑所淹没，千城一面。美国著名华裔建筑大师贝聿铭说：“中国建筑已经彻底走进了死胡同。建筑师无路可走了，在这点上中国的建筑师们会同意我的看法。他们尝试过苏联的方式，结果他们对那些按苏联方式建造的建筑物深恶痛绝。现在他们试图采纳西方的方式，我担心他们最终同样会讨厌他们的建筑"①。这给我们现在的城市建设敲了一个警钟。

20世纪90年代的房地产大开发中，不时可见开发商在建筑的体量上模仿西方建筑的样式，同时运用西洋建筑的构件，试图在总体上和细部上都体现西洋建筑的意趣，或者在建筑群的设计上，追求宏伟的古典构图，并把建筑群命名为"罗马花园"、"巴黎广场"或"欧陆风情一条街"等，力求表现所谓"富丽豪华"、"恺撒大帝"式的气派。孰不知由于国情和文化等的差异，这些建筑虽被冠以"欧陆"风情的美名，但真正具备西洋建筑美学特征的却不多，有些与城市街区的整体建筑风格和历史文脉并不协调，显得十分突兀。

21世纪初，上海媒体对"十五"期间上海将率先重点建设"一城九镇"一事作了系列报道：上海将以所谓"拿来主义"精神，借"脑"建设"万国城镇"，并把这些城镇建设为"英国风格"、"法国风格"、"德国风格"、"荷兰风格"……从加快小城镇建设来说，此举值得提倡。但一个城镇的特色不是一朝一夕就能形成的，更不能克隆、复制。城镇特色、场所精神是城镇的功能结构、社会的经济文化、地域的自然历史在空间上的综合体现。城镇特色与社会生活和历史风貌息息相关，蕴蓄着人与社会的内在素质，反映了人类文明的历史积淀。不顾时代、民族背景，在城市规划建设中随便套用某种风格，是漠视历史文化和科学常识的短视行为。伊利尔·沙里宁在许多年前就指出："人们进行建筑设计时，只把外来的和古代的风格和形式，硬套在建筑物上面，而不考虑它所在地点的环境，这样设计出来的房屋，必然要同它的时代、地点和环境，相互脱节"，"这样的模仿行为，的确差不多等于文化上的自杀"②。

2. 胡乱"标志"、攀高

标志性建筑本应是一个城市的名片，反映出这个城市固有

---

① 新周刊杂志社编《第N城：一座城市和它承载的价值》，广东人民出版社，2004

② ［美］伊利尔·沙里宁著，顾启源译《城市：它的发展、衰败和未来》，中国建筑工业出版社，1986

的历史文化积淀和独特的精神追求，如北京的故宫和天安门广场、上海的外滩和东方明珠、香港的中银大厦和会展中心等。时下，每个城市都在大力兴建广场或标志性建筑，为自己代言。以最新最高最现代的建筑作为城市的标志，是目前我国城市标志性建筑和景观热中的一大误区。绝大多数城市的标志性建筑不能成为其历史文化的载体，或者说它把城市固有的文化消灭之后以新建筑取而代之。新建筑之后还有更新的、规模更大、楼层更高、造价更贵的，因而标志性建筑也总在易帜。广州 20 世纪 70 年代因白云宾馆落成将市区带到环市路，90 年代世界贸易中心、广东国际大厦带动淘金坑的再次扩张，而今天河体育中心和中心广场，又取代了五羊城雕，作为新标志性建筑，更多地出现在摄影师们的镜头下。未来 5 年、10 年、20 年呢？人们说标志性建筑是城市的眼睛，我们的城市太像一个急于追逐所谓的时尚而不惜把自己眼睛变成试验田的小姑娘。可惜，单眼皮改成双眼皮，双眼皮改成单眼皮，不是越变越靓，而是越来越找不到自己。

另外，“楼往高处走”也成了我国城市现代化中的普遍现象。西安旧城中原有的建筑以低层为主，市中心钟楼、鼓楼、城楼以及城外大小雁塔等均突出于城市轮廓线上，成为城市的标志性景点。而今城内层出不穷的中高层建筑破坏了传统的城市轮廓线，重要古建筑之间的“通视走廊”受阻。苏州“一体两翼、古城居中”的格局一度为人称道，但两区与古城靠得太近，随着工业园区和高新技术开发区的发展，高层建筑增多，古城的历史风貌也有日益淹没在城市化洪流中的危险。

四、城市规划建设中的“设计本位”

城市为谁而设计，并非为神、权贵、设计师或机器，而理所当然是生活于其中的居民。贝聿铭在其设计理念中始终不离一个“人”字：“我的思维中，‘以人为本’可能是最明显的，这也是中西方文化的差异所在”。“我认为建筑设计中人的比例很重要，我总是试图在建筑设计中做好这一点”①。城市里最

① ［德］盖罗·冯·波姆著《贝聿铭谈贝聿铭》，文汇出版社，2004

主要的人群是普通人，普通人的日常生活才是常态的生活。所以对一个城市来说，让普通人感到好才是真正的好。

漫步于上海、北京、沈阳、太原等大城市，会发现它们曾经或正在为机器而设计，快速和高效是设计的目标。按照人的视觉感受，建筑高度与街道宽度比在 0.5∶1 时有开敞感；在 1∶1 时有舒服感；在 2∶1 时有压迫感，因此，建筑高度与街道之比应控制在 1∶1 ~ 1∶1.5 之间，大城市可小一点，中城市略大，小城市可大一点，但目前各地的规划建设普遍高于这一比例，高楼林立的城市，体量巨大、布置整齐，但令人望之生畏。

工业时代以来，汽车成为城市的主角，立交桥、通道、红绿灯都尽量行汽车之便，行走于街上，人们感受不到尊重和关怀；步行街缺少绿荫、廊椅，虽然人潮涌动，却无丝毫温情可言。北京大学俞孔坚教授曾这样呼吁：“回来吧，诗意的场所；回来吧，人性的空间；回来吧，那有故事的地方”[①]。因此，城市规划要扩大公众参与意见的平台，考虑强势群体与弱势群体的平衡，设计人性化的公共空间，让平民百姓过上有尊严的生活。

五、优秀人才的青黄不接

专家指出，景观建筑学在我国建筑界缺席。除台湾省外，在包括建筑、农林在内的所有学科中，我国的“风景园林规划设计”硕士和“风景园林”本科专业于 1997 年被全部取消。与此相对的是我国十年来新办的建筑学专业起码有原来的 8 倍多。在校园里，学生更热衷于规划设计等技术层面上的课程，对审美、文化类的课程毫无兴趣，甚至嗤之以鼻。建筑系教师们忙于弃教从业，培养出只视建筑为造房子的蹩脚建筑师。事实上景观建筑学与建筑学、城市规划在建筑界的地位是三位一体、缺一不可的，城市人居环境中将技术（资源发展、环境保护、污染防治等）与艺术（大众行为、环境形象、精神文明等）

---

① 俞孔坚，李迪华《城市景观之路：和市长们交流》，中国建筑工业出版社，2003

融为一体的工作就由它来完成。①

急功近利的学习目的、方式，必然导致专业人才审美感和创新能力的丧失，使城市规划设计这一神圣的任务简单处理为技术问题。于是，本该为城市特色代言的设计师们沦为好大喜功的官员和利欲熏心的开发商的傀儡，跟风、政绩、平庸之作层出不穷，城市特色也就无从谈起了。

第三节　塑造城市特色

据说20世纪90年代有个外国旅行团到我国来旅游，当他们游遍了大半个中国后，导游问了这样一个问题："你们的最大感想是什么?"。没想到旅行团的成员们齐声回答："中国城市像个大工地"。这个故事真实与否姑且不论，但确实反映了一个无情的现实：90年代以来，我国各城市无不进行着巨大的城市建设，城市景观日新月异，"三年大变样"的情况比比皆是，而"千城一面"、特色丧失问题也越来越严重。如何在快速城市化过程中少走弯路，保持特色，是摆在我们面前的严峻课题。本节试图从自然和历史文化两个方面，对如何塑造城市特色，提出初步建议。

一、依靠自然环境塑造城市特色

自然不但为人类提供了水、土等农业生产必不可少的条件，而且为人类工业文明的发展提供了源源不断的物质资源。21世纪的今天，人类已经有一半生活在城市之中，80%以上的百万人口以上的城市，都位于大河或大海之滨。大河不但为城市提供了重要的水源，而且是城市最重要的交通通道之一，大海更是将世界主要城市紧紧联系在一起。自然不仅为城市和城市中的人提供了生存的条件和空间，还是一个城市特色的重要组成部分，特定条件下城市的自然景观具有独特性和不可替代性，凯文·林奇说过："几乎历来如此，任何潜在的强烈意

① 新周刊杂志社编《第N城：一座城市和它承载的价值》，广东人民出版社，2004

象都隐藏在地理位置当中"①。可见，要创建一个有特色的城市，自然环境是重要因素之一。下面将从气候和地形地貌两方面具体论述。

1. 气候

一个城市所在的特定区域总有相对不变的生物气候要素，如日照、降水、温度、湿度等，这些直到今天仍是该区域内城镇规划和建筑环境设计的最主要决定因素。美国著名建筑师R·欧斯金十分注重气候因素，在他看来，作为自然环境的基本要素，气候是城市规划的一个重要参数，气候越是特殊就越需要规划设计来反映它。

例如，处于热带和亚热带的城市，其布局和结构形态应该尽量开敞通透一些，注意夏季主导风向和绿化布置；创造尽可能多的室外庇阳空间(如林荫道、骑楼、凉廊等)，以便人们可以长时间在室外活动；保护和合理利用滨海、滨河和滨湖的自然开敞空间等。如厦门环岛路的建设，实现了"临海见海、把最美好的沙滩留给老百姓"的建设指导思想，通过近47万平方米的绿化、小品等，充分体现了亚热带风光，体现了厦门特色，形成了一条集旅游观光和休闲娱乐为一体的滨海走廊，展现在人们眼前的是一幅蓝天、大海、沙滩、绿地和四季花开不断的美好图画。而在北方寒带地区及我国边远高原地区，要注意冬季的防寒保暖和防风沙。在实际城市规划和建设设计中一般采用相对集中紧凑的布局形态和结构，以利于加强冬季的热岛效应，减少城市居民工作和生活的出行距离；同时尽量避免冬季不利风道的形成，降低基础设施的运行费用②。在公共空间设计上，既要保护人免受不良气候的影响，又不能使人与自然过分脱离，形成一个丰富合理的户外游憩活动空间体系。为了使城市获取充足的阳光，保证建筑有良好的朝向，主要街道宜采用与子午线成30°～60°角的方向布置。加强地下空间的开

---

① [美]凯文·林奇著，方益萍，何晓军译《城市意象》，华夏出版社，2001

② 王建国《生态要素与城市整体空间特色的形成和塑造》，《建筑学报》，1999(9)

发利用，吸引人流转入地下。哈尔滨市南岗地下商业街的建设就已形成地下空间网络，把主要的商业网点联接起来，显示出良好的经济效益；在地面上借鉴加拿大卡尔加里的作法，适当建立有气候防护设施的公共空间，在城市重点路段设置“全天候”步道系统和封闭式过街天桥，在中心地段开辟“冬季室内花园”。同时做好城市设计，塑造独具特色的寒带城市景观。

气候是人们造城的首要因素，一旦我们在城市规划中恰当地处理了自然气候的影响和作用，就能赋予城市空间结构和布局形态一种独特的表现形式，进而塑造出一种富有艺术魅力的城市环境特色。

2. 地形地貌

世界各地的地形地貌丰富多样，有丘陵、盆地、高原、平原等类型，在国内外许多建城案例中，规划师和建筑师都十分尊重这些自然因素，在建设中紧密融合具体的山形水势，使自然形态和人工建设的城镇空间和谐地组合在一起，使之相互因借、相得益彰，形成城市的艺术特色和个性。我国传统选址讲究背阴抱阳，依山面水，顺应自然，北挡寒流，南迎阳光。这些都是为了适应城市的自然环境。

北京城选址充分考虑了生态条件好、景色优美的外部自然环境。金代建都时，就在今天的北海位置建造离宫，后经元、明、清历代经营，建成颐和园等一批景色各具特色的自然风景区，并从西部导引了许多流泉入城解决北京城的供水问题。即使在宫廷建筑规划设计中，亦在其附近精心营建了由“三海”贯穿的自然风景区，真正做到了自然系统和人工系统的巧妙结合和高度统一。

又如苏州，苏州古城位于太湖流域，区内河网纵横。春秋时伍子胥筑城就是利用了布满河道的自然地形而规划筹建的。河道成为城市的脉络，直至唐、宋、元、明、清以来，河道在城市中一直起着重大的作用，并在不断的发展中形成了水陆并行的双棋盘式的独特格局，“绿浪东西南北水，红栏三百九十桥”，“君到姑苏见，人家尽枕河”的“小桥、流水、人家”的水城特色，更是如诗似画，令人陶醉。江南山脉连绵、河道交错的水乡自然地理环境与历代人们的努力，共同塑造了苏州清新秀美的城市特色。

国外也不乏在结合自然方面取得成功的著名案例。如美国规划师格里芬为澳大利亚首都堪培拉所作的设计：现址不仅用地充足，水源丰富，交通便捷，且周围均为连绵的山峦，自然风光秀美，巧妙地融合了周围特定的地形地貌。他利用了所有可以利用的山峦冈丘和水面，规划了三条轴线并形成对景，疏密相间的建筑物不以体量高大取胜，而是与广阔的自然环境背景融合获得其地位和价值，从而把国家首都的尊严和花园城市的魅力调和在一起。今天，澳大利亚首都堪培拉被形容为一个分布于大公园中的城市，以清新的空气、翠绿的田园吸引了大批游人。

城市特色的本源是天人合一。天是自然环境的综合，是城市发育的舞台。没有天那有地，没有地那有城。自然环境在塑造城市特色中的重要作用怎样强调都不为过，诚如麦克哈格教授所指出："城市的基本特点来自场地的性质，只有当它的内在性质被认识到或加强时，才能成为一个杰出的城市"；"建筑、空间和场所与其场地相一致时，就能增加当地特色"①。

二、依靠历史文化塑造城市特色

1. 历史文化遗产的保护与发展

"文化遗产"记录了人类的发展与变迁。城市的发展有其延续性规律，历史文化遗产的保护和发展对一个城市来说至关重要，只有了解城市的过去，才能更好地把握现在和未来。一个城市的特色也往往是在其发展过程中累积形成的，历史越悠久，历史建筑遗存越多，越容易形成吸引人的艺术魅力。很难设想，如果没有紫禁城、天坛、颐和园、长城、四合院、明定陵等历史文化古迹，以及几千年的传统积淀，北京有何特色和个性可言？如果没有布达拉宫、大昭寺、哲蚌寺、罗布林卡等闻名于世的历史古迹和建筑以及佛教和藏文化，拉萨的特色和

① 王建国《生态要素与城市整体空间特色的形成和塑造》，《建筑学报》，1999(9)

个性又在哪里？传统的城市环境除了具有美学方面的特色意义外，还有更深层的意义，它还反映了城市居民的心态和精神特征。保护好历史文化遗产，不仅保存了一个城市的记忆，也反映了城市居民对所处环境的认同和参与。

但是，历史在经济建设浪潮和推土机面前显得那么脆弱无助，中外都不乏因经济、政治或其它原因而破坏历史文化遗产的实例。如日本在20世纪80年代，大规模住宅区、工业园区开发，道路、铁路建设，农业结构的调整改造，旅游设施、休闲设施的建设等大规模开发，对历史环境造成严重的破坏。随着城市化进程的推进，各地适合本地区气候和风土的建筑物，很快就不见了踪影。电气制品、私人汽车的普及带来道路网的改造、高层建筑的建设、住房的改建增建等等，使城镇面貌发生了根本变化①。急剧的变化使人们失去了对往昔的认同，感到精神生活受到创伤，今天，人们终于意识到历史环境的保护对他们的重要性。在日本，对历史环境和乡土文化的破坏被称为“第三公害”。各地居民开始关注环境的文化方面的重要意义，并逐步推行包含遗迹、历史街区等在内的历史环境保护运动。

遗憾的是，发达国家用几十年时间换来的经验教训仍未被我们吸取。改革开放以来，神州大地到处推土机轰鸣：广州在兴建高架道路、地铁和旧城改造的过程中已使历史名城面目全非；绍兴，这个马可·波罗为之倾倒的历史文化名城，往日小船游弋的地方，现在在开汽车。多数河道被填掉了，房子拆了。在这些地方建起了纺织厂、印染厂。在街上干活的鞋匠和铁匠消失了，烤饼师和裁缝没有了，老城就剩下了一批房屋②。“拆”已成为使用频率极高的公共词汇，出现在建筑物的身上，像一个个惊心触目的靶心标记。在仍有使用价值和文物价值的房屋被过早拆除的同时，大量的危房和棚户却长期保留

① 张松《历史城市保护学导论：文化遗产和历史环境保护的一种整体性方法》，上海科学技术出版社，2001

② 李其荣《对立与统一 —— 城市发展历史逻辑新论》，东南大学出版社，2000

了下来。旧城的破坏业已成为上个世纪我国城市建设者们最短见的城市行为。旧城被荼毒之后，宝贵的文明传统被割断，新城市对未来表现得无所适从，只好一味地抄袭，拆了又建建了又拆，无休止地折腾。正如冯骥才所说，“城市的管理者们，或出于片面追求现代化速度，或迫切地积累任上的政绩，或只盯住眼前的经济利益，将成片的城区交给开发商任意挥洒。他们对这些城区的文化遗存的情况大多一无所知，甚至也不想知道。于是短短十余年，不少都市的个性特征、历史感和文化魅力，被涤荡得寥寥无几。北京的四合院，江南的小桥流水，还有我们一些城市的那些源远流长的老街，正被一片片从城市的版图上抹去。神州城市正在急速地走向趋同。文化的损失可谓十分惨重！世界许多名城都以保持自己古老的格局为荣，我们却在炫耀‘三个月换一次地图’这种可怕的‘奇迹’！毫不夸张地说，现在每一分钟，都有一大片历史文化遗产被推土机无情地铲去。而每一个城市的历史特征都是千百年来的人文创造才形成的。”①

在欧美日等发达国家，对城市历史文化遗产的保护已经成为一种社会共识，获得广泛的社会支持。如20世纪五六十年代，巴黎老城区改造，准备拆掉那些“不合时宜”的老屋老街，当巴黎的民居即将面临毁灭的危难时刻，巴黎人挺身而出，在报上写文章，办展览，成立街区的保护组织(如历史住宅协会、老房子协会等等)，宣传他们的观点。巴黎人认为，这些老屋决非仅仅是建筑，这些老街也决非仅仅是道路，它们构成了历史文化空间。巴黎人的全部精神文化及其长长的根，都深深扎在这空间里。而且这空间又决非属于过去，它在文物中的历史是死的，在文化中的历史却仍然活着。从深远的过去到无限的未来，它血脉相连，一脉相承，形成一种强大和进展的文化与精神。割断历史决不是发展历史，除掉历史更不是真正地创造未来。因此，他们为保卫这空间而努力数十年。如今这些观点已经成为巴黎人的共识，巴黎已经有了清晰的居民保护区

① 冯骥才《手下留情——现代都市文化的忧虑》，学林出版社，2000

和严格的保护民居的法规。巴黎人骄傲地说，巴黎到处是工地，但不是建筑新的，而是维修老的。在这里，官员们为了赢得选民的票数，也要大唱保护主义的高调，取悦于选民。当保护城市文化的愿望已经成为一种自觉而顽强的民意，谁还为巴黎的古老文化操心与担忧[①]？

在我国，城市历史文化遗产的保护已经引起不少专家和有识之士的关注，一些城市管理者在旧城改造中也注意到保护、控制历史建筑，部分城市居民反对滥迁滥造的报道也屡屡见诸报端，但大规模的公众参与和社会的全面支持还远未形成。某些城市领导者对历史文化遗产的认识还存在着一些误区：比如，一些人修复历史建筑仅仅是为了发展旅游业，带动地方经济增长，但过多的游人有可能给建筑本身及周围环境带来更大的破坏；还有不少人热衷于建造假古董，在各地建造了林林总总的仿唐、仿宋、明清一条街，但对那些真正有价值的文物古迹和历史环境却视而不见；还有的认为近代的历史建筑年代并不久远，所以毫无价值，孰不知没有 50 年的历史，哪来 100 年、200 年的历史？近代建筑、产业遗产是近代历史的重要依据之一，同样必须加以保护和再利用。认识上的偏差，必然会导致城市发展决策上的误导，致使保护为开发让路的事件层出不穷，一些有价值的文物建筑、历史街区遭到人为的破坏。

保护并不意味着一成不变，社会要发展，人民生活水平要提高，传统城市也面临着改造与更新。城市历史文化遗产保护不只是为了过去，而是为了现在和将来。如果保护要以牺牲现有城市环境的和谐性、舒适性和创新性为代价，那决不是我们所想要的结果。历史文化遗产保护应立足于当代，以灵活的方式对过去历史和未来变化进行新的解读，使城市能够协调共生、有机生长。具体的做法有：

其一，对那些集中体现旧城历史文化延续性，一旦破坏即无法恢复的文物建筑及其环境，要采取绝对的或严格的保护，落实保护措施及资金来源。

---

① 冯骥才《手下留情——现代都市文化的忧虑》，学林出版社，2000

其二，对于旧城区其它有价值的原有建筑，应采取维持外貌、更新内部且充分利用的办法，切忌采用“剃头式”的推倒重来，更新时的天线、电线等应埋入地下或墙壁中，并注意保持建筑的“原真性”。

其三，对旧城区现已荡然无存的古建园林，经专家多方考证确有意义，既可以根据史料按原样重建，亦可以按与原物同时代或同地域的建筑样式恢复。

其四，对发生在旧城区的历史事件、民间传说等虚拟文化现象，在更新过程中，亦可以通过勒石立碑、挂牌题词、绘制原有建筑图样等方式进行有形再现，形成文脉延续的软环境。

其五，对旧城更新中大量出现的新建筑，可以有两种做法：其一，对于在历史地段或文物建筑周围的新建筑，其尺度、体型、色彩、门窗的比例、线脚乃至材料、细部均应与旧城风貌取得协调与联系性；其二，是采用对比的手法，新旧对比越强烈，古建筑的艺术特点和地位反而越突出。同时，对比手法使旧城区的更新摆脱了古建筑的束缚和限制，节约了用地，也减少了投资。

其六，要保护和利用旧城区居民所熟识的街巷坊肆、广场戏台、古树名木、古井照壁、匾额楹联等代表大众文化，影响环境氛围的小品建筑，把一些完好的传统民居改造成富有魅力的现代住宅。保留并重新使用旧城区原有的砖瓦材料，产生新的质感与艺术魅力，营造一种既富有时代精神，又体现历史文脉延续性的环境风貌[①]。

2. 塑造新的文化特色

面对当今的世界，我们认识到那种各自封闭的文化发展状态已经一去不复返了。无视时代的发展是不可能的，而完全屈服于强势文化的吞并则又是贻害无穷的。因此，创造具有时代特征并和自身文化背景相结合的新的城市特色就显得特别重要。

---

① 万艳华《论城市更新与文化相契合的方法与途径》，《武汉城市建设学院学报》，2001(12)

“城市的主要功能是化力为形，化能量为文化，化死物为活灵灵的艺术形象，化生物繁衍为社会创新”，“最优化的城市经济模式应是关怀人，陶冶人”①。城市新特色的创造，应时刻以有利于人的归属感、认同感的形成为目的。这种特征不仅包括各种物质属性，也包括较难体验的文化上的联系，以及城市居民在漫长时间跨度内因使用场所而使之赋有的某种环境氛围。这种超出物质性质、边缘或限定边界的重要情感内容，就是场所感，或称场所精神。场所感具有一定的稳定性，它是人们产生归属及认同感的基础。成功的城市新特色就是要从文化观察的角度去发掘城市地域中的特定背景条件，结合时代的要求，使其在新的城市建设中呈现一种渐进式转化。在具体的设计中，要深入观察、了解一座城市及城市中人的生活，充分认识一座城市的历史沿革、现实文化和地理环境的特点，确定出时代条件下的城市文化特征（现代为主抑或传统为主、生产为主抑或旅游为主……），并由此从各个层面（物质形态层面、社会结构层面……）加以强化，创造城市新特色。

首先可在原有基础上推陈出新。我国有4000年的建城史，我国的城市在其形成、发展以及风貌等方面，各具特色、多姿多彩，有着深厚的历史文化底蕴可供挖掘。正如林徽因于20世纪30年代初在论述我国建筑特征时说道：“中国建筑为东方最显著的独立系统，渊源深远，而演进程序简纯，历代继承，线索不紊，而基本结构上决未因受外来影响至激起复杂变化者”②。针对一般人所持的中国建筑简陋粗糙、比欧美建筑低劣幼稚的误解，林徽因指出：“这种错误观念最初自然是引起西人对中国文化的粗忽观察，常作浮躁轻率的结论，以至影响到中国人自己对本国艺术发生极过当的怀疑乃至鄙薄。好在近来欧美迭出深刻的学者对于东方文化慎重研究，细心体会之

---

① [美]刘易斯·芒福德著，倪文彦，宋俊岭译《城市发展史：起源、演变和前景》，中国建筑工业出版社，1989

② 张鸿雁主编《城市·空间·人际：中外城市社会发展比较研究》，东南大学出版社，2003

后，见解已迥异从前，积见彻底会悟中国美术之地位及其价值”①。

正所谓“源头既清，波澜自阔”，急功近利的城建官员和设计师，应该从古建筑遗产中获得体验，汲取营养。中华地图上每一处地名都可能包涵了值得我们注意和借鉴的文化信息，北京胡同、上海里弄、广东骑楼、苏州园林、徽州村落、福建土楼等个性化的空间形态，正是我们的特色所在。

其次，依据城市的性质规模、布局结构以及建设重点，营造新的标志性建筑。每一个知名城市都有其标志性的事物，它们是形成城市个性的关键因素。如巴黎的艾菲尔铁塔、纽约的自由女神像和帝国大厦、华盛顿的国会大厦、多伦多的加拿大国家电视塔、悉尼的大歌剧院等，这些辉煌的建筑不仅成为所在城市的标志，而且成为一种特定文化的象征，都深刻地表现了这些城市的特色②。在国内，以上海为例，浦东陆家嘴东方明珠和黄浦江上两座大桥的落成，标志着迈向国际大都会的历史阶段，“双桥飞渡，一塔冲天”的格局给人以深刻的印象，体现了上海日新月异的发展活力。但是，标志性建筑一定要与城市的整体面貌和文化氛围相融合，绝不能胡建、乱建，否则会适得其反。

再次，还可以通过城市结构、形态的巧妙构思，塑造城市新特色。这一点对全新城市的建设尤其重要。如巴西的新首都巴西利亚的形态就别具一格。虽然，就整个城市建设而言，还有许多不足，但在通过城市结构、形态的巧妙构思，塑造城市新特色方面，还是值得称道的。

当然，塑造城市新特色的方法还有许多，城市入口区、天际线、指示牌、商业街、广场、雕塑等要素都可供挖掘，此不一一详述。

---

① 张鸿雁主编《城市·空间·人际：中外城市社会发展比较研究》，东南大学出版社，2003

② 张鸿雁《城市形象与城市文化资本论——中外城市形象比较的社会学研究》，东南大学出版社，2002

第10章 城市景观设计

城市是满足人们各种需要的一个场所，城市的景观在满足人们的需要过程中起到重要作用。城市景观设计的目标与宗旨是为人们创造一个舒适、优美、方便、高效、卫生、安全、特色的城市形体环境，满足人们的物质需要以及精神需要。

第一节　城市景观设计原则

城市景观设计范围很广，只要是属于景观范畴的，都属于设计对象。从这个意义上，除了建筑物内部空间不属于城市景观设计内容，其他的城市空间与物质实体均属城市景观设计内容，包括居住中心、广场、街道与道路，乃至单个建筑物的细部等等。美国教授哈米德·胥瓦尼在《都市设计程序》中进行了总结，指出城市景观设计包括以下几个方面：土地使用、建筑形式与体量、交通与停车、开放空间、人行步道、支持活动、标志、保存与维护①。

城市是一个经济—政治—生态—社会—文化的复合生态系统，也是一个时间—空间结合的四维空间，因此，城市景观设计是一个复杂的系统工程，它不同于一般的艺术创作，绝不应仅仅局限于形体方面，而必须着眼形体承载着的经济、社会、

① 卢济威、郑正《城市设计及其发展》，《建筑学报》，1997(4)

文化、美学等内涵。有鉴于此，城市景观的设计必须遵循以下原则：

一、整体性原则

本世纪初，德国历史哲学家斯宾格勒曾经指出："只有作为整体，作为一种人类的住处，城市才有意义"①。这句话阐述了一个道理：即城市的整体性。城市是一个整体的系统，城市景观设计，只有从整体的角度出发，才能达到理想的效果，否则将遇到偏差或走入误区。

1999年，国际建筑协会第20次大会在北京召开，大会通过了《北京宪章》，其中的3.7条款明确提出了整体性原则，"用传统的建筑概念或设计来考虑建筑群及其与环境的关系已经不合时宜，我们要用群体的关系看清楚：从单个建筑到城市群的规划建设，到城市与乡村规划的结合、融合，以致区域的协调发展，都应当成为建筑学考虑的基本点，在成长中随时追求建筑环境的相对整体性以及与自然的结合"②。这条原则对城市景观设计整体性原则做了最好的诠释，具体而论，这种整体性包括以下层面：

1. 景观内涵的整体性

景观的内涵是生态、文化、社会、心理，城市景观的设计要兼顾政治、经济、文化、美学、生态以及人的心理等方方面面，不能有所偏颇。经济角度主要侧重成本——收益分析，要求景观的塑造尽可能节约空间与费用。社会角度是以人为中心，要求景观的塑造应当人性化并考虑人的私密性与公共性的统一，必须能达到尊重人、关心人以及陶冶人的目的。文化角度主要侧重意义层面，强调形体环境背后的意义的塑造，因为缺乏意义的东西是没有生命力的。凯文·林奇对景观的整体性进行了总结，一个理想的城市景观或者形体环境整体性必须符合以下标准③(表10-1)。

---

① [德]奥斯瓦尔德·斯宾格勒著，齐世荣等译《西方的没落》，商务印书馆，1995

② 吴良镛《北京宪章》，《城市发展研究》，1999(4)

③ [美]凯文·林奇著，林庆怡等译《城市形态》，华夏出版社，2001

表 10-1 城市景观的整体性

特 性	含 义
社会性	大众共创共享
舒适性	环境压力小，身心轻松
通达性	方便，既可望又可及
安全性	无视线死角，夜间有照明
愉悦性	有视觉趣味与人情味
和谐性	整体协调有序
多样性	功能与形式灵活多样，丰富多彩
识别性	有个性特征，易于识别
文化性	尊重历史，具有文化品位
生态性	尊重自然，保护生态

由于这种整体性，景观规划与设计就必须依靠多学科支撑。城市景观规划与设计只有通过与经济学、社会学、历史学、地理学、政治学、人口学等学科的分工合作，城市物质形态的建设与经济发展计划、社会发展规划、科技文化发展规划以及生态环境发展规划等互相结合，城市景观规划与设计才能取得良好的实际效果。这样，传统的以物质形态为核心的城市景观规划与设计，就必须发展成为一门多学科的综合规划与设计。而综合规划与设计的重点，不应再局限于物质环境建设，而应转向公共政策和社会经济等根本性问题。

2. 景观要素的整体性

城市景观设计还要兼顾要素与整体的关系。城市是建筑组成的，从某种意义上讲，城市是一个放大了的建筑，而建筑是一个缩小的城市。建筑的组合形成了城市，但城市并不是建筑以及其他要素的简单叠加与机械组合。在城市中，小到城市的一个雕塑、路标，大到道路、广场，都是城市景观中一个完整的整体。以系统论的观点来看，城市景观是一个复杂的巨系统，下有无数子系统，再下有无数的子子系统……。每一部分都是系统中不可或缺的一环，关系到系统的整体效果，整体的效果应当大于个体叠加之和。正像《马丘比丘宪章》中所讲，城市中的每一座建筑及空间不是孤立的，而是系统中的一个单元。城市的整体性是靠设计来完成的，而不是设计个别的建筑物[①]。城市设计的结果应当是提供好的场所，而不是堆放一组美丽的建筑群。当建筑个体作为更高层次的城市整体中的次组成因素时，它们才是真正存在的。建筑个体必须接受更高层次的城市秩序，并服从于这一秩序。

城市景观设计的整体性要求在设计过程中，不能因为只单纯突出建筑物单体形象，而忽视景观的整体效果。吉伯德认为，我们说城市应当是美的，这不仅仅意味着应该有一些美好的公园、高级的公共建筑，而是说城市的整个环境乃至最琐碎的细部都应该是美的[②]。而且吉伯德还明确指出，“个性很强的建筑设计破坏了城市景色。”因此，“建筑师必须认识到他所设计的建筑形式对邻近建筑形式的影响，他需要为景色的整体利益而克制自我表现的强烈愿望”[③]。

在景观要素整体性方面，伊利尔·沙里宁的“有机秩序”理论，做了更为精彩的论述，他的“三个原则”非常经典。

一是表现的原则。这是针对单体建筑而言的。沙里宁以自然界作比喻，他认为“自然界任何一种形式的表现，都是在真实地说明藏在形式之下的某种涵义，这一点是整个宇宙中绝无例外的规律，即所谓表现的原则。而且，人类的活动，属于创造的范畴，因此要受到表现原则的支配，所以，人类在生活与工作中，无论采取何种形式，只要这种形式是真实的，那么它必然是人类的生活、感情、思想和愿望的真实表现。人类的艺术，在最好的情况下，就是这方面的重要证明。因为从过去灿烂的文化时期的各种艺术形式中，可以发现，每一时期的形式，都有自己的特征，当时的时代精神和人民生活，即是通过

---

① 陈占祥译《马丘比丘宪章》，《建筑师》(4)

② [英]F·吉伯德等著，程里尧译《市镇设计》，中国建筑工业出版社，1985

③ [英]F·吉伯德等著，程里尧译《市镇设计》，中国建筑工业出版社，1985

这种特征表现出来的”[①]。归结到建筑上，沙里宁认为，“在城市的社区内，无论是怎样微小的个体建筑物，它的质量好坏，必然是这个时代和其人民的真实表现。这是根据表现的原则得出的一个答案。如果我们的目标是取得积极的成果，那就应该遵照这条表现的原则办事。当表现的原则不受重视时——例如有人经常建造各式各样毫无价值的房屋，那就必然给城市造成死气沉沉的恶果，正如树木的结构组织中出现了不良的细胞，树木必将枯萎一样”[②]。

二是相互协调的原则。这是针对建筑物之间的关系而言的。沙里宁同样以自然界为例，他说“无数树木的细胞，相互协作，千姿百态地形成某一种的树木。而千百株这个品种的树木，则象谜一样的趋于一致性的倾向，又形成了和谐统一的树林。无数物质的分子，虽然种类极其繁多，但由于相互协调，组成了山岭，峭壁谷地和湖泊……尽管彼此独立，然而本能地相互联系在一起，组成了形式协调的云团”[③]。同理在城市方面，情况也是如此，凡是到那些具有古代城镇的地方去游历过的人，只要他感觉相当灵敏，无疑会觉察到，这种相互协调的原则决不是一种空间和美学理论。“他会感觉到任何街道或广场，都是许多观点一致的艺术家相互协调工作的结果。他会感觉到，在任何城镇里面，虽然有各种不同的组成部分，但它们在体量上和比例上，能够形成有机的组合，其中房屋群和天际轮廓线的韵律特征，反映着时代和人民的特征。他会感觉到，在整个组合体中，建筑形式都能恰当地相互协调，从居室及住宅的细节，直至高塔及城堡的尖顶都是如此。他会感觉到，这一切都是在从前某个时候发生过的事情”[④]。

---

① 伊利尔·沙里宁著，顾启源译《城市：它的发展、衰败与未来》，中国建筑工业出版社，1986

② 伊利尔·沙里宁著，顾启源译《城市：它的发展、衰败与未来》，中国建筑工业出版社，1986

③ 伊利尔·沙里宁著，顾启源译《城市：它的发展、衰败与未来》，中国建筑工业出版社，1986

④ 伊利尔·沙里宁著，顾启源译《城市：它的发展、衰败与未来》，中国建筑工业出版社 1986

三是有机秩序的原则。有机秩序是前二者的统一。沙里宁还是以大自然为例，他认为“大自然在塑造形式的过程中，具有表现和相互协调的倾向，这是属于同一个过程的两个方面，这就是走向有机秩序的过程。换句话说，表现与相互协调并不是独立起作用的原则，而是在有机秩序这个支配一切的基本原则的母体下派生出来的。有机秩序事实上是宇宙结构的真正原则”①。

沙里宁的“有机秩序”理论，论述了城市中建筑个体的设计原则(表现的原则)与城市景观整体设计原则(协调的原则与有机秩序原则)，指出一个设计理想的城市景观空间不仅涉及到个体建筑设计的好坏，而且更重要的是整体的效果，是个体与整体的辩证统一。

二、动态性原则

城市的整体性、复杂性与系统性要求城市景观设计必须坚持动态性原则。任何一个系统都是一个“活系统”，无时不处在演变、进化之中，城市系统也是如此。城市本身处于不断演进之中，在城市中，经济、文化、社会、生态等因素不断耦合，并反映在城市形体环境之中。同时形体环境建构起来，又会在一定程度上影响城市的经济、文化、生态过程，使城市自身不断进化。不仅如此，这个过程也是复杂的。它总是经历一个各子系统的适应——不适应——再适应的无限循环过程，在城市中，平衡是相对的，而不平衡是绝对的。而以功能主义为核心的城市设计理论，试图回避这一复杂过程，而代之以一种简单的设计方法，试图创造一个包容所有问题，解决所有问题的解决方案，结果适得其反。城市景观设计，不应只着眼于塑造城市，而且也应着眼于城市连续的变化，因此应当使整个设计过程具有一定的自由度与弹性。正如美国建筑学家 J · 巴奈特所说的那样：“都市设计并不是预先勾勒出 20 年后的发展，而是日常工作，点点滴滴积累的结果。真正的城市设计应注意

---

① 伊利尔 · 沙里宁著，顾启源译《城市：它的发展、衰败与未来》，中国建筑工业出版社，1986

城市是一连续的变化过程，应当使设计者具有更大的自由度与弹性，而不是建立完美的终极环境，城市设计最终不是描述城市未来为终极目的，不能把它看作是一个产品的创造。它不仅仅是一个目标取向，而是一个过程取向与目标取向的结合”①。也就是说，城市景观设计必须与城市的发展相结合，必须适应不断进化的城市空间。

城市景观设计的动态性原则，还有另外一个层面的意义，即可持续发展意义。城市景观的设计，不同于产品的设计，其本身供一代人或几代人使用。一旦设计失误，拆除再来将耗费巨大，而且，还会造成一些自然属性与文化因素不可逆的损失，因此，设计一定要慎重。必须坚持可持续发展原则，实现代际公平，不应剥夺子孙后代参与设计的权利，同时，设计成果也必须考虑是否给后人带来福利。这一切，决定了设计必须坚持动态性原则，循序渐进。条件不允许或技术能力达不到的情况下，宁可先搁置，也不能贸然行事，以免造成不可逆的后果，使后代人的利益遭到损失。

关于城市景观设计的动态性原则，我国艺术家艾未未做了非常精彩的比喻，“城市规划及功能开发包含的层面非常丰富，不应仅被简单的分割和处理，应根据人的尺度和需求进行更贴近生活的设计。如同一个音响，仅有‘开’和‘关’不够，还要有音量调节”②。这句朴素的语言就是对景观设计动态性极好的概括。

三、地域性原则

人类文化具有地域性，这一点早在古代就被人们认同。我国古代，晏子就有“南桔北枳”之说。民间也有“一方水土养一方人”、“十里不同风，百里不同俗”的说法，这些都是城市文化地域性的体现。美国著名的文化人类学家博厄斯，曾提出过“文化相对论”的理论，他认为每一种文化都有其产生的背景条件，研究另一种文化，不能以自身所处的文化视角去考虑问

---

① ［美］J·巴奈特著，庄建德译《都市设计概论》，台湾尚林出版社，1984

② 艾未未《朴素是最有效的》，《华夏时报》，2005 年 3 月 8 日

题，否则就会陷入“文化霸权主义”的误区。刘易斯·芒福德则认为，“每一个区域、每一个城市都有着深层次的文化差异，区域是编织社区生活的经纬。即使人们没有注意到粗糙的地理之纱的作用，它们的质地、数量和疏密也将影响最终的织物，自然的影响越是多样化，城市的整体特征就越复杂，愈有个性，这是避免人们长期形成的过分简单化趋向的一种永久的保证”①。

城市景观是一种文化，是有地域性的。这种地域性首先表现在它的自然条件上，自然条件包括城市的地形、地貌、气候与水文等，它是城市形成的基础，是人类赖以存在的物质前提，人类的建筑活动就是如何最大限度地取自然之利，避自然之害。在人类科技尚不发达的时期，自然环境成为城市建设最主要的限制条件。纵观人类一些历史悠久的城市，大多数位于自然环境较好的地区。即使是科技发达的今天，自然条件虽然不能成为城市发展的“瓶颈”条件，但也是其中一个重要因素。由于城市是适应自然的产物，因此不同的自然条件就导致不同特色的城市。就我国总体而言，传统的建筑形式受自然条件，尤其是气候条件影响较大，在北方，由于气温寒冷，建筑物敦厚稳重，色彩浓艳。在南方，由于气候湿热，建筑物轻盈通透，色彩淡雅。正是自然条件的差异，造成了城市景观的差异。

城市地域性还体现在城市的人文条件上，自然条件是城市地域性形成的起点，但不是全部。在长期的城市发展过程中，人们的审美情趣、生活方式、社会心理等对城市的地域性也起到至关重要的作用，否则就难以解释在自然条件相仿的两个城市中，城市景观形象却大相径庭。

地域性是城市景观的起点，也是其后续动力，城市景观设计必须考虑地域因素，因地制宜地进行。当然，城市景观设计提倡地域性原则，并不意味着城市文化的封闭性，恰恰相反，

---

① ［美］刘易斯·芒福德著，倪文彦、宋峻岭译《城市发展史——起源．演变和前景》，中国建筑工业出版社，1989

城市文化是一个开放的系统。它可以吸收其他地区与城市的优秀文化，并进行整合。任何一个城市景观的形成与发展中其实都包含了这一过程。但这种吸收必须与城市自然条件、人文条件相结合。

四、多样性原则

城市的地域性必然导致城市景观的多样性。这种多样性表现在两个层次。一个层次是不同城市之间的多样性；另一个层次是一个城市内部的多样性。在自然生态系统中，生物越是多样，系统就会越稳定。因为这样一来，能级关系将会变得复杂，生态链将会增多，系统一旦遭到破坏，自我调节、自我平衡、自我恢复的能力就会越强。因此，在自然生态系统中，多样性将会导致稳定性。在城市系统中，多样性也非常重要。单调划一的事物对人的感官来说没有更多的新鲜刺激，由此人产生厌烦感，这是机体保护自我的本能反映。只有内容与形式丰富的事物，才能不断地引起人的兴趣。城市本身聚集多样性的人，彼此的爱好、兴趣不尽相同，多样性有助于社会平衡。雅各布斯曾在《美国大城市的生与死》一书中指出，“城市作为人类聚居的产物，成千上万的人聚集在城市中，而这些人的兴趣、能力、需求、财富甚至口味又都千差万别，他们之间相互关联同时又不断的相互适应，结果产生了错综复杂并且相互支持的城市功用，并形成了富有情趣的丰富多彩的城市空间”①。雅各布斯称这种复杂性为城市的多样性，并称“多样性是大城市的天性”②。

城市本身就是多样性的产物，城市景观设计也必须坚持多样性的原则，这就要求在相关的设计中，对既有的多样性予以保护与维持，同时通过设计手法创造出多样性来。

---

① Jane. Jacobs《The Death and Life of Great American Cities》, Random House, NewYork, 1961

② Jane. Jacobs《The Death and Life of Great American Cities》, Random House, NewYork, 1961

五、人本性原则

人是城市的主体，城市空间与物质实体是为人服务的，因此城市景观设计必须坚持以人为本，满足人们各种需要。

首先，景观设计必须具备舒适性。现代城市市民闲暇时间的增多，增强了人们对舒适性的要求。原始人一生中的闲暇时间仅占整个生命过程的16.6%，劳动时间占33.3%，农业人一生中的闲暇时间也仅占22.9%，劳动时间占28.6%，而发达的工业人一生中的闲暇时间为38.6%，劳动时间只占10.4%①。大量闲暇时间的存在，使市民在休闲、教育、养生、娱乐、参加社会活动、健身以及交往等多方面产生大量各种各样的需要，这又推动着城市不断向前发展，同时要求城市景观设计应当满足人们这方面的需求。

其次，景观设计必须具备可识别性。一个以人为本的城市景观，应当是一个使人容易识别的景观。这要求：一是空间应当有提示符号，提示人们识别空间。二是空间应当有层次感。层次感使人辨别起来相对容易。城市整体结构需要一定的层次感，一座旧城与新城分隔的城市，要比一个旧城新区混在一起的城市，层次感强，也比较容易辨别。建筑物也需要一定的层次，一个可识别的城市空间并不是每一个建筑都艳丽多彩，而是一种整体美，红花与绿叶相互搭配。三是空间应当有标志物。标志物对人们的参考定位比较有价值，从整体上起到控制作用。四是空间应当环境良好。识别性是一种心理的认知过程，需要视觉、听觉、嗅觉、触觉等方方面面共同配合。尤其离不开视觉。因此、嘈杂的噪声、混杂的气味以及拥挤的人流，都会对可识别性产生一定的影响，一个易识别的空间必须环境良好。五是空间应当有文化感。人的空间认知实际上是人的心理图示的一种反映，而心理图示与文化是息息相关的。因此以文化为基础构筑空间环境，对识别性的加强是大有裨益的。

再次，景观设计必须具备可选择性。一个良好的空间，也

---

① 青连斌《城市生活方式》，江西人民出版社，1990

必须是能给人们提供多种选择机会的空间，这与城市空间的多样性是一脉相承的。目前，我们的城市越来越大，但同时给人们选择的机会却反而越来越少了，这种趋势应当予以克服。

第四，景观设计必须具备可参与性。城市的景观设计应当突出可参与性，这是人们在城市中的基本权利。在历史上，城市景观设计一直以来沿着两个路径演进：一条是精英主义，一条是平民主义。平民主义的规划与设计是在实践中产生的，契合百姓的生活层面，经得起时间的洗礼，就在于它的规划与设计是许多人参与的产物，是集体的智慧。城市景观设计，切不能只是“墙上挂挂，纸上画画，不如领导一句话”，应广泛调动群众的智慧参与其中。

第五，景观设计必须具备方便性。城市是一个满足人们多种需要具有方便性的场所。方便性是城市成为人类理想居所的关键因素。很多人厌恶城市，但真正很少有离开城市的，生活上的方便就是其中不可或缺的一个重要因素。城市景观设计必须坚持方便性原则，更好地为居民服务。

第二节　城市广场设计

广场是城市景观的重要组成部分。从城市整体空间形态来看，城市建筑实体多以高度密集的方式相联系，城市街道和广场的组合呈现出一种清晰而明确的网络体系特征，其中城市广场成为整个外部空间体系的核心和城市的重心。一个城市的重要建筑物与设施一般都布置在广场的周围，广场的空间地位极为重要。从社会与文化角度来看，广场通常是城市居民社会文化活动的中心，人们在广场上组织集会；广场也是人们生活的活动中心，人们可以在广场上休息，也可以在广场进行人与人的交流；广场同时是一个城市的展览中心，是一个城市的“客厅”。

我国古代城市中缺乏广场，广场的功能基本上为街道所代行。而在西方社会，广场一直是一个重要的城市景观。西方的广场起源于古希腊时期，由于当时的政治民主气氛较浓，人们比较乐于在户外进行交往活动，这在一定程度上催发了广场的产生。古罗马时代，广场的功能有了进一步扩大，除了古希腊时期的集会、购物功能外，还有庆祝与审判等功能。古罗马著名的广场有图拉真广场、奥古斯都广场、恺撒广场等。中世纪时，西方广场更为普及，尤其在意大利，广场实际上已经成为城市的心脏。离开了广场，意大利的城市甚至也就不复存在了。

广场的类型众多，有文化广场、商业广场、交通广场、集散广场等。尽管设计方法不尽相同，但其中还是存在一些共同原则的。

一、城市广场设计要符合生态规律

一个成功的广场，首要条件是顺应生态学规律，能带来生态效益。首先，广场设计要与当地的生态实际情况，如阳光、植物、风向与水面等相吻合。其次，广场设计选择植物必须注重生态产出。在选择植物种类过程中，我们应尽量避免给城市生态系统带来负面影响。在我国一些水资源缺乏的城市中，选择植物种类更应当慎重。我国景观规划学者刘滨谊认为，我国目前广场设计存在着诸多问题，即绿化过于强调美观而相对忽视生态，在植被的选择上生态效益欠缺。同时，从生态的角度出发，他认为，我国广场设计南北应有所区别，即南方应阴影多一些，而北方应阳光多一些①。这些都给了我们很好的启迪。

二、城市广场设计要贴近人的生活

一个成功的广场要贴近人的生活。首先，广场的地面设计不应只以美观为目的，应更多地注重安全性与人们活动的需要。我国有的城市广场就出现地滑摔死人的事件，这是应着力杜绝的。其次，广场的相关设施应当完备。广场中需有坐凳、饮水器、公厕、电话亭、小售货亭等服务设施，方便人们休憩与娱乐。再次，广场应体现人文关怀。广场要通过相关设施的设计，引导人们与自然进行交流，引导人与人之间进行交流。

---

① 刘滨谊《现代景观规划设计》，东南大学出版社，1999

为此，广场应多设一些供游人歇息的座椅，真正体现出关心人的内涵。广场不宜做围墙，或用铁丝网将草坪圈起来，这些都不是人性化的举措。广场还应有足够的够休憩的草坪。过去对待草坪问题，总是有一个误区，就是草坪总是作为景观，而不是贴近人的生活层面。“依依芳草，踏之何忍”就是一个典型的例证。我们必须反思：为什么不能使二者兼而有之，让草坪既发挥景观功能，又可以贴近人的生活层面。在这方面，我国有的城市的做法就值得提倡。其实只要在草种的选择以及管理上下一些工夫，就不难做到“鱼与熊掌二者兼得”。最后，广场尤其应注重引导人际交流。在广场设计中，注意运用一些心理科学的成果，如座椅的设计，据研究，纽约最受欢迎的5个广场中，两人以上成组利用座椅的比例高达45%，而最冷清的五个广场中，成组利用率的最高比例也不超过30%[①]。可见，空间中处处透着学问，需要仔细琢磨。

三、城市广场设计应有宜人的尺度

一个成功的广场应有宜人的尺度，这个尺度必须体现出对人的尊重，使人产生亲切感而不是畏惧感(图10-1)。广场尺度的大小要因地制宜、因时制宜，还必须和当地市民的活动规律、当地城市的规模以及相关活动的开展结合起来，另外广场的大小还有一个同周围景观的协调问题。天安门广场尺度较大，是因为政治中心以及仪式上的需要，这不宜盲目照搬与抄袭。前些年“广场热”中追求尺度越大越好的做法，就是不合时宜的。其实，广场并不是越大越好，有一些广场，虽然面积很大，但是却给人一种空荡荡的感觉。刘易斯·芒福德认为这是一种“广场恐怖”[②]，与人们的生活脱节。亚历山大在《建筑模式语言》一书也指出，“一个城市需要公共广场，这个广场是该城所具有的最大和最为公共的空地，但当他们太大时看上去就会感到荒凉而又枯燥无味”[③]。

---

① 林玉莲，胡正凡《环境心理学》，中国建筑工业出版社，2000

② [美]刘易斯·芒福德著，倪文彦、宋峻岭译《城市发展史——起源．演变和前景》，中国建筑工业出版社，1989

③ [美]亚历山大著，周序鸿译《建筑模式语言》，专利文献出版社，2002

图 10-1　城市广场的尺度

关于广场的尺度，当前有许多研究。有研究表明，基于人们之间交往的视听要求，小型公共广场两端之间的距离不宜大于 70 英尺（约合 21.34 米 ± 10%），长度方向则可以略长一些。这是因为，在距离约 70 英尺时，恰好能够辨认出一个人的脸部。同时，处在典型的城市噪音背景下，距离 70 英尺也可以刚刚听到对方的高声喊叫。这是城市在人际关系方面的临界值，大于这个临界值应当进行进一步的划分①。

下面是关于广场尺度一份较为深入的研究：

> 广场尺度处理最关键问题是尺度的相对性问题，即广场与周边围合物的尺度匹配关系，广场与人的观赏、行为活动和使用的尺度配合关系。德国建筑师卡米洛·西特曾经指出，广场最小尺度应当等于它周边主要建筑物的高度，而最大尺度不能大于主要建筑物高度的 2 倍。当然，如果建筑物处理较为厚重，且宽度较大，也可以配合一个较大的广场。虽然广场长宽比也是重要的尺度控制要素，但这很难精确描述，广

① 林玉莲、胡正凡编著《环境心理学》，中国建筑工业出版社，2000

场千变万化，也不尽规则，经验表明，一般矩形广场长宽比不超过3比1。

如果我们以L代表广场的长度，以D代表广场的宽度，以H代表周边围合物的高度，则有

$$1 < D/H < 2 \qquad L/H < 3$$

但是，这种比例也还是相对的，大体上属于对空间的一种静态分析，如果加上人的活动、特殊的广场职能以及广场空间的二次划分，该关系就要根据实际情况予以调整。

广场具有人的尺度同样重要，因为广场一定程度上是为缓和与调剂现代人高节奏的城市生活，并让他们共享优美的城市公共环境所建设的。

日本的芦原义信指出，要以20～25米作为模数来设计外部空间，反映了人的“面对面”的尺度范围。就人与垂直界面而言，主要由视觉因素决定，如以代表界面的高度，以代表人与界面的距离，则有：

$D/H=1$，即垂直角为45度，可以看清实体细部，有一种内聚、安定感。

$D/H=2$，即垂直角为27度，可以看清实体整体，内聚向心而不致产生离散感。

$D/H=3$，即垂直角为18度，可以看清实体与背景的关系，有一种内聚、安定感。空间离散，围合感差。

至于广场的环境小品布置，如路灯、花台、电话亭、广告标识、休息座凳、界面的铺装材料色彩、植物花草配置等更要以人的尺度为设计依据①。

四、城市广场设计应有文化内涵

一个成功的广场应有文化内涵。设计者应充分挖掘地域要素，设计应充分反映地域特色，体现城市的文化内涵。切忌照搬别人模式，千篇一律。有的广场为了反映文化底蕴，居然堆

① 刘滨谊《现代景观规划设计》，东南大学出版社，1999

砌了数百个名人雕塑，这是对文化底蕴的扭曲理解。因为文化底蕴是一个城市的个性反映，不宜盲目照搬模仿，“天下文章一大抄”是肤浅的，有特色的东西才是最有生命力的。

第三节　城市道路、街道与公园设计

一、城市道路街道设计

道路与街道是城市景观中的重要组成部分，它不但承担了交通运输的功能，同时也是城市公共活动得以展开的场所。道路一般多偏重前者，而街道则偏重后者。在古代社会，街道承担了交通的功能，同时也是人们市井生活的一个重要场所，人们在其中购物、游玩、交流、娱乐。“街道的存在确保了特有文化和特有场所的存在，使我们作为街道的使用者获得远远超过自身天赋的智慧和阅历”①。由于那时交通尚不发达，因此交通对人的安全威胁几乎不存在。但工业化之后，交通工具对人的安全威胁越来越大，街道的功能出现了分化，即专门用于行人的街道和专门用于车辆的街道(道路)。

雅各布斯高度评价街道的作用，她认为，“如果城市的街道看上去是有趣的，那么，城市看上去也是有趣的；如果街道看上去是乏味的，那么城市看上去也是乏味的。而街道要有趣，要有生命力，必须要具备3个条件：①街道必须是安全的。要达到安全，就必须在公共空间与私人空间之间有明确的界限。②必须保持不断的观察，也就是街道具有“安全眼”的功能，保证时时刻刻都能不断的注视街道。③街道本身必须不停的有使用者②。

在当今，道路与街道出现了功能分化，但二者有一些共同的设计原则：

1. 道路与街道的设计应顺应自然

道路街道设计必须同自然有机结合。如我们可以把道路同

---

① 单皓《二战后美国城市的发展》，《城市规划》，2003(6)

② Jane. Jacobs《The Death and Life of Great American Cities》，Random House，NewYork，1961

山形的起伏、同河流的走向、同植被的多样结合起来，争取较高的生态效益。尤其植被对车辆的污染、噪声预防意义非常大，因此植被的选择十分重要，我们应尽量应用生态效率高的植被。街道设计也是如此，应尽量顺应自然。

2. 道路与街道的设计应对应周边

道路街道应与周边环境进行一体化设计。首先，道路街道与周边建筑进行一体化设计。周边环境与道路形成较为明显的图底效应，如果我们加以一体化设计，对于交通的定向非常重要，周边建筑将成为交通的重要标识。而街道与周边建筑进行一体化设计也对行人的定向非常关键。其次，道路街道应具备一定的空间美感，周边的树木、雕塑以及路灯等应具备一定的韵律感（图 10-2）。再次，道路街道周边应设立相关设施。例如我国南方阴雨天气多，道路街道旁边应多建一些连廊与凉亭等设施，以体现人文关怀。

图 10-2　城市的道路与街道

3. 道路与街道的设计应体现文化

一个城市的道路街道设计对体现城市文化意义重大，尤其对外地人体会城市的文化氛围意义更为重要。道路街道设计应适度地展示一个城市的文化，我们可以通过道路街道两侧的建筑、雕塑、纪念碑、文化机构、广告灯牌、文化橱窗等，来展示一个城市的文化内涵。

二、城市公园设计

城市公园是城市的重要组成部分。也是城市人接触大自然的一个最近的场所，公园的主要功能在于娱乐休闲，即娱乐、参观表演、餐饮、参与活动、人与自然之间交流、人与人之间交往等。在公园中，人实现与大自然以及人之间的双重交流，让人们产生归属感、安全感与舒适感，这种功能是无法替代的。在美国，公园空间被认为是最有价值的空间，比任何其他用途的土地都有价值，就说明了这一点。

公园的设计应遵循以下原则：

1. 公园的设计要有生态效益

公园的设计应以人与自然共存作为目标。因此，必须结合当地的生态特点来安排植被，以绿化的系统性、生物发展的多样性以及植物景观性作为设计的生态原则，以体现人与自然的亲和力，真正达到美化环境、改善自然环境的目的。

2. 公园的设计要有社会效益

公园的活动空间一定充分，尤其对老人与儿童更是如此。一般来说，大型的公园中一般要有儿童乐园，供儿童玩耍嬉戏。另外也应当有老人晨练与活动的空间，各取所乐。另外，不仅要考虑到好动者的需要，而且还要考虑到好静者与读书人的需要，不仅考虑到健全人的需要，而且考虑到残疾人的需要，以使不同的人群各得其所，各得其益。

3. 公园的设计要有艺术品位

公园中应当设立一些小品，这些小品应体现出文化主题。还应设立一些表演舞台，进行一些娱乐活动，体现出休闲性与娱乐性。

第四节　城市住宅小区设计

一、城市住宅小区设计总体原则

住宅小区在世界范围内是一个相对的概念。目前我国的住宅小区被冠以小区、花园、村、苑等名称，人口也从几千人到几万人。美国的华盛顿城，把住宅小区居住用地的基本构成单元称之为“村”，人口规模为4500人；日本大阪的泉北新城中，住宅小区基本构成单元称作“近邻住区”，人口约1.2万人。前苏联城市一般直接把“居住小区”作为居住用地的基本构成单元，也是在邻里单位概念影响下的一个发展，小区的规模约20公顷左右，人口从几千人到几万人不等。

住宅小区的设计应遵循以下原则：

1. 合理用地原则

我国是一个人口众多的国家，土地资源十分宝贵，因此住宅小区应坚持合理用地的原则，以保护宝贵的土地资源。在土地开发上，可以通过适当的容积率、紧凑度及人口密度来形成有活力的社区，并提高土地与基础设施的利用效率。在社区内部，合理分配住宅用地、公共服务设施用地、公共绿地以及道路用地之间的比例，以提高效率(图10-3)。

图10-3　城市住宅小区

2. 公共空间原则

城市住区必须有一个足够的公共空间，以促进人们之间的交流。这个公共空间既要有开放性，同时必须有一定的领域范围与边界标识，因为一个缺乏领域感的公共空间难以形成凝聚力与归属感。而且公共空间的尺度不宜过大，过大的尺度必然削弱人们交往的深度。另外，要在公共空间中营造良好的自然环境，以及完备的设施，对人们交往起到推动作用。

3. 适宜步行原则

步行对营造城市社会生活非常关键，应当将住宅中心点、各种公共活动空间和公共设施布局于公交点的步行距离之内，通过对适宜步行的空间设计，减少对汽车的依赖，保护环境。

4. 文脉延续原则

居住小区同时又是城市景观的一个有机组成部分。因此应当挖掘当地的文脉并有机地融入到城市整体景观之中。苏州的经验值得借鉴。苏州旧城区以传统文化为主题，一些古城区的新建小区切合古城区的城市文脉，在建筑式样、颜色等方面与古城区传统式样与色调保持一致，新型的"灰黛白"风格与老"灰黛白"风格相得益彰。另外，也可以运用一些设计方法，如借景、过渡等将一些周围的人文景观整合到居民区之中，使居民区形成浓郁的文化氛围。

5. 多样性原则

住宅小区的设计中应坚持多样性的原则。我国目前正处于社会主义初级阶段，由于多种原因，贫富水平相差很大，支付能力也不同，对房屋的需要也各不相同。住宅小区的设计必须考虑这一实际，在房屋面积、样式上营造多样性，以满足各种各样的需要。多样性是有利于满足居民需要的，也给那些经济上处于弱势群体的人以相对公平的环境，不至于形成居住上的"马太效应"。

二、城市生态社区设计

当前，生态是世界人居科学的主流，各居住小区都纷纷将生态社区作为终极目标。生态社区的内涵是非常复杂的，涉及到经济—社会—文化—自然的复合系统。但它的景观层面，也就是显层面，就是将生态学的原理引入到社区的规划与建设之中。它的景观构建基本上有以下几个方面：

其一，设计的原则与出发点是3R，即reduce(减少不利)、reuse(重复使用)和recycle(循环使用)。

其二，在选址、布局方面要尽可能地顺应自然，尽可能减少对环境的破坏。

其三，全面的节水设计。在设施上要体现对水资源的节约。国外一些生态社区已经实现水资源的内循环以及回收利用，如果达不到这一点，至少也要做到对水资源节约利用。可以采取以下做法：使用低容量抽水马桶，全面推行节水龙头；家庭废水经处理用于冲厕；采用生活污水处理后回用的方式，生活污水经过中水站处理，用于小区内的清洁、绿化、洗车等等。

其四，在社区建造过程中，使用环保材料与绿色材料，再生型材料，以减少环境的负担。

其五，户型的设计要充分结合自然，减少能源的消耗，通风与采光方面要尽可能地利用自然，以减少空调等人工设施的使用。

其六，装置太阳能，充分利用太阳能这种可再生、且没有污染的能源。

其七，垃圾回收。建立垃圾分类回收制度，并提供相应的设施支撑。回收垃圾的一部分用于社区养花、种树，自分解一部分，以减轻环境的负担。

其八，提高社区的绿化率，以调节社区中的小气候，并且可以降低噪声。

第五节　城市夜景设计

进入工业社会，城市已经改变了夜晚昏暗的形象，随着照明技术的提高以及现代科技的发展，城市夜景已经成为衡量城市现代化水平以及城市文化品位的重要组成部分。那么，城市灯光夜景应如何设计呢？

一、城市夜景的设计要遵循美学的原则

夜景灯光的设计要与周围建筑的色泽相适应。另外，城市的夜景设计应当有一个整体规划，避免各自为战，以形成整体美(图 10-4)。

图10-4 城市的夜景设计

二、城市夜景的设计要遵循实用的原则

城市道路两侧的最小亮度与最大亮度的比例控制在0.7以上，否则道路上一条亮带与一条暗带反复交替出现，会使司机的视觉不断受到亮与暗的反复刺激，引发视觉疲劳，从而导致交通事故。

三、城市夜景的设计要遵循社会的原则

灯具的选择以及灯光的照明不应对行人以及观看建筑物的人造成伤害，而是对他们有所帮助。另外要结合人的需要构筑夜景，例如购物等方面需要。

四、城市夜景的设计要遵循文化的原则

通过夜景的设计，更好地彰显城市的特色与文化内涵。

英国学者卡伦在《城市景观艺术》一书中对街道照明提出三点要求，对我们很有启迪。

一是尺度的统一。照明装置必须符合街道或环境的尺度。如果不遵循这条原则，装置过高，将过分突出自身而引人注目，使建筑物显得简陋而渺小；反之，如果过分矮小，不具特征，则起不到装饰街景的作用。

二是动静统一。这就意味着运动中的统一。当然，大多数设施是建在街道两侧的，而街道很大程度上是以直线的形式表达动感的。正如研究城镇景观的学者所知道的那样，城镇中还有许多其他类型的围合空间、广场、曲折的街巷、圆形广场、十字路口、道路顶端等等。这些场所表达的是静感。在这里，最重要的是灯具设计与布局不破坏这种静感(尤其是在白天)，不引入具有动感的物体。

三是适宜性。照明的选择必须与特定的环境相适应，才能取得良好的效果。英国著名的伦敦塔桥采用绿色荧光灯，使夜空中的桥梁显得十分醒目，与水中的倒影相映成趣，蔚为壮观。有许多地点与场合，一个普通的照明装置会很难与景观融合在一起。例如，某一新建的桥梁，就像一件钢筋混凝土雕塑，而安装在柱头上的照明装置破坏了景观。换句话说，需要特殊的针对具体地点的处理手法，这可能意味着要做出某些牺牲，也意味着对人类才智的挑战①。

第六节　城市养老社区设计

在今后几十年中，随着我国社会结构的变迁，城市景观必然发生演变，一种景观将逐渐生成，而且将日益壮大，这就是大型养老社区。

养老社区是一个老年人占主体，有一定人口规模的大型居住区。我国虽然很多城市已经规划建设了不少老龄公寓，但普遍规模偏小，离养老社区的规模标准相差很远。大型养老社区人口至少上千人。我国能够真正称的上是养老社区的，目前只有可以容纳近万名老年人入住的北京太阳城。从这个意义上讲，大型养老社区在我国还基本上属于新生事物。但是，随着社会经济的发展与老龄化的迅猛冲击，大型养老社区将有条件在我国的一些大城市中陆续构建。

---

① [英]卡伦著，刘杰，周湘津编译《城市景观艺术》，天津大学出版社，1992

一、城市养老社区构建的意义

我国已经迈入老年社会，养老问题成为社会经济生活中的一个焦点所在。当前，在大多数城市中，家庭养老与福利养老均面临着一定的困难，发展多种养老形式，势在必行。大型养老社区自身具备一定的优势，符合老年人的生理与心理需求。因此构建大型城市养老社区，依托其解决城市养老问题，具有一定的现实意义。

1. 大型城市养老社区的构建，是应对日益严峻的养老形势的需要

我国已经迈入了老年社会的门槛。根据国际社会认定，一个国家60岁以上的老年人占总人口的10%以上，或者65岁的老年人占总人口的7%以上，这个国家就进入了老年社会。20世纪末，我国60岁以上的老年人口已经超过总人口的10%，据此，我国已经迈入了老年社会。不仅如此，随着计划生育政策的深入，我国老年人在总人口中所占的比重将会进一步增加，据相关部门的预测，到2030年，我国老年人口将占总人口的20%①。老龄社会的到来，对我国的养老事业提出了严峻挑战，尤其对城市养老事业的挑战更为严峻。这是因为：其一，我国城市的老年人比例要高于农村，而且普遍意义上，城市越大，老年人比例越高。到2030年，老年人在一些大城市中人口比重甚至将达到25%②。其二，随着我国城市化进程的加速发展，在今后几十年中，我国大部分人口定居在城市中已经成为定局，也就是说，今后城市将成为我国人口的主要居住地，人口的压力在城市，养老问题的重心自然也会偏重城市。人口老龄化对城市养老提出了严峻的挑战，要求我们适应新的形势，不断探索新的城市养老方式。

---

① 毛才高《从传统的家庭养老谈中国农村养老模式的发展与对策》，《江苏社会科学》，1998(1)

② 毛才高《从传统的家庭养老谈中国农村养老模式的发展与对策》，《江苏社会科学》，1998(1)

2. 大型城市养老社区的构建，是缓解传统养老方式压力的需要

由于社会经济的新变化，我国一些传统的城市养老方式已经难以应付日益增长的养老需要，面临极大的压力。传统方式之一的家庭养老正面临考验：一是家庭结构的变迁，使不少城市家庭代际结构呈现4:2:1的格局，这种格局使得城市家庭养老变得困难重重；二是现代城市社会流动性较强，随着子女流动性的加强，城市家庭养老必然受到影响，最终导致空巢家庭越来越多。目前全国共有2340万老年人处于空巢家庭之中，而大多数都集中在城市[①]，就已经说明了这一点。

在家庭养老面临较大局限的同时，我国城市另外一种重要的养老方式——福利养老也面临较大困难。首先，针对面太窄。福利养老只适应特定条件的对象，难以适应迅猛的老龄化浪潮。以北京市为例，2003年该市老年人需要床位20万左右，但养老机构仅仅能提供不到1万张；其次，成本太高。在我国，城市国办福利院的单床成本一般为每月1000元到1200元左右，最高者甚至达到1650元。而入住者缴纳的费用却远远低于这个数字，由此政府付出了巨大的财政补贴[②]。再次，设施落后。由于缺乏市场开发，资本利用率不高，缺乏“造血功能”。因而大多数城市福利养老机构设备简陋，服务功能欠缺，自身难以实现可持续发展。

在这种形势下，不能仅仅依赖传统的养老方式，还必须补充新型的养老方式。构建大型城市养老社区，就是对传统养老方式的补充，它与传统养老方式一起，共同承担未来城市养老的重任，因此将有力地缓解传统城市养老方式的压力。

3. 大型城市养老社区的构建，是满足老年人生理与心理需求的需要

从国内外实践来看，依托大型养老社区养老是符合老年人需求的一种养老方式。根据马斯洛的“需求五层次论”，人的

---

① 《老人渴望“精神赡养”》，《佛山日报》，2004年2月3日

② 唐苏颖《养老危机与发展非营利养老机构》，上海人口世界网

需求分为五个层次：即生理需求，安全需求，爱和归属的需求，发展的需求，自我实现的需求。从满足老年人五种需求角度分析，大型养老社区具有较大优势。

其一，生理需求。从国内外实践看，由于老年人占主体，大型养老社区基本都具备设施完善的特点，而且设施针对老年人特点而设计。例如北京的太阳城，社区住宅主卧室及浴室都配有与社区医疗中心相连的紧急呼叫系统，就连楼宇中都设有可平展担架的医护电梯，因此在设施方面充分满足了老年人需求。而且大型养老社区一般坐落于环境优美之地，这也符合老年人的生理特点。值得一提的是，大型养老社区良好设施与空间的获得，并不需要付出额外的高成本。由于具有开发上的规模效益，其成本相对较低。

其二，安全需求。大型养老社区符合老年人的安全需求。其一，由于养老社区设施上的完善，因此，老年人的人身安全有所保证。其二，养老社区在特定的区域内，各种设施与服务齐备，老年人活动半径较小，这对提高安全性是有利的。其三，大型养老社区的半开放性质，决定它的治安情况相对较好。在美国，最大的养老社区——太阳城，被认为是远离犯罪，充满友爱的乐土①，就充分诠释了这一点。

其三，爱和归属的需求。大型养老社区是一个“半开放”的社区，它与社会是全面对接的，不像福利养老那样成为社会的“孤岛”。大型养老社区也并不是仅仅供老年人居住，它结合房地产开发，有的社区年轻人也可以入住，老年人只要占据多数就可以了。许多老年人既可以享有家庭的天伦之乐，又可以享受老年人的“聚合之趣”。城市大型养老社区综合了家庭养老与福利养老二者之利，又克服了二者之弊(福利养老缺乏天伦之乐，家庭养老缺乏完善的服务与“聚合之趣”)，增加了老年人的选择性。不仅如此，社区还提供一系列亲情服务，可以满足老年人的心理需求。在不允许年轻人入住的养老社区

---

① 陈钰鹏《这里的夕阳最最红——美国最大的养老院“太阳城”》，《社区》2002(12)

中，年轻人探望老年人也十分方便，而且在一年中被允许住上几个月，这对老年人心理需求的满足也是大有裨益的。

其四，发展与自我实现的需求。对于一些老年人来说，尤其是年轻型的老年人(60～75周岁)而言，社会角色的中断并不意味着其发展与自我实现需求的终结。他们仍有事业心、有热情，仍想投身于工作、学习，投身各种社会事务中，发挥余热，而大型养老社区则在一定程度上满足了他们这方面的需求。大型养老社区一般设有老年大学，满足老年人的求知欲。养老社区还将一些社区事务提供给有能力与工作热情的老年人承担。社区开展的多项活动，满足了老年人的参与热情。

综上所述，构建大型养老社区，依托其进行养老，可以更好地满足老年人生理与心理需求。

二、城市养老社区构建可行性

城市养老社区构建的可行性主要体现在经济可行性、社会可行性以及操作层面可行性上。

1. 经济可行性

养老社区创建与运作必须有一定的经济保证。我国传统家庭养老方式长期存在的一个重要原因是，老年人没有独立的经济能力，必须依赖子女的赡养。但是随着社会经济的发展，这方面的情况已经发生了根本性的变化，而且今后变化会更加明显。近年来，随着国民经济的发展，城市老年人的经济收入水平也明显增加。城市老年人经济主要有以下几个方面的来源。一是退休金，城市中老年人领取退休金的比例较高；二是额外收入，不少老年人退休之后仍在就业从而获取额外收入；三是子女赡养费用；四是储蓄，据中国老龄科学研究中心的一项调查，城市老年人中有42.8%的人拥有储蓄存款①。大城市中老年人的经济状况更加理想一些，据上海市统计局对1000名65岁以上老年人生活状况的统计显示，96%的老年人享受社会养老保险，人均每月养老金超过800元，三成以上的老年人得到子女的赡养金，超过半数以上的老年人拥有自己的储蓄，90%

---

① 万本根、赵喜顺《重视发展老龄产业》，《求是》，2002(9)

以上的老年人享受社会医疗保险[1]。因此一部分老年人入住老龄社区是有经济保障的。另外，部分老年人虽然收入有限，但拥有房产，通过房产置换的方式也可以入住养老社区。从发展趋势来看，在今后10年，随着当前50岁左右的人加入老龄的行列之中，他们的退休金与储蓄要比当前60岁左右的老年人有更大的提高，这批人将赋予养老社区更大的发展空间。

不仅如此，养老社区大规模开发的一个重要条件是老年人口的规模分布。目前，我国不少大城市已经具备了这方面的条件，如前所述，我国北京、上海等大城市的老龄人口都达到二三百万，还有一些大城市老龄人口也已经超过百万，这为养老社区的发展提供了广阔的市场。

2. 社会可行性

目前，人们的养老观念已经发生了很大变化。在上世纪80年代，入住养老机构被看作是无劳动能力、无固定收入、无法定赡养人的老人的无奈之举。而如今，这一观念在我国逐渐消失，至少在城市中其影响已经微乎其微。老人入住养老机构不再被视为被遗弃的表现，而是一种理性的选择。年轻人愿意从经济上承担或资助老年人入住养老机构，老人们对子女由于工作忙，没时间照顾自己而将自己送到养老机构这一做法也表示理解。尽管一些老人有自己的住房，也有子女照顾，但为了交流之乐，宁愿把自己的住房出租或是销售，住进养老机构。据青岛市老年公寓的问卷调查显示，37%的老年人喜欢养老机构的生活，而且这部分老年人呈现“学历高、收入高、生活满意程度高，年龄偏低”“三高一低”的格局。不仅如此，入住养老机构的动机已由追求便利的生活需求转向追求群居的精神需求[2]，这说明我国目前城市中传统的养老观念正在发生根本性的转变，也说明养老模式多元化势在必行。

值得注意的是，我国大多数空巢家庭的老人都有子女，尽

---

① 《沪“空巢”老人超四成，六分之一老人想住养老院》，《新华日报》，2003年10月12日

② 《公寓养老：从饮食起居到精神需求》，《青岛日报》，2003年5月18日

管有一些客观因素，但不可否认的是，这其中部分老人本来有机会与已婚子女组成主干家庭，但却选择了与子女分居的形式，这也在一定程度上说明了人们观念的转型。

3. 操作可行性

当前，养老社区的开发建设可以与城市郊区化结合起来。城市郊区化是城市化的必然趋势，也是城市“有机疏散”的一种体现。从国外的经验来看，养老社区一般都是建在郊区，这是因为：其一，老年人注重环境，而郊区的自然环境较好，比较适合老年人的需要；其二，老年人活动半径小，对区位的选择不如年轻人敏感，市区未必是最佳的选择。其三，郊区土地相对便宜，迎合老年人消费心理。目前，我国不少大城市已经进入了郊区化阶段。在城市空间结构变化很小的情况下，养老社区的构建困难较大。郊区化的过程恰恰是一个城市空间重构的过程，这对养老社区的开发建设是个契机。

另外，养老社区的开发建设可以与房地产发展结合起来。人口老龄化的发展必然使房地产业关注这一领域，我国目前不少城市中风行未艾的老年公寓就是很好的昭示，老龄公寓是老龄住宅的小规模开发与集中。随着老年人口的进一步增多，更大规模的老龄住宅集中开发势在必行，而养老社区就是这种大规模集中开发的体现。养老社区是老年公寓的放大与延伸，它的规模效益更大，这种效益不仅仅是经济效益，而是经济效益与社会效益的统一。在房地产的运作中，政府可以因势利导，推动养老社区的构建与发展。

城市老年人情况复杂，在具体运作上，可以采取多种方式解决他们入住养老社区的问题。例如社区可以开发各种户型，供不同经济实力的老年人选择。当然，目前不少老年人收入低，支付能力差。针对这一特点，也可以探索相关形式进行操作。目前，随着住房改革的深入，不少老年人已经取得了住房的部分产权，而住房二级市场的启动，又使得这部分住房可以上市交易，这为老年人的入住提供了一定的回旋余地。我国目前唯一的养老社区——北京太阳城采取“以租换租”的形式——社区帮助老年人将原有住房出租，所得租金来支付老年人租住老年社区的费用；采取“以旧换新”的形式——即老年人的住房与老年社区的住房进行交换，如果老年人去世之后，再将原置换房折旧返还其子女。北京太阳城的做法有一定的启迪作用。其他各地可以因地制宜，探索自身的操作方法。

三、城市养老社区的景观塑造

1. 空间结构

创造一个具有时代精神的，能最大限度地满足老年人各种需求的居住环境，是养老社区空间布局的最基本的层面。在总体空间布局方面，可以参考和借鉴发达国家的一些成功经验，例如，美国养老社区的空间结构就被设计成如下四种类型：集中型、分散型、放射型和混合型(图 10-5)。

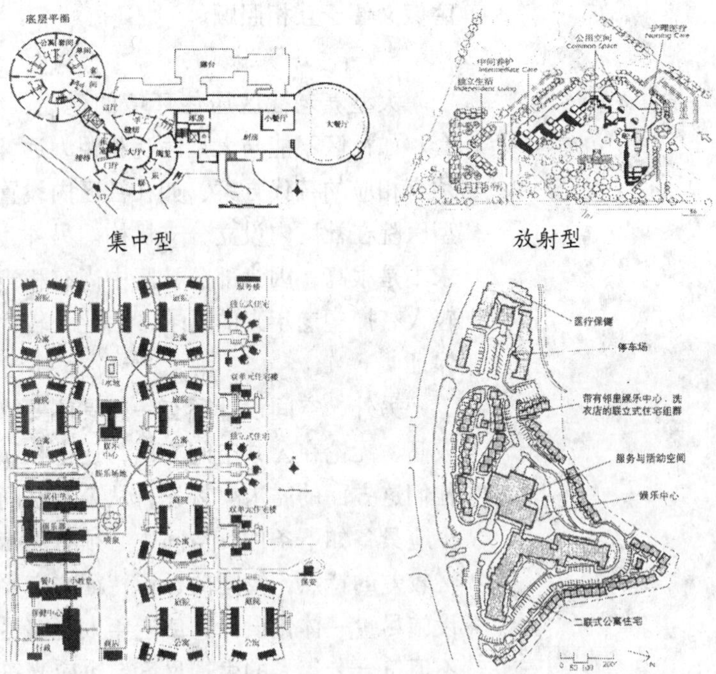

图 10-5　美国养老社区的空间结构类型

2. 户型设计

老年人家庭状况相差较大，经济条件也各不同，这就要求大型养老社区在房型设计方面具备灵活性。针对不同经济状况的老人，应设计各种户型，一室型、二室型、二室一厅型、三室一厅型……，以满足各种需求。户型的开发不能一味的“锦上添花”，还要注重“雪中送炭”，为满足一些经济实力较差的老年人需求，应大量开发一室型的户型。

另外，由于一些老年人在养老社区中是与年轻人合住的，也必须探索各种老年人与年轻人合住的形式。这其中，可以采取几代人合住一栋住宅，但彼此以上下层分隔的形式；也可以采取不住同一住宅，但对门或隔门为邻的形式；还可以采用连体式亲情户型，这种形式的特点在于利用一栋楼中同一层，设计一套一居室和一套二居室相邻，三居室与一居室为邻或三居室与两居室为邻，这种户型若即若离，子女与老人既可以减少磨擦又便于互相照顾。

3. 居住环境设计

大型养老社区居住环境的建设，必需注重相关设施的配套。如社区不能与大型医院相距太远，如果没有这个条件，必须有相应的替代方案，如在社区内设置医疗机构，或是利用大型医院在社区内设立分支机构。另外，尽管老年人对交通的要求不是很高，因为部分社区中尚有相当数量的年轻人，或是年轻人有探望老年人的需求，因此，较为便捷的交通也应当予以保证。

另外，空间设计还有一些具体要求。老年人对空间的要求较高，无论在公共空间方面，还是在私人空间方面，都应满足他们这方面的需求。首先，从公共空间来看，大型养老社区至少应具备如下条件：空间中必须有无障碍设施；针对老年人记忆较差的特点，空间的标识特征一定要明显；老龄设施与儿童设施尽量一体化设计，使老年人能够尽享天伦之乐；公共空间不但符合老年人的生理尺度，也应当符合他们彼此交往的心理尺度；社区中还必须有防滑处理过的公共路面，以及可以供两个人搀扶而过的门道等等。其次，从私有空间来看，大型养老社区至少应具备如下条件：房屋外墙应装备防盗系统；每个住宅均应配备紧急呼叫按纽，与社区医疗服务系统相连；浴室必须具有防滑设计；厕所采用推拉门，而不宜采用平开门；卫生间尽量靠近卧室；门铃与门窗尽量降低高度；坐式便器、防滑扶手、圆角墙面、门窗、扶手等任何细部，都应符合老年人的生理与心理特点。应尽可能避免因设施的不当而给老年人带来的各类麻烦。

第11章 城市景观与城市旅游

城市景观不仅关系着城市的形象问题，而且对城市旅游的发展有着不容忽视的作用。本章试从旅游资源、旅游审美及文化心理角度，探讨城市景观在城市旅游发展中的地位和作用，进而从旅游者的环境体验角度，对城市景观的塑造提出易识别性、复杂性、差异性三方面的要求，以满足城市旅游者对城市景观的特殊体验。

第一节　城市景观对城市旅游的影响

随着全球城市化进程的不断深化和拓展，及后工业化社会的到来，人类逐步提高了对城市发展的认识。用科学合理、以人为本、可持续发展的思想指导城市的规划开发，将城市建设成人类真正的家园、人类灵魂的栖息地，成为全世界追求的新理念。在这种理念的指导下，城市的综合实力得到增强，环境得到改善，各种配套服务设施日益完善。现在的城市不仅承担着工业、居住、商业、交通等职能，而且正以优美、健康、开放的姿态迎接各地游客，旅游开始成为城市的一个新职能。

城市具有非城市地区所没有的旅游景观、风情及文化娱乐设施，能提供独特的旅游体验，理所当然成为旅游者向往的目的地。城市旅游在现代社会越来越显示出无穷的魅力，发展城市旅游逐步成为振兴城市经济、拓展城市功能、提高城市知名度、带动区域经济发展、提高居民收入以及提高城市综合实力的重要措施和手段。各个城市也越来越认识到了城市旅游的重要性，城市旅游早已在一些旅游业较发达的国家和地区开展起来了，我国的一些城市正在或已经开始打造城市旅游。目前上海、杭州、广州、深圳、珠海、大连等城市的旅游开展得较为成功，大大提升了城市整体的实力。

城市是一个复杂的系统，具有丰富的内涵，人们选择城市作为旅游目的地的动机多种多样，城市中的每一个因素都有可能成为旅游吸引物，并最终影响到旅游者的旅游体验和感受，因此城市作为一种综合吸引物，要想打好旅游这张牌，必须将旅游意识融入到城市建设的方方面面中去。

城市景观是一门综合艺术，是城市面貌的直观表现物，同时也是构成城市旅游吸引力的一个重要因素，它包括城市中各种视觉事物及事件与城市周围空间组织关系等的艺术塑造，其表象的背后隐藏着城市丰富、深厚、抽象的社会历史文化信息。我们可以通过对城市景观的塑造，创造出城市的特色和个性，形成、改善、巩固城市旅游形象，营造独特、宜人、优美的城市旅游环境，增强城市旅游形象吸引力及环境的可识别性，使旅游者对城市留下深刻印象，产生爱恋和怀念，产生重游的旅游需求。城市景观对城市旅游的作用，具体表现在旅游资源、旅游审美、文化心理等方面。

一、城市景观是重要的城市旅游资源

旅游资源是广泛存在于自然界和人类社会中的能够对旅游者产生吸引力，并有可能被用来规划开发成旅游消费对象的各种事与物的总和。简单地说，旅游资源是能够引发旅游动机和实施旅游行为的诸多因素的总和。旅游者对目的地的选择往往基于旅游目的地的多种因素的综合考虑，特别是城市旅游。
不可否认，旅游资源的吸引力在其中起着主导作用。旅游源
是一个动态的发展过程，随着时代的发展，其种类及数在
增加。现代城市的发展形成了丰富的旅游吸引要素。新改在
发展旅游业时，没有局限于相对薄弱的传统意义上的、人
文旅游资源，注重挖掘新生代社会旅游资源，立足的发展
优势及特点，将旅游资源分为景观资源、环境资形象资

源、文化资源、机制资源五大类，其中现代都市景观，花园式城市环境成为其旅游的主要吸引力之一。

城市景观由城市环境中各种相互作用的视觉事物和视觉时间构成，是城市旅游的物质载体。同时城市景观又是旅游者观赏游览的对象。旅游者视觉中的城市感观，大到城市中的各种建筑物，如主题公园、博物馆、画廊、戏院、体育场，小到城市中的一草一木，以及城市相关的一切场景均可以作为旅游客体，进入旅游者的视野，从而影响旅游体验。城市景观代表一个城市的脸面，是城市形象中最外在、最直观的部分，也是城市展现自我的一个窗口。

凯文·林奇在《城市的印象》一书中，专门论述了城市景观的感觉形式，强调建立环境景观印象，增强城市的特色。环境印象主要体现在景观的可识别性，它由街道、边界、区域、节点、标志几个因素构成。道路主要指大街、步行街、公路、铁路和运河等；边界指河岸、围墙等；区域指城市里的较大部分，如社区、旅游景区、商业区等；标志是指空间中易突出的物体，包括建筑物、雕塑、招牌、店铺、山丘、寺塔等。实际上就是这些元素，构成了城市的景观风貌。如何将这些元素从宏观到微观、从整体到部分、从时间到空间上加以综合规划、开发、建设，形成城市独有的景观风貌，不仅关系到当地居民的人居环境，也关系到城市对旅游者的吸引力，因此在城市景观建设中融入旅游意识，强化旅游职能，将其作为旅游资源进行开发建设，不仅是城市旅游发展的必要举措，也是城市改善、提升自身环境和形象的一个途径。

游人到一座城市除了对自然景观、文化遗迹的游览外，还要游览城市、观光城市的建筑。造型优美独特的城市建筑物具有观赏的功能，它们在游览过程中能给游人留下深刻的印象，甚至会成为旅游的热点，如希腊的“雅典卫城”、悉尼的“悉尼歌剧院”、纽约的“联合国大厦”、巴黎的“埃菲尔铁塔”、新加坡的“鱼尾狮塑像”、北京的“天安门城楼”、上海“外滩”、苏州的“虎丘塔”等，几乎成为该城市旅游者的必游之地。

上海外滩曾是西方列强在上海的政治、金融、商务和文化中心。当年各国的领事馆大多集中在那里。外滩也是国际金融资本在我国的大本营。此外，还有西方大商贾的高级俱乐部——上海总会，还有英商亚西亚火油公司大楼。外滩的建筑，绝不是出自同一位设计师，也绝非建于同一时期，然而它们的建筑色调却基本统一、整体轮廓线条处理惊人的协调。无论是极目远眺、或是徜徉其间，都能感受到一种刚健、雄健、雍容、华贵的气势。徜徉于滨江大道上，我们能够发现哥特式的尖顶、古希腊式的穹窿、巴洛克式的廊柱、西班牙式的阳台，就在眼前身后。处处散发着浓郁的异国情调，那别具一格的韵味让人流连忘返。夜幕降临，华灯初上，数十幢巍峨大厦沉浸在泛光灯的海洋里，一座座晶莹剔透如水下宫殿。临江远眺，整个外滩建筑群璀灿夺目，参差跌宕。这气势、这意境宛如一部不同凡响、恢宏壮阔的交响史诗(图 11-1)。

图 11-1　上海外滩

城市景观不仅可以直接感受到，而且其蕴涵的文化及精神，可以使旅游者受到熏陶。如西安的建筑和文化代表唐代的风格，北京则体现出以明清为主的特色，开封、杭州则是宋代的特征。而现代城市则以其优越的商务与购物环境、现代化的景观风貌、独特的建筑艺术及空间形态、人文活动等市容市貌、特色景观，对旅游者形成巨大的吸引力，成为直接的旅游目的地。

二、城市景观是旅游审美取向的重要载体

所谓旅游过程的审美感受，主要是指旅游者在旅游的过程中，所引发的审美认识和审美情感的心理活动过程。旅游具有审美属性，旅游者选择异地活动这种方式，本身就肯定了他在自觉或不自觉地追求新的环境带给他的审美愉悦体验。旅游者在做出旅游决策时，客观对象或环境中的美的信息早已蕴涵在抉择过程中并影响着旅游决策。

城市的美感是人们的主观感受和城市景观物质存在相结合的产物。城市景观应该是美的，或者说，应该是符合人们审美情趣的。审美是一个历史的范畴，从古典主义到浪漫主义，再到现代主义、后现代主义，至今，审美价值呈现出多元化的趋势。这意味着城市景观的审美取向是以多元协调为主要特征。同时，审美具有地方性，不同的国家、民族因地缘和血缘的不同，形成自然审美、艺术审美等许多方面的不同，具备地缘关系的城市必然具有地方化的审美倾向。在国际化的洪流中执著地追寻着地方性的精神，依据地理气候和地方文脉营造出的城市景观被人们所认同，并生发出审美愉悦感。

传统的中国城市曾以其各自的独特风貌而闻名。它们的美丽和特色来自于各方面，包括特别的地形地貌产生的自然风景、山水林木；几何的或有机的城市肌理，变化但基本统一的城市民居建筑，以及宫殿、寺庙、宝塔、教堂、高大市政建筑等等的城市制高点和标志性建筑，所有这一切均以富有层级性和均衡的整体呈现出来，形成优美典雅的和谐感、韵律感。现代都市的美感则表现在城市各类建筑设施与自然环境的和谐中，是建筑艺术的造型与宽阔平坦的街道以及公共设施相映成趣，整体感与多元化相得益彰的城市轮廓线的美。建筑物是城市景观的主要元素，“建筑美”是种特殊的美，被誉为“凝固的音乐”。建筑的美体现在规模和尺度、几何性、形体、空间、材料、色彩、肌理、光影及活动在其中的人们，给人带来的生理和心理体验。为了建设美好的城市景观，对建筑美的研究和重视应是管理人员和建筑师、专家的职责。精心规划设计的城

市建筑群体能够营造出一种特殊的城市空间效果，它能给旅游者带来一种视觉上的连续性、流动性和韵律印象，这种特殊的视觉秩序会使旅游者产生良好的审美体验，产生深刻的形态印象，并将城市形象与之联系在一起，如上海的外滩几乎成了上海市的标志形象。

人人向往美好的城市。美丽有诗意，生动变幻的城市景观总是令人爱恋和怀念，它使人流连忘返，带给人们高尚的精神享受和归属感。所以全世界的城市人都是怀着热忱和理想，运用自己的智慧和才干，坚持不懈地去不断地开发、维持、更新自己的城市环境，使之永葆青春和魅力。

三、城市景观是旅游者解读城市的桥梁

城市景观是在城市历史发展过程中逐步形成的，是由不同时期的城市建设蓝图在同一背景上的叠加和更新的结果。城市中各种历史事件、不同历史时期当政者的政策，各阶层民众的需求与认同等等，都或多或少地在城市景观中留下自己的痕迹，因而城市景观积淀了丰富深厚社会历史文化内涵。在旅游过程中，旅游者对城市的认知并不仅仅是停留在视觉感知层面上的审美观赏，许多旅游者渴望理解、把握面对的现象世界的内在意义，以便使其审美体验上升到心理感知层面，得到升华。对旅游者来说，认识、了解一座自己向往的城市，并真正融入到其中，找到心理归属感，是他们的旅游期望或目标。人们解读、感受一座城市有很多种途径，文字的记载、热情友好的市民、完善服务设施、高质量的旅游服务等等都是城市的表达自身的方式，也是旅游者形成城市旅游形象的重要因素。除此以外，城市景观也能对时代、地方和文化特征作出很好的表达和反映，并作用于旅游者的内心，被其感知并强化。城市景观的作用力在于是否让旅游者停留观赏，是否产生可回味、可享受、可留恋的心理感受。优秀的城市景观能够成功的传达出自身的历史文化内涵，使解读的旅游者对城市产生认同感，进而从心理上和情感上归属于旅游地，实现人与环境的和谐统一。

人类自己创造的城市景观及艺术，能够传达出一个民族、

一个时代、一座城市的精神面貌及理想追求，亦或一种宗教、一种哲学信仰。反映人的行为、历史、文化、空间环境的城市景观必然在心理上影响外来者，并给外来者强烈的精神感悟。建筑是城市景观的基本要素。雨果说："人类没有任何一种重要的思想不被建筑艺术写在石头上"①。建筑记录了人类文化在各个历史阶段的水平及对未来的理想和追求。我国古典的大屋顶，反映出中国人对宇宙空间与自然的亲和关系；伊斯兰庙宇中的穹隆尖顶，表现了穆斯林团结的精神力量。建筑也是一部弥足珍贵的真实的"史书"，它以其流变至今的形象写出了历史。意大利中世纪的比萨斜塔，它的建造原因有宗教的、社会政治的(包括比萨斜塔主教堂、钟塔、洗礼堂在内的教堂建筑群是为战胜阿拉伯人而建的，有纪念意义)；它的罗马风格建筑形态体现了中世纪文化艺术特征；又因为它在建造过程中倾斜，但又不倒塌，也记述了当时的科学技术特征。16 世纪，意大利科学家伽利略在斜塔上做自由落体运动的实验，从而否定了古希腊哲学家亚里士多德的力学理论，更为这个斜塔增加了文化信息。

城市景观往往具有一定个性化的空间环境特征，这种个性化的空间环境特征在历史的延续中已积淀为一种特定的文化丛，影响并投射出居民的心理、行为习惯及精神风貌。城市中不同的空间环境体现出城市特有的生活风情。城市中心区(游憩商业区、中心商业区、大大小小的广场、各种形式与尺度的街道)是交往、建立友谊的情感空间；城市中有装饰性美的标志，街头的雕塑、路标、喷泉都是营造文化、情感空间的切入点；城市边缘地带的山水林地充满欢乐、休闲的气氛；人性化的景观路径让人感到亲切，忘记路途疲劳。

我国的城市旅游已进入形象导向阶段，依靠独特、鲜明、有招徕性的旅游形象激发旅游者的旅游动机和需求是城市旅游发展的核心。城市景观是一个城市容貌、文化及历史的直接表现，是形成城市特色和形象的物质基础。公众对一个城市的了

---

① [法]雨果著，陈敬荣译《巴黎圣母院》，人民文学出版社，1982

解与认识通常是从最直观、感受最深的事物入手，并据此作出对城市的形象评价的。因此，城市景观建设对城市旅游的纵深发展具有重要的意义。

第二节　从旅游者环境体验角度塑造城市景观

城市是历史的产物，是由不同时期的城市建设蓝图在同一背景上的叠加和更新的结果。在不同的时代，众多的城市建造者在城市的物质层面上投影下了当时的精神面貌和理想追求。因而城市不是静止不变的，它始终由一系列连续的片段组成。同时城市也是成千上万不同阶层，不同性格的人们感知的事物。如果说，在交通和信息不畅通的旧时代，感知城市的主要是当地的居民；那么，在市场经济高度发展的时代背景下，在人流、物流、信息流无比快捷，人们出门旅游，了解世界的愿望空前高涨的情况下，感知、体验城市的群体不断扩大，城市旅游者就是其中的一类，他们对所处环境有着特殊的需求和体验。旅游者对城市环境有着明显的偏好，从物质层面来讲，主要表现在对城市景观的易识别性、复杂性、差异性需求上，我们只有了解旅游者这一群体的特殊需求，才能在城市景观的塑造上真正从旅游者的心理出发，设计建造出充满人性关怀的景观，适应城市旅游的开展，从而进一步提高城市的旅游吸引力，增强城市的魅力及知名度。

一、塑造易识别性城市景观

1. 易识别性的含义

人们为了在客观物质环境中有目的地行动，必须在环境中确定方位和地址，并理解环境所包含的意义。影响人类识别和理解环境的因素主要有客观的物质环境、社会环境、个人差异三个方面。易识别的环境有助于人们识别和理解力的提高。城市景观是城市环境的重要组成部分，城市景观塑造中应加强易识别性的要求。城市景观的易识别性在美国规划师凯文·林奇的《城市意象》中被称为可读性。凯文·林奇分析美国城市的视觉品质，主要着眼于城市景观表面的清晰性或可读性。城市景观的易识别性在于它由许多可认知的符号组成，人们可以通过视觉的领悟来形成相关联的形态。所以城市景观的易识别性指人们容易认识和理解的城市各部分景观的特性。凯文·林奇认为，一座易识别的城市是由容易认明的边界、道路、街区、节点、标志物等景观元素组成，进而构成一个完整的城市形态。

2. 易识别性对旅游者环境体验的意义

尽管一个清晰或易识别的城市不是一座美丽而生动的城市的惟一重要特征，但它对于城市旅游者来说，却有着特殊的重要性。旅游是个人为寻求审美愉悦而前往异地的一种短暂经历，所以旅游的两个突出的外部特征是异地性和暂时性。对城市旅游者来说，在一座陌生的城市作短暂的停留，要想获得更大的旅游体验，必须能够在短时间内并且在尽量少花精力的情况下，确认所处环境的主要方位和地址。只有这样，旅游者才能在陌生的城市比较自如地移动，而不至于迷失方向，进而在心理上形成安全感。同时在此基础上，旅游者能够更好地利用和选择满足自己需要的环境信息，安排、展开旅游活动，最终将加深旅游者对城市的理解和认识，留下美好的记忆。

相反，当地居民对所生活的城市较为熟悉，相对混乱的景观环境对他们来说已经习以为常。在长期的往返中，他们能够将众多的景观元素逐步简化，抓住有利的认知环境元素，自如地穿梭其中。而旅游者面对模糊混乱的景观环境时，就会无所适从，无从理解眼前的景象，甚至无从辨别方向。这样很容易使旅游者产生难以抗拒的恐惧、焦虑心理。

因而，比较清晰完整、容易识别的城市景观环境对旅游者来说具有特殊的意义。它不仅有利于旅游者组织并辨认陌生的环境，在心理上产生安全感；而且在此基础上，旅游者还能够在自己与外部环境之间建立起和谐的关系，进而产生认同感。

3. 易识别性城市景观的塑造

心理学上的“注意”和“注意的广度”说明，在丰富多彩的世界中，人不可能在同一时刻感知到一切对象，只能感知其中的少数①。旅游者停留时间的短暂性，决定了旅游者要想获得丰富的旅游体验，就必须在有限的时间内经历更多的风景。但不是越多越好，当环境中独立的景观要素过多而且混乱时，会使旅游者感觉厌倦、疲劳、无所适从，甚至引起不良后果。但是，按照一定原则将这些景观元素加以适当组织，旅游者便可以将某一群元素当作一个整体来记忆，从而能够简化信息处理过程，花同样的精力便可记住更多的事物。在景观设计中，因地制宜地运用格式塔心理学的组织原则——图形与背景的关系、邻近性形成的组团、相似性强调的群体、连续性产生的韵律、封闭性所界定的范围及林奇的"城市意象"理论，就可以塑造具有一定秩序和意义的易识别性景观，有利于旅游者花较少的注意力把握较多的信息，享受更多美景。

(1) 塑造清晰的组织与结构

1) 利用道路、节点、标志塑造组织与结构

结构主要指各组成要素之间的空间关系。在一般的城市中，道路的骨架结构、街景及标志性的建筑，是人们识别环境和评价景观质量元素的关键要素。

主干道对城市，尤其是大城市的空间意象结构起着极其重要的作用。就道路本身的设计来说是很有文章可做的。主要的道路必须具有特殊的品质，比如沿线一些特殊使用和活动功能的聚集，某些典型的空间特征，地面或墙面一些特殊的质感、特别的布光方式，与众不同的气味或声响，以及植被绿化的样式和细部，这些都能使它与周围的道路区分开来。城市道路从旅游的角度来看具有双重作用，即城市旅游者活动的通道和城市景观走廊。传统的城市道路网只从交通功能方面进行规划，缺乏对城市道路在城市景观中所起作用的认识。实际上。道路两旁富有特色的花草树木及建筑小品，都可以让游人消除旅途的疲劳，并带来畅快的心情，所以还要把某些道路作为旅游者体验城市景观的重要物质载体来建设。另外，根据城市旅游的性质及城市自然风光的特点，选择合适的道路网络结构，是形

---

① 林玉莲、胡正凡著《环境心理学》，中国建筑工业出版社，2000

成城市山水风光构景和对景，展现城市魅力的重要手段。

道路是一维空间，但在道路相互交叉的节点处常常变为二维空间或多维空间，人们在这些地点往往要选择方向，前往所要到达的目的地。模糊不清的景观环境经常让人们，特别是外来旅游者迷失方向。因此，在节点处突出引人注目的标志景观，就会加强这些地点的方向性。因此，在入口、道路交叉口、交通枢纽等节点处，设立与城市文脉相统一的独特雕塑和标志性建筑物，不仅从视觉效果还是从方向感来说，都有利于提高城市环境的易识别性，而且因为人们在此需要投入更多的注意力，标志性的特色景观也会被强化，从而成为人们记忆中的美好事物，城市的环境品质在不知不觉中也被提高了。在视线可及的中等环境中，比如公园、小区、广场等，其中高度可见、体量适度的标志或标志群常常成为组织环境全局的核心，而周围其它要素在它们的控制下便组合成为有机的整体，犹如一幅画面清晰、结构合理的风景画，让人难以怀念。

因此，道路、节点、标志在城市环境中恰当的组合，就有利于形成凭直觉就能迅速做出判断的环境意象，使环境变得易于识别。

2) 建立科学人性的标识系统

在高楼林立、道路纵横的现代城市环境中，没有乡村那样开阔的视野，也没有一眼就能望见的优美轮廓线，人们难以看到城市的全局环境。随着城市环境的日趋庞大复杂，帮助人们起导向作用的标识系统的建立和完善，日益成为城市建设中一个不可忽视的问题。对于旅游者来说，景区、景点的旅游导向系统的设立具有更高的要求。如果是物质性的导向实体，那么它的外观、质地、色彩要与整个景区的环境相融合，因为在某种意义上，它已经成为景区(点)中的一个景观元素了。凯文·林奇认为，如果一个物体要在生活空间中充当导向的作用，那么最好应该具备几个特点。首先在实用性上，它应该充分而且真实。例如海上的灯塔，它必须具有一定的建筑高度而且清晰易见，为夜航的船只指明方向。其次，它应该具有安全性，拥有附加的导向线索，让人们有可能采取别的定向措施，从而减少失败的几率。例如，如果一盏闪烁的灯是一个急转弯的惟一标志，那么一次停电就可能导致严重的后果。对外来者来说，增加物质方面的提示性，有利于增强安全性。提高开放的、适于变化的导向系统，使人们可以有更多机会加强理解，解决问题。最后，它应该还有一部分意象可以传达给别的个体。例如，现代城市中大多的指路牌都使用了双语或多种语言，给很多语言不通的旅游者提供了方便。

3)因地制宜地组合景观要素

在山水风景区内，呈现在游人眼中的山上、水面、沿岸的景观元素组织的好坏，会直接影响游人对景区环境质量评价的高低。在我国古典园林的设计思想中，山与水的造景恰当地使用了合理的组织方法，使整座园林结构清晰、主题突出并且意境幽远，让人回味无穷。例如，颐和园的造园艺术，其成功之处在于：能够充分利用万寿山、昆明湖的自然地形加以改造，形成前山开阔的湖面与后山幽邃的曲溪、水院等不同境界；运用隔景手法，通过西堤上栽植的桃柳，恰好将颐和园西部的围墙遮挡起来，巧妙地消除了园中西部的界限；同时运用传统借景手法，成功地将园外几十里处的西山群山、玉泉山及宝塔纳入颐和园画面中，构成山外青山，景外有景的幽美意境；山上佛香阁的有力体量，使全园产生突出的构图中心，又因为万寿山的形体比较呆缓，在前山山腹建起佛香阁，与阁北的琉璃殿(智慧海)相映生辉，打破了山体呆缓的轮廓线，同时佛香阁适当的高度和体积，加强了它与昆明湖的关系，又显示出它与万寿山是糅合在一起的；曲折精美的长廊，将万寿山前散置的建筑群，和谐地串联起来，融为统一的整体(图 11-2)。颐和园的布局，集中国传统造园艺术之大成，处处从全园着眼，通过运用各种造园手法，成功地处理了园内与园外、万寿山与昆明湖、前山和后山、山上和山下、局部和总体、人工与自然的关系。建筑虽多，却不显得杂乱；景物分布广，却不显得分散，形成了山水秀丽，景色万千的人间仙境。

图 11-2 北京颐和园

总而言之，只要在大体上结构清晰、标志醒目、方向明确，即使有局部的模糊，甚至空白，仍旧不失为一个有安全感、控制感的易识别的环境。结构清晰、层次分明的环境意象，便于游人根据已知的环境结构和醒目的标志去找寻不熟悉的环境目标。例如《红楼梦》中第一回的描述："当日地陷东南，这东南有个姑苏城，城中阊门最是红尘中一二等富贵之地。这阊门外有个十里街，街内有个清仁巷，巷内有个古庙，因地方狭窄，人皆呼作'葫芦庙'。庙旁住着一家乡宦，姓甄名费，字士隐。①"在那个时空的外来人，如果按照以上描述的线路和景观特征，顺利找到苏州城、阊门、十里街、仁清巷、葫芦庙、甄士隐的家是十分容易的。

(2)塑造景观中的同一性

同一性指相似的景观组成要素从背景中突显出来的清晰程度。格式塔心理学的图底原理认为，人们对客观对象的感知总是有选择性的，有的突出来成为图形，有些退居衬托的地位而成为背景。形成识别性的要素适宜成为图形，否则会造成视觉混乱，人们会熟视无睹，对环境没有印象。

1)突出建筑或区域内的某些有特色的共性

建筑群或区域内的某些共性，如统一的建筑风格、色彩、添加符号、绿化模式和与众不同的控制性标志物等，都有助于

① 曹雪芹《红楼梦》，人民文学出版社，1994

形成整体感和特别的氛围，同时也成为与其它区域或组团相区分的特征。例如，苏州的十全街是著名的旅游文化古街，其两旁的铺面建筑，临河而立，粉墙黛瓦，飞檐翘角，体态轻盈，加上表面拼贴的传统木雕图案，琳琅满目的商品，尽显苏州古建筑的统一风格，营造出旧时江南繁华的商业气息，让游人记忆深刻。又如北京故宫，在蓝天白云的映衬下，由金黄色的琉璃瓦，青绿彩画的立面，红色的立柱及门窗组成的宫殿，坐落在汉白玉石筑成的宽大台基上，台基下是深灰色的铺砖地面，外面环绕的蓝色护城河及红色围墙将成组的宫殿与外界明显的隔开来，形成了一幅色彩鲜明、对比强烈的画卷。

2)强调韵律感

韵律感既包含着结构，同时也体现了同一性，其着眼于城市空间的特殊性，重点处理沿街建筑的连续界面，敞向旷地的断续界面，以及行道树、街景小品装饰的统一性等，构成有韵律的建筑面和街道风景。当旅游者移动时周围景色有规律的变换，远处和谐的天际轮廓线的视觉刺激，都让人感觉在欣赏一首旋律优美的乐曲，这些景色作为整体同时也在人们脑海中留下深深的印象。所以建筑之间既要有对比，又要有协调，对比与协调统一，一系列建筑重复与变化交替形成韵律，像一曲优美的音乐，同时要避免过分整齐(死板)与过分不整(杂乱)。

(3)突出有意义的景观

心理学认为，人容易感知有意义的刺激物，只有在理解刺激物的基础上，才能形成较深刻的记忆①。事物所提供的实用意义、历史意义、文化意义都有助于人们的理解。

1)保留有历史文化意义的景观

城市中的老建筑、老居民区，甚至一棵古树、一片水体、一座危桥都是不能随便拆除、砍伐、填塞的，因为它们是城市发展过程中历史与文化的见证者，是城市更新应该保留的有代表意义的要素和场所。对于一个历史文化名城来说，这样的保护更是必须的。它不仅有利于市民从时空的连续性上去把握城

① 林玉莲、胡正凡著《环境心理学》，中国建筑工业出版社，2000

市的环境结构，同时也照顾了居民的怀旧情结。作为一个城市旅游者，他们往往对城市的过去比现在更感兴趣。城市的名胜古迹，尤其是城市中传统居民的生活环境、生活方式对他们有着特别的吸引力。近年来，我国在快速发展的城市建设中也越来越重视对名胜古迹、古木建筑、传统街区等的保护了。上世纪90年代发展起来的北京“胡同游”与故宫、长城、烤鸭一起并列为北京四大旅游首选项目。因为“胡同游”展现了北京传统的民居建筑、普通老百姓的生活面貌等，对旅游者特别是国外旅游者有着很大吸引力。

2)注重地点或场所的命名

地点或场所的命名也往往包含了某些意义，抑或反映了城市的某段历史。一些老的地名、街名、甚至老字号商店的名称，都包含着极其深刻的含义。例如，虎丘是苏州的标志。它是一处优美的风景园林名胜，最能代表长达2500多年的苏州历史与文化。宋代苏东坡曾发出“到苏州，不游虎丘乃憾事也”的感慨。“虎丘”这一名称的由来，其实是因为山的形状有点像一只伏虎，但当地人们似乎更愿意相信它与苏州城的建造者吴王阖闾的传说有关。相传，吴王阖闾带着三千口宝剑葬于虎丘山，葬后的第三日，剑的精气化为一只白虎伏在山顶上，因而得名虎丘山。传说中有真也有假，据说现在的剑池就是阖闾墓的入口，由于很多原因至今还不能打开查明。墓葬的真实情况，只能等到以后揭晓了。传说中往往蕴藏着许多当时的一些社会历史文化信息。春秋时期，苏州冶炼工业十分发达，“吴戈”、“吴王剑”是当时有名的兵器。在吴国铸剑的名师干将、莫邪，苏州人从来没有忘记过。现在仍有地名：干将路、干将坊、干将庙、莫邪路等传达人们对他们的纪念，同时也在纪念一段辉煌的历史。

显然，一处景观如果同时具备结构、同一性、意义，那它不仅是一个易识别的环境，而且也一定是一处景色优美的地方。

二、塑造复杂性城市景观

1. 复杂性的含义

一个秩序井然、条理清晰、意义明确的环境，有利于增强人们的控制感和安全感，但如果环境要素的种类和数量过于单调和千篇一律，那么也会阻碍人的创造和想象活动的展开，甚至产生厌烦情绪。旅游者在感知外部世界的过程中，如果事事都容易了如指掌，那么旅游也就没有什么价值和吸引力了。所以，城市景观的塑造中要体现复杂性的设计理念，即景观组成要素的多样性与结构或组织的丰富性。旅游者对复杂性的偏爱不是“越多越好”、“越乱越好”。环境心理学家认为，人们对复杂性的偏爱与“喜爱”不是一回事，只是对此“更加注意”和“更感兴趣”①。例如，身着奇装异服的人走在大街上必定会引起很多人的注目，但这样的穿着打扮并不一定所有人都喜爱。

环境的易识别性与复杂性分别从属于环境认知和环境知觉两个范畴，表面上看两者似乎相反，实际上它们是相反相成和相辅相成的。环境认知旨在对环境进行分类、命名和赋以意义，方法是把环境信息简化成若干层次，保持物质表面的清晰醒目和层次的条理化、秩序化，目的是使人们注意环境的有限部分，使人们容易定向、定位、找路和寻址，即易于识别环境。另一方面，在丰富多彩的客观世界中，人们在生活中经由多种感觉，如视觉、听觉、触觉等等形成对环境的知觉，与环境的认知即记忆中的同类环境“意象”或“图式”相比，人的环境知觉即人的直接体验要复杂丰富得多。先天失明的盲人会发展自己细致的触觉和敏锐的痛觉能力作为补偿。长期处于相同环境中的人，希望能够体验外部精彩的世界，以此作为心理补偿。

一般来说，人们希望环境易于识别，同时也希望体验到城市环境的复杂和丰富。两者并不互相排斥，而且在不同层次上还起到互补的作用。在较大的尺度上，人们希望环境易于识别；而在较小的尺度上，人们希望寻求复杂多样的信息。因为

---

① 林玉莲、胡正凡著《环境心理学》，中国建筑工业出版社，2000

在较小尺度上人们不会迷失方向。实际上，环境的知觉还依赖于环境的认知。没有明确的时空定位和环境识别作为前提，人就不可能检测到来自环境的可用信息。

2. 复杂性对旅游者环境体验的意义

城市既是自然演变的长期结果，又是人工规划和营建的产物。自然与人工因素长期的相互作用和积累叠加使城市的面貌复杂多样，它与感知者的相互影响构成了复杂的城市环境体验。

心理学家的实验表明，过于单调、千篇一律的刺激物容易使人产生厌烦情绪，老是处于同一环境或经受同类刺激，人的知觉会变得越来越迟钝和呆滞①。大千世界本来就丰富多彩，无奇不有，因而客观环境的复杂性会不断激发人们的探索发现心理，从而必然会影响到人们对复杂事物的偏好。在幼儿及成人的实验中发现，随着年龄的增长和个人经验的丰富，他们都越来越偏爱复杂性事物的刺激。可见，偏爱复杂的刺激是生态演化和人与环境相互作用的结果，也是维持身心进步和心理健康的必要条件。

旅游动机是推动人们进行旅游活动的内在动力。有的学者认为，旅游者之所以产生旅游的动机，很大程度上是因为厌倦了压抑、单调的日常生活和工作环境；同时，旅游目的地丰富多彩的旅游资源和活动项目对旅游者有着极大的吸引力。相对丰富多样的景观可以提高旅游者游览的满意度，让旅游者感觉物有所值，同时也可以延长旅游者游览的时间，提高旅游者游览兴趣。人们都希望通过旅游放松心情，拓宽视野，增长见识。例如，在单调的火车车厢内，旅客喜欢观看窗外的风景，而且窗外的地理景观越复杂多样，越容易吸引人们的视线。在观景的过程中人们的厌烦、疲劳感也随之减少了大半。

旅游具有明显的系统性。旅游地不仅要满足他们的吃住行的基本需求，重要的是满足他们的游购娱等享受。如果旅游中基本的六要素没有健全，势必会影响到旅游业的正常运转，也

---

① 林玉莲、胡正凡著《环境心理学》，中国建筑工业出版社，2000

必定会影响到旅游体验的满意度。而六要素的健全必须具有相应的城市景观要素和景观空间格局来支撑。旅游交通设施的不足，游、购、娱中的配套设施太少，旅游设施的景观含量太差等，不仅会影响到游客的可进入性、可达性，旅游感受也会大打折扣。所以，城市的交通工具应该多样化，如木筏、皮筏、竹排、游船等水上交通工具，能给游人欣赏城市风光提供不同的体验方式，带给游人新鲜奇妙的感受。空中交通，如飞机、公园中的高架缆车、高架单轨列车具有居高临下的观景功能，能为旅游者多方位多视角的体验提供条件。

另外，旅游者有可能来自五湖四海，四面八方，因而旅游的动机可谓千差万别，有观光的、度假的、购物的、也有商务的、会议的旅游，而且复合性的旅游越来越多，单一的旅游项目或景观活动设施已不能满足人们的需求了。

总之，城市旅游和游憩的功能是需要通过相应的城市景观要素和景观空间格局来支撑的；同时城市景观特征是形成旅游吸引力的物质基础，是重要的城市旅游资源，所以必须完善城市的各项旅游基础设施，包括住宿、饮食、购物、交通、娱乐、会议等设施，还有一系列的城市旅游产品，如历史性建筑、名胜古迹、城市风光、博物馆、画廊、戏院和其他各项活动。基础设施缺乏或不配套、旅游项目单一、城市视觉品质低下所造成的旅游人数减少、收益下跌的情况，在当前城市旅游业的发展中已屡见不鲜了。因而，城市景观作为城市旅游的物质基础及重要的旅游资源，应该遵从综合塑造的原则，体现旅游系统性、多样性、丰富性的特点。

3. 复杂性景观的塑造

由于城市景观的综合性、系统性和复杂性，必须进行全方位的综合塑造，才能使城市景观形象主题鲜明，更加具有文化内涵与视觉冲击力。多数人对城市环境的体验以追求丰富复杂为总体特征。城市是具有一定空间范围的旅游中心地，也是广义的游憩、商务中心地。从景观感知的角度，城市景观是城市旅游形象的直接表现形式。城市中有很多景观元素，可以被用来塑造复杂的景观环境。它由静态的景观元素和动态的景观元素两个部分组成。前者主要包括山体、湖泊、河流、行道树、绿地等生态景观和建筑物、城市公用设施、标志性地段、城市空间布局、景观解说系统等人造景观；后者主要包括社区居民活动、民俗旅游节事、交通运输等流动景观。

我们生活着的环境提供了多种多样的刺激。这些刺激物可以有三种不同的组织状况。

(1)利用无组织的复杂性，塑造出自然朴素的景观

多种事物随机组合，尽管刺激物之间存在着差异，但没有一定的组织规则和主题，因而总体上还是单调的，无法理出一个头绪，例如多种乔木随机混合种植，各类商店和设施随机任意设置，各种风格的建筑随心所欲的布局，都会造成单调的总体效果。这种复杂性一般出现在区域的交界处。苏州园林在造景方面为了达到“虽由人作，宛自天开”的境界，往往运用这种无组织的复杂性来表现景物的自然野趣。比如沧浪亭中的假山，山石峻峭连绵，中间古木参天，藤萝蔓挂，卉草丛生，一派山林野趣，被誉为“真山林”，其造山手法完全取法自然，表现大自然中的山林景象。真山林的叠造重点放在山的起脚、蹬道的布置及林木的配置上。真山林土多石少，用土代石的方法，既减少人工，又省却物力。四周山脚，垒石护坡，沿坡砌有几处磴道，山体石土浑然一体，混假山于真山之中，使人难辨真假，极具天然形胜之妙。从山的西面俯视，可见一潭，有一曲溪从山涧流出，汇流而下，注入潭中，水色碧绿如玉一般，溪涧与潭水形成高崖深渊、山高水深之景。虽然仅仅是一小潭，但富有生命力的碧水，流淌出山的生机，映现出山的精妙，表现出山的气势。临潭大石上镌刻俞樾篆书“流玉”两字，真可谓是画龙点睛之笔，点出了水的气象。真山林几乎占据了沧浪亭前半部的整个游览区，却没有庞大迫塞之感。这里充分表现了北宋中期以前士大夫造园的特点，注重对山川景致、自然风光的赞赏，不多加雕琢，只是对天然的东西稍加梳理整治，营造出一幅城市山林典型画面(图11-3)。

图 11-3　苏州沧浪亭

(2)利用有组织的复杂性，塑造不同的功能区景观

把景观分为若干部分，每一部分都以一种或几种刺激物为主导，尽管每部分看起来似乎单调，但却突出了某种中心或主题，营造了某种氛围，是一种有组织的复杂性。例如，由玫瑰、牡丹、杜鹃等种植区组成的植物园、由许多微缩建筑群组成的主题公园，就是这一组织状况的写照。这是一种有观赏意义和价值的复杂性，可以运用到城市景观的塑造中。即使是花园城市、园林城市也必须提供多种设施、服务和刺激物，必须具备多种园林植物、种植形式和绿化方式，不可能到处像园林一样宁静、高雅。即使是苏州那样传统风貌凝重的园林城市，也不可能到处是清静雅致的古典园林风貌气质和"小桥流水人家"的清新温暖画面，也还需要充满世俗和商业气息的玄妙观和观前街，需要体现现代风貌的新市区和工业园区。

(3)利用协同的复杂性，塑造丰富多样的景观

协同的复杂性也是有组织的，它是有组织复杂性的特例。它有两种方式，一种是让环境各部分互相涉及，在交界处形成局部无组织的复杂性，这种现象多见于城市区域边界的自然演变，例如住宅边缘逐渐演变成自由市场或商业街，园林绿化边缘逐渐演变成别墅区等。

另一种方式是前两种方式的混合，即在无组织的环境背景中设置若干具有差异又有秩序的子环境，多见于风景区和主题公园的规划和设计。苏州古典园林虽然面积狭小，但造园者却

能够在咫尺方寸之间纳天地万物于其中，利用山石花木、小桥流水、亭台楼阁、琴棋书画等自然和人工元素，运用虚实对比、分景、借景、障景、透景、曲径通幽等造园手法，组合景象和设计游览线路，营造出柳暗花明、移步换景、景中有景，景外有景的人间仙境、世外桃源，使人身居城市而不受喧嚣之苦，尽享自然山林之宁静与乐趣。例如，在苏州众多的古典园林中，留园以建筑群划分空间，厅堂建筑宏敞华丽，庭院造景富有变化，并以花石著称。全园划分为四个景区，中部以山水见长，东部以庭院取胜，北部为田园风光，西部具有山林野趣。留园在复杂的环境中划分出了多样的景区，又突出了各景区的主要景观要素，使各个子环境具有差异又有秩序，因而有“不出城郭而获山林之趣”的美誉，理所当然成为中国四大名园之一。

(4)加强绿化

绿化工程是城市景观建设的一个有机组成部分。作为软质景观，绿化就是城市的柔化剂。植物及水体是创造城市空间的景观元素。城市绿化能够把林林总总的水泥建筑群和构筑物，分割点缀得富有生机，绚丽多彩，同时使城市的硬线条、死板的几何图形得到柔化。绿化不但具有分离空间、烘托主景、点缀精华的作用，而且还有美化环境、清新空气、保持生态平衡的作用。所以加强绿化可以不仅营造出丰富多样的城市景观，以方便市民和旅游者的游憩和娱乐，还可以创造出舒适优雅的生存环境。

三、塑造差异性城市景观

1. 差异性的含义

城市景观的差异性是指景观组成要素的独特性及其组织与结构的新颖性。为了向背景千差万别的群体和个人提供复杂而丰富的体验，可以从两个方面着手。一是继承和开发多种多样的、涵盖自然、人工、社会、历史、文化各个方面的城市景观元素，供不同的人“各取所需”。二是突出城市蕴涵的特色元素，营造出新颖独特的景观风貌。对于大城市、特大城市而言，两个方面都可以兼顾。而中小城市则更适合“小而精”的发展模式。

创造城市的特色与提供丰富多样的体验并不矛盾，两者完全可以并存发展。城市本身就是一个复杂丰富的系统，包罗万象，满足人们各方面的需求。同时，在长期的历史积淀和文明发展中，城市因其所处的自然地理环境及生产生活的地方差异性，形成了各自鲜明的特色和个性。所以，多样性与差异性符合城市的本质特性，多样性是形成独特性的基础和条件，正是通过多样性的比较才发现了独特之处。

2. 差异性对旅游者环境体验的意义

保护城市的特色实际上就是保护不同城市在历史发展过程中所形成的差异性。城市不仅应该提供多样性的体验，同时也应该提供独特的景观环境，让人一看便肃然起敬，留下深刻的印象，知道自己身处何地。随着近现代科技革命的深入开展及全球一体化的影响，我们的城市建设也日趋同化，“千城一面”，使人们不断对呆板、机械、雷同的城市面貌提出种种批评。因为在无数次被复制更新过的城市里，市民甚至有找不到回家路的感觉。在钢筋水泥建造的城市丛林中，旅游者越来越感觉到好像什么地方都去过，但又好像什么地方都不曾停留，因为再也无法找到让心灵触动，让生命感动的记忆。可见，不易识别和单调乏味的城市面貌会给人们的知觉、认知和行为、心理等带来损害。同时人的体验带有很强的指向性和选择性，不可能对所有的事物都表现出同样的兴趣。相对新颖，富有特色的事物更能引起人们关注。

我国的城市成百上千，而真正能够有幸成为旅游者出游的目标对象，可谓少之又少，主要集中在十几座相对富有特色的城市。城市特色已成为城市旅游的核心吸引力。从心理和行为角度看，城市的特色体验能够提高旅游者的自主活动，并且产生愉悦感。因为与众不同的环境体验不仅能够丰富旅游者的经历，而且还能增加探索性行为，满足他们的好奇心和寻求刺激的心理，从而促进身心发展和健康。同时对当地居民来说，城市特色是每个市民所创造和共享的事物，必然会增强城市社会的认同感和归属感，促进市民之间的交流。其次，有特色的城市是每个旅游者所追求和向往的旅游目的地，居民必然会因为外来者的赞许和动容而感到骄傲和自豪，从而进一步激发居民珍惜热爱家乡的情感，并愿意为建设更美好的家乡而付出努力。

3. 差异性景观的塑造

城市中有可能成为差异性的景观元素多种多样。视觉感知的物质环境方面大多与形体有关。包括城市的规划结构和格局（多与自然地形有关），如山城、水城等的特殊结构；建筑的形状、高度、色彩、材料、质感和细部；空间的性质、大小、形状、通畅和关联程度；交通系统如街道模式、形态和高宽比；特殊的交通工具如缆车、游船、黄包车、马车等；占有支配地位的关键位置，如临海、滨水、山体、交叉口等；光影的性质、光照的亮度和光线的时间变化；绿化配置的类别，如野景、自然、人工和整形等；植被的性质，如色相、季相、大小和长绿乔木等；行道树的种类及其种植方法；所感知到的密度，如行人、建筑和符号的密度变化；新旧体形和物质的对比；元素的有序和多变；环境维护和管理的良好程度。天体天象和气候物候方面有日月星辰、风霜雨雪、鸟语花香、季节变化、特殊气候形成的景象。这些因素是多种感觉的综合，有的还能持续一段时间，成为城市的总体特色，如春城昆明、雾都重庆、冰城哈尔滨、风城芝加哥等等。

不同城市之间的同类元素及其组合风格也存在着差别性。有比较才会有差别。城市中一般性的元素和特色元素之间有一个对比和衬托的关系。差异性景观元素符合格式塔的视觉组织原则，成为背景中的图形。

(1)塑造一致性的背景，以便突出图形

在相似的背景中，图形便自然突出了，格外引人注意。在广阔蔚蓝的天空中，朵朵白云形成不同的图案，慢慢漂移，格外美丽。在现代城市中，由于每一座新建筑都想要当主角，在高度上力争第一，成为标志景观，造成高楼林立的景象，反而难以形成差异。结果，处于新建筑之间的旧建筑，现代建筑包围中的古典建筑，反倒成为人们引人注意的图形。

(2)塑造独特性和新颖性的图形，注重图形与背景的强度，色彩、亮度、质感等多种因素的对比性，奇异的或与众不同的图形，显得十分醒目。如在我国传统风格的街道上出现一座基督教堂，位于海滨建筑群中的悉尼歌剧院。色彩无论在认知和体验上都占有举足轻重的作用。天苍苍，野茫茫，风吹草低现牛羊的画面之所以美丽，苍茫的天空、碧绿的草原、洁白的羊群，这些事物的色彩对比起了关键的作用。国内不同地区的色彩差异十分明显，黄土高原、红壤丘陵、关东黑土、江南的青山绿水，都给人留下了极为深刻的印象。但在城市、城区和街道这一层次上却没有强调色彩方面的差异。除了苏州的粉墙黛瓦、青岛的红色坡顶、拉萨的红台白台之外，几乎一切都笼罩在混沌的色调之中。

(3)并置图形与背景

图形与背景的强度一样，同样突出，而不是主从的关系。自然界中各种物种并置不足为奇，城市建设是几千年演变和积累的自然结果，各个时期的景观元素并置在城市中也是很自然的事，只是20世纪战争频繁，城市破坏重建得太快，理性主义和“简单主义”盛行，人们遗忘了这一简单的生态原则。新加坡是一个小国，为了保护古建筑不得不向高空发展，几十层的现代高楼比比皆是，与脚下低矮、典雅的古建筑相映成趣，两者差异显著，却都引人注目。“并置”记录了城市历史真实的发展进程，使人注意不同时期城市景观的差异，从而为创造独特的环境体验提供了条件

(4)赋予景观意义

城市中富有社会、历史、文化意义的景观元素，其差异性往往更容易为人们感知。名人植的树，住的房子往往成为人们观赏的对象。又如，全国有很多西湖，而且也不乏景色比杭州西湖更美丽的，但是说到西湖，人们想到的就只是一个杭州西湖了，因为杭州西湖沉淀了厚重的历史文化，许多名人、典故、传说都与她结下了不解之缘。“欲把西湖比西子，淡妆浓抹总相宜”的诗句更使杭州西湖脱颖而出，成为无数人向往的地方。不过，这些历史文化意义，只有当人们理解时，才能发

挥作用。因此，设立完善的景点解说系统成为旅游城市不可忽视的问题。

创造城市的特色景观还必须充分挖掘当地的社会、历史、文化因素，因为正是它们造就了城市的风貌、气质和精神。城市和建筑等人工元素只是生活的布景和舞台，而真正的主角是集社会、文化、历史于一身的人群及其生活。这也是许多景区由活人扮演生活角色和演出生活场景，借以吸引游人的根本原因。在城市景观设计中，必须尽可能从当地的文脉出发。文脉是一个地区集自然、文化、经济、社会、历史、文化为一体的四维时空结构，它既包括当地所处的自然地理环境特征，又包括其长期发展所形成的历史文化积淀。要想成功地塑造城市独有的风格与特色，必须延续地方文脉，寻求人文景观与自然环境之间的和谐关系，最终形成具有鲜明地域特色、优美生动的景观环境。

参考文献

1. C. Paul Cheshire Dennis G. Hay, Urban Problem in Western Europe: an economic analysis, Unwin Hyman, London, 1989.
2. Davis Gordon, Green Cities: Ecologically Sound Approaches to Urban Space, 1Black Sose Books, Canada, 1990.
3. P. Hall, City of Tomorrow: An intellectual history of urban planning and design in the twentieth century, Basil Blackwell, 1998.
4. Franco Archibugi, The Ecological City and the City Effect, Ashgate Publishing Ltd., England, 1997.
5. H. Girardet, Cities: New Direction for Sustainable Urban Living, Gaia Books, London, 1992.
6. J. Vernon Henderson, Urban Development: theory, fact, and illusion, Oxford University Press, New York, 1988.
7. Rowe. Colin and Koetter. Fred《Collage City》, Cambridge, Massachusetts: MIT Press, 1978.
8. John Brotchie, Peter Hall《The future of urban form —— the impact of new technology》Antony rowe Ltd, NewYork, 1984.
9. Lewis Mumford.《The Cultures of Cities》New York. Harcourt, Brace and Company, 1938.
10. Jane. Jacobs《The Death and Life of Great American Cities》, Random House, NewYork, 1961.
11. Amos Rapoporf《Human Aspects of Urban Form Towards a man ——Environment Approach to Urban Form and Design》New York, Pergamon Press, 1977.
12. [美]詹姆斯·特拉菲尔著，赖慈芸译《未来城——述说城市的奥妙》，中国社会科学出版社，2000
13. [美]阿摩斯·拉普卜特著，黄兰谷等译《建筑理论译丛：建成环境的意义——非言语表达方法》，中国建筑工业出版社，1992
14. [美]欧·奥尔特曼、马·切默斯著，骆林生译《文化与环境》，东方出版社，1991
15. [美]刘易斯·芒福德著，倪文彦、宋峻岭译《城市发展史——起源.

演变和前景》，中国建筑工业出版社，1989

16. [美]伊利尔·沙里宁著，顾启源译《城市：它的发展、衰败与未来》，中国建筑工业出版社，1986
17. [美]E. N. 培根等著，黄富厢、朱琪编译《城市设计》，中国建筑工业出版社，1989
18. [美]乔纳森·巴奈特著，庄建德译《都市设计概论》，台湾尚林出版社，1984
19. [美]凯文·林奇著，项秉仁译《城市的印象》，中国建筑工业出版社，1990
20. [美]凯文·林奇著，林庆怡等译《城市形态》，华夏出版社，2001
21. [美]凯文·林奇，方益萍著，何晓军译《城市意象》，华夏出版社，2001
23. [美]布伦特·C·布罗林著，翁郅祥等译《建筑与文脉——新老建筑的配合》，中国建筑工业出版社，1988
24. [美]麦克哈格著，芮经纬译《设计结合自然》，中国建筑工业出版社，1992
25. [美]帕克等著，宋俊岭等译《城市社会学》，华夏出版社，1987
26. [美]莫什·萨夫迪著，吴越译《后汽车时代的城市》，2001
27. [美]伊利尔·沙里宁著，顾启源译《城市：它的发展、衰败和未来》，中国建筑工业出版社，1986
28. [挪]诺伯尔·舒尔茨著，尹培桐译《存在．空间．建筑》，中国建筑工业出版社，1990
29. [日]池译宽著，郝慎钧译《城市风貌设计》，天津大学出版社，1989
30. [日]岩佐茂著，韩立新等译《环境的思想》，中央编译出版社，1997
31. [前苏联]M. B. 波索欣著，冯文炯译《建筑．环境与城市建设》，中国建筑工业出版社，1988
32. [日]观光资源保护财团编，路秉杰译《历史文化城镇保护》，中国建筑工业出版社，1991
33. [日]芦原义信著，尹培桐译《外部空间设计》，中国建筑工业出版社，1991
33. [德]R·克里尔著，钟山等译《城市空间》，同济大学出版社，1991
34. [德]奥斯瓦尔德·斯宾格勒著，齐世荣译《西方的没落》，商务印书馆，1995
35. [英]F·吉伯德等著，程里尧译《市镇设计》，中国建筑工业出版社，1985
36. [英]鲍尔著《城市的发展过程》，中国建筑工业出版社，1981
37. [英]肯尼恩·弗兰姆普敦著，原山等译《现代建筑——一部批判的历

史》，中国建筑工业出版社，1988
38. [英]卡伦著，刘杰、周湘津等编译《城市景观艺术》，天津大学出版社，1992
39. [英]P·霍尔著，中国科学院地理研究所译《世界大城市》，中国建筑工业出版社，1982
40. [英]泰勒等著，陶梨、梁坚、杨宏浩译《城市旅游管理》，南开大学出版社，2004
41. [前苏联]B. A. 拉夫洛夫著，李康译《大城市改建》，中国建筑工业出版社，1992
42. [俄]普鲁金著，韩林飞译《建筑与历史环境》，社科文献出版社，1997
43. [意]赛维著《现代建筑语言》，中国建筑工业出版社，1980
44. [意]阿尔多·罗西著，施植明译《城市建筑》，台湾博远出版社，1990
45. 陈六汀、梁梅著《景观艺术设计》，中国纺织出版社，2004
46. 陈六汀、梁梅著《景观设计教程》，中国纺织出版社，2004
47. 成涛著《城市环境艺术》，华南理工大学出版社，2000
48. 陈友华、赵民著《城市规划概论》，上海科学技术文献出版社，2000
49. 蔡勇美、郭文雄著《都市社会学》，台湾巨流图书公司印行，1984
50. 陈友华、赵民主编《城市规划概论》，上海科学技术文献出版社，2000
51. 邹德慈主编《城市规划导论》，中国建筑工业出版社，2002
52. 冯炜、李开然著《现代景观设计教程》，中国美术学院出版社，2002
53. 冯骥才著《手下留情——现代都市文化的忧虑》，学林出版社，2000
54. 何韶著《城市设计十议》，科学出版社，2001
55. 郝娟著《西欧城市规划理论与实践》，天津大学出版社，1997
56. 贺业钜著《考工记营国制度研究》，中国建筑工业出版社，1985
57. 黄承元、周振明著《城市社会心理学》，同济大学出版社，1988
58. 黄亚平编著《城市空间理论与空间分析》，东南大学出版社，2002
59. 江美球、刘荣芳、蔡渝平著《城市学》，科学普及出版社，1988
60. 荆其敏、张丽安著《城市母语——漫谈城市建筑与环境》，百花文艺出版社，2004
61. 金学智著《苏州园林》，苏州大学出版社，1999
62. 李相然著《城市化环境效应与环境保护》，中国建材工业出版社，2004
63. 刘滨谊著《现代景观规划设计》，东南大学出版社，1999
64. 阮仪三著《历史环境保护的理论与实践》，中国科学技术出版

社，2000
65. 刘先觉著《现代建筑理论》，中国建筑工业出版社，1999
66. 李雄飞著《城市规划与古建筑保护》，天津科学技术出版社，1985
67. 李其荣著《对立与统一 —— 城市发展历史逻辑新论》，东南大学出版社，2000
68. 梁从诫著《林微因文集》，百花文艺出版社，1999
69. 李芸著《都市计划与都市发展》，东南大学出版社，2002
70. 林玉莲、胡正凡著《环境心理学》，中国建筑工业出版社，2000
71. 马波著《现代旅游文化学》，青岛出版社，2002
72. 清华大学建筑与城市研究所编《城市规划理论．方法．实践》，地震出版社，1992
73. 清华大学建筑与城市研究所编《旧城改造规划．设计．研究》，清华大学出版社，1993
74. 沈克宁、马震平著《人居相依》，上海科技教育出版社 ，2000
75. 沈福煦著《人与建筑》，学林出版社，1989
76. 吴良镛著《人居环境科学导论》，中国建筑工业出版社，2001 年 10 月第 1 版。
77. 王建国著《城市设计》，东南大学出版社，1999 年 8 月第 1 版。
78. 王如松著《高效 · 和谐——城市生态调控原则与方法》，湖南教育出版社，1988
79. 王长升、傅崇兰著《城市个性》，社会科学文献出版社，1998
80. 王景慧、阮仪三、王林著《历史文化名城保护与规划》，同济大学出版社，1999
81. 王星、孙慧民著《人类文化的空间组合》，上海人民出版社，1999
82. 新周刊杂志社编《第 N 城：一座城市和它承载的价值》，广东人民出版社，2004
83. 荀平、杨平林著《景观设计创意》，中国建筑工业出版社，2004 年 10 月
84. 谢彦君著《基础旅游学》中国旅游出版社，1999
85. 杨滨章、张杰、李雷鹏著《旅游美学》，东北林业大学出版社，2002
86. 俞孔坚、李迪华著《城市景观之路：和市长们交流》，中国建筑工业出版社，2003
87. 阳建强、吴明伟著《现代城市更新》，东南大学出版社，1999
88. 张鸿雁著《城市形象与城市文化资本论——中外城市形象比较的社会学研究》，东南大学出版社，2002
89. 张鸿雁著《城市 · 空间 · 人际：中外城市社会发展比较研究》，东南大学出版社，2003

90. 张钟汝等著《城市社会学》，上海大学出版社，2001
91. 张松《历史城市保护学导论：文化遗产和历史环境保护的一种整体性方法》，上海科学技术出版社，2001
92. 张兆干著《城市旅游》，贵州人民出版社，2003
93. [美]亚历山大著，严小婴译《城市并非树形》，《建筑师》1985(24)
94. [美]杰福瑞·索尔著《城市规划听谁的》，《城市规划通讯》2000(15)
95. [法]钟纪刚《未来建筑与城市空间形态探讨》，《建筑学报》1996(6)
96. [法]莱佩尔《城市的未来》，《国外社会科学》1995(10)
97. [法]菲利浦·罗伯特，颜震颖编译《重新利用旧建筑——世界建筑的趋势》，《建筑学报》1989(7)
98. [英]乔那德·迪克斯著，心广译《空间、秩序与建筑》，《城市规划》1990(7)
99. 柏春《城市景观的可持续发展》，《城市问题》1999(4)
100. 陈书荣《多中心发展城市新论》，《国土经济》2000(5)
101. 曹新向等《城市生物多样性保护的景观生态学原理和方法》，《信阳师范学院学报》(自然科学版)2003(2)
102. 陈浮等《城市人居环境与满意度评价研究》，《人文地理》2003(3)
103. 陈玮《现代城市空间设计的若干主题》，《城市规划汇刊》2001(3)
104. 邓波、罗丽《技术与现代主义建筑思想》，《科学技术与辩证法》2004(2)
105. 杜良晖《城市公共空间的生存与发展——公共空间设计中与人有关的一些导则浅谈》，《小城镇建设》2003(3)
106. 董柯《历史地区的城市公共空间设计》，《城市规划汇刊》1997(6)
107. 段进《城市空间特色的认知规律与调研分析》，《现代城市研究》2001(1)
108. 何晓川《城市公共空间环境的创造》，《华中建筑》2000(2)
109. 黄耿《环形加放射的不足：试分析城市发展“圈层”模式的不利影响》，《城市规划》2000(1)
110. 贾倍思《可持续发展观念对当代建筑思潮的批判》，《建筑师》2000(53)
111. 刘青昊《城市形体环境的系统观》，《新建筑》1994(4)
112. 李芗等《关于城市广场的文化思考》，《中国园林》2000(4)
113. 骆小芳《城市公共空间与社会生活》，《时代建筑》1998(2)
114. 刘亚文《城市设计的演变及其启示》，《太原科技》2003(2)
115. 李植斌《城市文化形象继承与创新》，《同济大学学报》(社会科学版)2001(1)
116. 李道增《新制宜主义的建筑观》，《世界建筑》1998(8)

117. 李彩霞《关于昆明城市建设与旅游产业发展的思考》,《云南社会科学》2001 年增刊
118. 毛华松、胡斌《传统交往空间与社区改造——浅谈社区中人文特质的保护与复兴》,《四川建筑》2001(5)
119. 马武定《"城市特色"问题再议》,《城市规划》1991
120. 彭华、钟韵《关于旅游开发与城市建设一体化初探》,《经济地理》1999
121. 齐冬晖《城市设计的历史文化保护》,《山西建筑》2002(2)
122. 沈克宁《新建筑机器主义综合症》,《华中建筑》1998(2)
123. 石忆邵《从单中心城市到多中心城市》,《城市规划汇刊》1999(3)
124. 孙一民、周剑云《论城市设计的基本原则》,《华南理工大学学报》(自然科学版)1999(12)
125. 汤茂林、金其铭《文化景观研究的历史和发展趋向》,《人文地理》1998(6)
126. 王明非《城市景观规划设计浅析》,《重庆建筑大学学报》1998(3)
127. 汪原《城市设计的尺度问题研究》,《新建筑》2003(5)
128. 武廷海《追寻城市的灵魂》,《城市规划》1997(3)
129. 王曦《城市特色与城市意象形态》,《规划师》2000(6)
130. 王晞《城市旅游景观塑造刍议——以桂林市为例》,《桂林旅游高等专科学校学报》2003(6)
131. 吴良镛《抽象继承与迁想妙得——历史地段的保护、发展与新建筑创作》,《建筑学报》1993(10)
132. 吴良镛《中国传统人居环境理念对当代城市设计的启发》,《世界建筑》2000(1)
133. 王建国《生态要素与城市整体空间特色的形成和塑造》《建筑学报》1999(9)
134. 万艳华《论城市更新与文化相契合的方法与途径》,《武汉城市建设学院学报》2001(12)
135. 谢贤斌《迈向二十一世纪的城市住区——展望二十一世纪的居住需求》,《福建建筑》1998 增刊
136. 肖敏《古远而现存——历史环境的保护和发展》,《新建筑》1998(2)
137. 徐巨洲《后现代城市的趋向》,《城市规划》1996(5)
138. 余以平《城市景观的特性及塑造》,《中国园林》2000(4)
139. 杨鹰《人性的城市空间》,《新建筑》1994(4)
140. 杨瑛《城市形象与市民社会的空间权利——中国城市设计浅析与探索》,《建筑学报》2000(9)
141. 赵秀恒《城市景观的控制要素》,《时代建筑》1995(3)

142. 张京祥、崔功豪《后现代主义城市空间模式的人文探析》，《人文地理》1998(4)
143. 赵健《居住区的环境特色与创造》，《山东建筑工程学院学报》1995(1)
144. 周向频《生态意识和规划的应对——基于生态原则的城市景观规划概念及方法》，《城市规划汇刊》1995(6)
145. 朱光亚《城市特色与地域文化的挖掘》，《建筑学报》2001(11)
146. 周俭《现代城市设计的环境与空间策略》，《城市规划》1996(3)
147. 赵健《关于城市旧住区环境更新设计的理论思考》，《城市发展研究》1997(2)
148. 张敏《历史地段保护规划的若干理论问题》，《华中建筑》2000(2)
149. 张明《欧美城市设计历史简述》，《新建筑》1987(2)
150. 钟国庆《从旅游的角度透视城市景观设计》，《城市发展问题研究》2004(4)